中国迁地栽培植物大全

第十二卷

（Taccaceae 蒟蒻薯科～Zygophyllaceae 蒺藜科）

黄宏文　主编

科学出版社

北京

内 容 简 介

植物园是采集、栽培、保存、展示多种多样植物的主要园地，为了让人们对植物园迁地栽培植物有更直观的认识，《中国迁地栽培植物大全》将以系列丛书的形式，以迁地栽培植物的简要文字描述并配以彩色照片的编排陆续出版。本书内容包括植物的中文名、拉丁名、鉴定特征、图片。鉴于植物园引种历史长、原始记录通常与分类学修订不同步，本书对种的核校本着"尊重史实、与时俱进"的原则，按现在分类学修订的进展，适当加以调整归类。书中介绍的植物种类每个科内按属、种拉丁名的字母顺序排序。为了便于查阅，书后附有中名索引和拉丁名索引。

本卷共记录中国植物园迁地栽培植物 22 科，197 属，1280 种（含种下分类单元），并附有 873 张植物迁地栽培状况的照片，以方便读者使用。

本书可供农林业、园林园艺、环境保护、医药卫生等相关学科的科研和教学人员，以及政府决策与管理部门的相关人员参考。

图书在版编目（CIP）数据

中国迁地栽培植物大全. 第12卷 / 黄宏文主编. —北京：科学出版社，2017.4

ISBN 978-7-03-045962-6

Ⅰ.①中… Ⅱ.①黄… Ⅲ.①引种栽培－植物志－中国　Ⅳ.①Q948.52

中国版本图书馆CIP数据核字（2015）第241817号

责任编辑：王　静　矫天扬 / 责任校对：陈玉凤
责任印制：肖　兴 / 封面设计：刘新新

科 学 出 版 社 出版
北京东黄城根北街16号
邮政编码：100717
http://www.sciencep.com

北京利丰雅高长城印刷有限公司 印刷
科学出版社发行　各地新华书店经销

*

2017年4月第 一 版　开本：880×1230　A4
2017年4月第一次印刷　印张：18 1/4
字数：600 000

定价：210.00元
（如有印装质量问题，我社负责调换）

《中国迁地栽培植物大全》
（第十二卷）
编者名单

主　编：黄宏文

主　审：叶华谷　邓云飞　韦毅刚　胡启明

副主编：廖景平　张　征　彭彩霞　许明英　余倩霞　陈　磊
　　　　王少平　高泽正　刘　华　湛青青　叶育石　周　静

数据来源：

中国科学院华南植物园（SCBG）

中国科学院西双版纳热带植物园（XTBG）

中国科学院植物研究所（IBCAS）

中国科学院武汉植物园（WHIOB）

中国科学院昆明植物研究所（KIB）

中国科学院新疆生态与地理研究所（XJB）

江西省中国科学院庐山植物园（LSBG）

江苏省中国科学院植物研究所（CNBG）

深圳市仙湖植物园（SZBG）

广西植物研究所（GXIB）

中国科学院沈阳应用生态研究所（IAE）

厦门市园林植物园（XMBG）

编校人员：湛青青　彭彩霞

数据库技术支持：张　征　黄逸斌

本书承蒙以下项目的大力支持：

植物园迁地保护植物编目及信息标准化（No.2009YF120200）

植物园迁地栽培植物志编撰（No.2015FY210100）

广东省数字植物园重点实验室

前言

　　中国是世界上植物多样性最丰富的国家之一，有高等植物 33 000 多种。中国还有着农作植物、药用植物及园艺植物等摇篮之称，几千年的农耕文明孕育了众多的栽培植物种质资源，是全球植物资源的宝库，对人类经济社会的可持续发展具有极其重要的意义。

　　在数百年的发展历程中，植物园一直是调查、采集、鉴定、引种、驯化、保存和推广利用植物的专门科研机构和普及植物科学知识并供公众游憩的园地。植物园各类植物的收集栽培及其"同园"栽培对比观察工作的开展，既为植物分类学和基础生物学研究提供丰富翔实的活体植物生长发育材料，也为基础生物学提供可靠的原始数据，对基础植物学的研究举足轻重；同时，又为人们认识大千植物世界提供了一个绝佳的观赏涉猎场所。基于活植物收集的植物园研究工作具有多学科综合的特征，既对基础生物学研究具有重要意义，也与经济繁荣、社会发展和人类日常生活密切相关。

　　植物园在植物引种驯化、资源发掘和开发利用上具有悠久的历史。传承了几个世纪以来，植物园科学研究的脉络和成就，在近代植物引种驯化、传播栽培及作物产业国际化进程中发挥了重要作用，特别是对经济植物的引种驯化和传播栽培，对近代农业产业发展、农产品经济和贸易、国家或区域经济社会发展的推动作用更为明显，如橡胶、茶叶、烟草及众多的果树、蔬菜、药用植物、园艺植物等。人类对植物的引种驯化有千百年的历史，与人类早期文明史密切相关，曾对世界四大文明古国——中国、古埃及、古巴比伦和古印度的历史进程产生了巨大的影响。尤其是哥伦布发现美洲新大陆以来的 500 多年，美洲植物引种驯化及其广泛传播和栽培，深刻地改变了世界农业生产的格局，对促进人类社会文明进步产生了深远影响。植物的引种驯化在促进农业发展、食物供给、人口增长、经济社会进步中发挥了不可估量的重要作用，是人类农业文明及后续工业文明发展的源动力。

　　一个基因可以左右一个国家的经济命脉，一个物种可以影响一个国家的兴衰存亡。植物资源是人类赖以生存和发展的基础，是维系人类经济社会可持续发展的根本保障，数以万计的植物蕴涵着解决人类生存与可持续发展必需的衣、食、住、行所依赖的资源需求的巨大潜力。植物园收集、保存的植物资源材料，是构成国家植物资源本底、基础数据和国家生物战略储备的重要组成部分，也是国家植物多样性保护和可持续利用的源头资源。

　　随着我国经济社会的发展，我国植物园也担负起越来越重要的使命。中国植物园不仅在植物学研究和引种驯化方面发挥着重要的作用，在迁地保护中也起到了关键作用。我国有约 160 个植物园，遍布祖国大江南北、长城内外，覆盖我国主要的植物地理区系。特别是中国科学院所属的 16 个植物园，建园历史长、研究积累丰富、区域代表性强，在专科、专属、专类植物的引种收集方面具有系统性强、资料丰富、数据翔实的长期基础数据积累和系统整理成就。我国植物园现有迁地栽培高等维管植物约 396 个科、3633 个属、23 340 个种（含种下分类单元），其中我国本土植物有 288 科、2911 属、约 20 000 种，分别占我国本土高等植物科的 91%、属的 86%、物种数的 60%。有些植物已野外绝灭，在植物园得以栽培保存，植物园已成为名副其实的"诺亚方舟"，为回归引种及野生居群恢复重建奠定了坚实的基础。同时，我国植物园从世界 62 个国家和地区引种了几千种植物，于高山之巅、沙漠之腹、雨林之丛、冰雪之下广集世界奇花异卉。

诚然，我国植物园的植物引种栽培在近 100 年发展历程中取得了长足的发展，但目前还不能满足我国生物产业快速发展的需要，无论从基础数据、评价发掘，还是从产业化利用方面，都滞后于国家经济社会发展的需求。从国家层面，明确战略植物资源的功能定位、科学研究方向、技术产品研发策略、经济社会服务职能，将有助于植物园植物资源收集保藏、发掘利用和公共服务能力的提升，确保国家未来植物资源可持续利用。我国迁地栽培植物的系统整理、评价、发掘、利用仍任重道远。全面开展我国植物园植物多样性基础数据资料的梳理与评估，加强各植物园间的信息联系和数据共享，建立国家层面的植物收集信息共享平台，有助于建立和完善国家植物园体系，统一规划全国植物园的引种保存，提升植物园迁地保护的科学研究水平，对配合国家对生物多样性的保护战略与行动计划，有效保护和发掘利用植物资源有着非常重要的促进作用。

　　为了让人们对植物园迁地栽培植物有更直观的认识，本书将以系列丛书的形式，以迁地栽培植物的简要文字描述并配以彩色照片的编排陆续出版。本系列丛书在编排过程中得到单位同事和全国各地同行的帮助和支持，在此深表谢意。因我们学术水平有限，本书疏漏和不当之处在所难免，敬请社会各界人士批评指正。

2015 年 7 月 22 日

Contents

目录

Taccaceae 蒟蒻薯科

该科共计 5 种，在 7 个园中有种植

多年生草本。具圆柱形或球形的根状茎或块茎。叶全部基生，有柄，直立，基部有鞘；叶片全缘或各式分裂。花两性，辐射对称，排成伞形花序，生在长的花葶上；总苞片 (2~) 4~6 (~12) 枚，排成 2 列；小苞片较狭，线形；具与子房合生的花被管，花被裂片 6，花瓣状，排成 2 轮，近相等或不相等；雄蕊 6，着生在花被裂片上，花丝短，顶端兜状或勺状，花药生于兜内或勺内，2 室，内向，纵裂；子房下位；花柱短，柱头 3，常呈片状，反折而覆盖花柱；胚珠多数，倒生。果为浆果或 3 瓣裂的蒴果；种子多数，有丰富胚乳与微小的胚。

Schizocapsa 裂果薯属

该属共计 2 种，在 5 个园中有种植

Schizocapsa guangxiensis P. P. Ling et C. T. Ting 广西裂果薯

多年生草本。叶片薄纸质，宽披针形或长圆状披针形，基部稍下延。叶上表皮细胞有气孔。蒴果 3 瓣裂至中部；内轮花被裂片比外轮花被裂片小 1/2 左右。（栽培园地：GXIB）

Schizocapsa plantaginea 裂果薯

部下延，沿叶柄两侧成狭翅；叶上表皮细胞无气孔。蒴果 3 瓣裂至基部；内轮花被裂片稍比外轮花被裂片短而宽。（栽培园地：SCBG, WHIOB, XTBG, SZBG, GXIB）

Tacca 蒟蒻薯属

该属共计 3 种，在 7 个园中有种植

Tacca chantrieri André 箭根薯

多年生草本。根状茎粗壮，近圆柱形。叶片长圆形或长圆状椭圆形，全缘。伞形花序有花 5~7 (~18) 朵；内轮 2 枚总苞片无长柄，宽卵形。（栽培园地：SCBG, WHIOB, KIB, XTBG, CNBG, GXIB）

Tacca integrifolia Ker-Gawl. 丝须蒟蒻薯

多年生草本。根状茎粗大，近圆柱形。叶片长圆状披针形或长圆状椭圆形，全缘。花的内轮 2 枚总苞片具长柄。（栽培园地：SCBG, KIB, SZBG）

Tacca leontopetaloides (L.) Kuntze 蒟蒻薯

多年生草本。块茎球形、宽椭圆状球形。叶片宽倒卵形、卵形或长圆卵形，掌状 3 裂，裂片再作羽状分裂。伞形花序，有花 20~40 朵。（栽培园地：GXIB）

Schizocapsa guangxiensis 广西裂果薯

Schizocapsa plantaginea Hance 裂果薯

多年生草本。叶片狭椭圆形或狭椭圆状披针形，基

Tacca chantrieri 箭根薯（图1）

Tacca chantrieri 箭根薯（图2）

Tamaricaceae 柽柳科

该科共计19种，在7个园中有种植

灌木、半灌木或乔木。叶小，多呈鳞片状，互生，无托叶，通常无叶柄，多具泌盐腺体。花通常集成总状花序或圆锥花序，稀单生，通常两性，整齐；花萼4~5深裂，宿存；花瓣4~5，分离，花后脱落或有时宿存；下位花盘常肥厚，蜜腺状；雄蕊4、5或多数，常分离，着生在花盘上，稀基部结合成束，或连合到中部成筒，花药2室，纵裂；雌蕊1，由2~5心皮构成，子房上位，1室，侧膜胎座，稀具隔，或基底胎座；胚珠多数，稀少数，花柱短，通常3~5，分离，有时结合。蒴果，圆锥形，室背开裂。种子多数，全面被毛或在顶端具芒柱，芒柱从基部或从一半开始被柔毛；有或无内胚乳，胚直生。

Myricaria 水柏枝属

该属共计3种，在4个园中有种植

Myricaria bracteata Royle 宽苞水柏枝

灌木，多分枝。叶密生于当年生绿色小枝上，卵形、卵状披针形或线状披针形，基部略扩展或不扩展。总状花序顶生，密集呈穗状；苞片常宽卵形或椭圆形。（栽培园地：XJB）

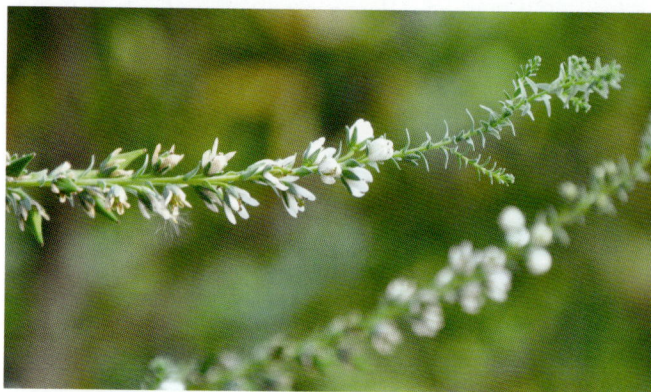

Myricaria laxiflora 疏花水柏枝 （图1）

Myricaria laxiflora (Franch.) P. Y. Zhang et Y. J. Zhang 疏花水柏枝

直立灌木多分枝。叶密生于当年生绿色小枝上，披针形或长圆形，基部略扩展，具狭膜质边。总状花序常顶生，较稀疏；苞片披针形至卵状披针形。（栽培园地：IBCAS, WHIOB）

Myricaria paniculata P. Y. Zhang et Y. J. Zhang 三春水柏枝

灌木。叶披针形、卵状披针形或长圆形，无柄。具两种花序，春季总状花序侧生，夏秋季顶生圆锥花序，较疏散；花的基部无宿存鳞片。（栽培园地：KIB）

Myricaria laxiflora 疏花水柏枝 （图2）

Myricaria paniculata 三春水柏枝（图1）

Myricaria paniculata 三春水柏枝（图2）

Reaumuria 红砂属

该属共计2种，在1个园中有种植

Reaumuria songarica (Pall.) Maxim. 枇杷柴

小灌木，仰卧。叶肉质，短圆柱形鳞片状，长1~5mm，宽0.5mm，浅灰蓝绿色，具点状泌盐腺体。花小，花瓣长3~4.5mm；雄蕊7~10，花柱7~10；蒴果长椭圆

形。（栽培园地：XJB）

Reaumuria trigyna Maxim. 黄花红砂

小半灌木，小枝略开展。叶肉质，半圆柱状线形，长5~10mm，宽0.5~1mm。花较大，黄色，花瓣长5~8mm，雄蕊多数，常基部结合成5束；花柱3；蒴果长圆形，3瓣裂。（栽培园地：XJB）

Tamarix 柽柳属

该属共计14种，在7个园中有种植

Tamarix androssowii Litw. 白花柽柳

灌木或小乔木状。茎暗棕红色或紫红色。生长枝上的叶淡绿色，几抱茎；营养枝上的叶卵形，叶基钝，下延，全叶2/3贴茎生。总状花序与短的绿色营养细枝同时从去年生生长枝上发出；花小，花数4，直径不超过3mm，白色。（栽培园地：XJB）

Tamarix arceuthoides Bunge 密花柽柳

灌木或小乔木。绿色营养枝上的叶几抱茎，卵形或近三角状卵形；生长枝上的叶半抱茎，长卵形。总状花序生在当年生枝条上，长3~6cm，花小而密，常成簇，花数5，花瓣充分开展，花后脱落。（栽培园地：XJB）

Tamarix austromongolica Nakai 甘蒙柽柳

灌木或乔木。叶的基部向外鼓胀，生长枝上的叶阔卵形或卵状披针形，先端尖刺状，嫩枝上的叶长圆形或长圆状披针形。总状花序轴质硬而直伸，花梗几无或极短，枝质硬，直立或斜生。花数5，淡紫红色。（栽培园地：XJB）

Tamarix chinensis Lour. 柽柳

乔木或灌木。枝质柔，细长开展而下垂，幼枝叶深绿色。枝上部的叶半贴生，钻形至卵状披针形，先端渐尖而内弯。花瓣略张开，几直伸，先端常外弯，花冠不呈鼓形或圆球形。（栽培园地：IBCAS, WHIOB, KIB, XJB, CNBG, XMBG）

Tamarix elongata Ledeb. 长穗柽柳

大灌木。生长枝上的叶披针形或线形，营养小枝上的叶心状披针形或披针形。总状花序粗大，长6~15cm，花数4。花瓣粉红色，花后即落。（栽培园地：XJB）

Tamarix gansuensis H. Z. Zhang 甘肃柽柳

灌木。枝条稀疏。叶披针形，基部半抱茎，具耳。总状花序侧生于去年生的枝条上，仅春季开花，苞片卵状披针形或阔披针形，渐尖，花5数为主，杂有4

Tamarix chinensis 柽柳

数花。（栽培园地：XJB）

Tamarix gracilis Willd. 翠枝柽柳

灌木。生长枝上的叶较大，长超过4mm，披针形，抱茎；营养枝上的叶大披针形至卵状披针形。总状花序不与绿色营养枝同生；春季花4数，夏季花5数，苞片与花梗等长，略短或略长。花大，直径达5mm。（栽培园地：XJB）

Tamarix hispida Willd. 刚毛柽柳

灌木或小乔木状，全体密被短直毛。生长枝上的叶卵状披针形或狭披针形，半抱茎；绿色营养枝上的叶阔心状卵形至阔卵状披针形，被密柔毛。春季不开花，仅夏季或秋季开花。花5数，花萼5深裂，长约为花瓣的1/3；花瓣紫红色或鲜红色。（栽培园地：XJB）

Tamarix hohenackeri Bunge 多花柽柳

灌木或小乔木。绿色营养枝上的叶小，线状披针形或卵状披针形，生长枝上的叶几抱茎，卵状披针形。春夏季均开花，花瓣不充分开展，结果时宿存，包于蒴果基部。总状花序常2~3个簇生，花瓣彼此靠合，先端内弯，致花冠呈鼓形或圆球形。（栽培园地：XJB）

Tamarix karelinii Bge. 短毛柽柳

大灌木或乔木状。幼嫩枝叶微具乳头状毛。叶卵形，急尖，内弯，几半抱茎。总状花序长5~15cm，1cm内有花22朵，花后花瓣脱落或部分脱落；花瓣倒卵状椭圆形，比花萼长一半多。（栽培园地：XJB）

Tamarix laxa Willd. 短穗柽柳

灌木。叶黄绿色，披针形、卵状长圆形至菱形。总状花序侧生于去年生的老枝上，早春绽发，长达4cm，着花稀疏，花数4，被棕色鳞被；苞片短于花梗长的1/2。（栽培园地：XJB）

Tamarix leptostachys Bunge 细穗柽柳

灌木。叶狭卵形、卵状披针形。总状花序细长，长4~12cm，多枚花序紧靠，组成紧密的圆锥花序，枝亦紧靠；花5数，花后花瓣全部脱落。（栽培园地：XJB）

Tamarix ramosissima Ledeb. 多枝柽柳

灌木或小乔木状。生长枝上的叶披针形，半抱茎；绿色营养枝上的叶短卵圆形或三角状心形，几抱茎。总状花序生在当年生枝顶，集成顶生圆锥花序；花丝

Tamarix ramosissima 多枝柽柳（图1）

Tamarix ramosissima 多枝柽柳（图2）

着生在花盘裂片间，花瓣直伸，彼此靠合，使花冠呈酒杯状；花后花瓣宿存。（栽培园地：SCBG, XJB）

Tamarix taklamakanensis M. T. Liu 沙生柽柳

灌木或小乔木。叶退化，营养枝上的叶全部抱茎呈鞘状，使小枝如同分节；生长枝上的叶卵状披针形，半抱茎。仅夏秋季开花，总状花序长 7~15cm，花大型，直径 4~5.5mm，花丝着生在花盘裂片顶端；花后花瓣脱落。（栽培园地：XJB）

Tetracentraceae 水青树科

该科共计 1 种，在 3 个园中有种植

落叶乔木，具长枝与短枝。芽细长，斜出，顶端尖。单叶，单生于短枝顶端，具掌状脉，边缘具齿；托叶与叶柄合生。花小，两性，呈穗状花序，着生于短枝顶端，与叶对生或互生，多花；苞片极小，花被片 4，覆瓦状排列；雄蕊 4，与花被片对生，与心皮互生；雌蕊 1，子房上位，心皮 4，沿腹缝合生，侧膜胎座，每室有胚珠 4（~10）；花柱 4，柱头点尖，初时外弯，最后形成基生。蓇葖果，背缝开裂，宿存花柱位于果基部；种子条状长圆形，小，有棱脊；胚小，胚乳丰富。

Tetracentron 水青树属

该属共计 1 种，在 3 个园中有种植

Tetracentron sinense Oliv. 水青树

乔木，全株无毛。短枝距状，基部有叠生环状的叶痕及芽鳞痕。叶片卵状心形，边缘的细锯齿端具腺点，背面略被白霜，掌状脉 5~7 条。花小，呈穗状花序下垂，花被淡绿色或黄绿色；雄蕊与花被片对生，长为花被的 2.5 倍。果长圆形，棕色。（栽培园地：WHIOB, KIB, CNBG）

Tetracentron sinense 水青树

Theaceae 山茶科

该科共计 203 种，在 10 个园中有种植

乔木或灌木。叶革质，常绿色或半常绿，互生，羽状脉，全缘或有锯齿，具柄，无托叶。花两性稀雌雄异株，单生或数花簇生，有柄或无柄，苞片 2 至多片，宿存或脱落，或苞萼不分逐渐过渡；萼片 5 至多片，脱落或宿存，有时向花瓣过渡；花瓣 5 至多片，基部连生，稀分离，白色，或红色及黄色；雄蕊多数，排成多列，稀为 4~5 数，花丝分离或基部合生，花药 2 室，背部或基部着生，直裂，子房上位，稀半下位，2~10 室；胚珠每室 2 至多数，垂生或侧面着生于中轴胎座，稀为基底着坐；花柱分离或连合，柱头与心皮同数。果为蒴果，或不分裂的核果及浆果，种子圆形、多角形或扁平，有时具翅；胚乳少或缺，子叶肉质。

Adinandra 杨桐属

该属共计 12 种，在 5 个园中有种植

Adinandra bockiana Pritz. ex Diels 川杨桐

灌木或小乔木，顶芽和嫩枝均密被黄褐色或锈褐色披散柔毛。叶片长圆形或长圆状卵形。花梗长 1~2cm，萼片阔卵形或卵圆形，花瓣阔卵形，雄蕊 25~30 枚。（栽培园地：WHIOB）

Adinandra bockiana Pritz. ex Diels var. **acutifolia** (Hand.-Mazz.) Kobuski 尖叶川杨桐

本变种和原变种的区别为：顶芽被灰褐色平伏短柔

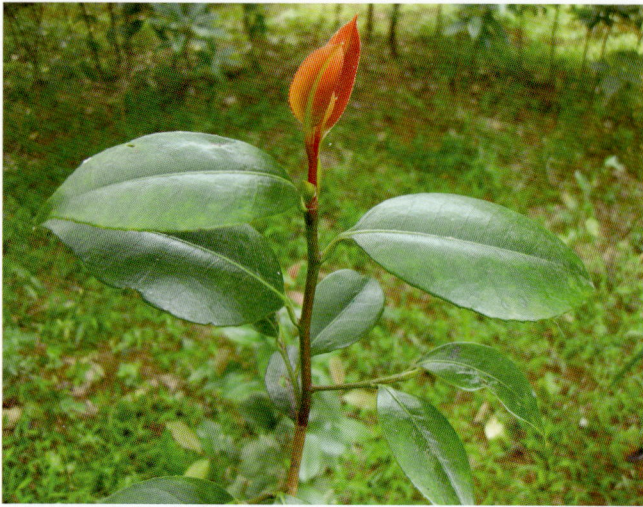

Adinandra bockiana var. acutifolia 尖叶川杨桐

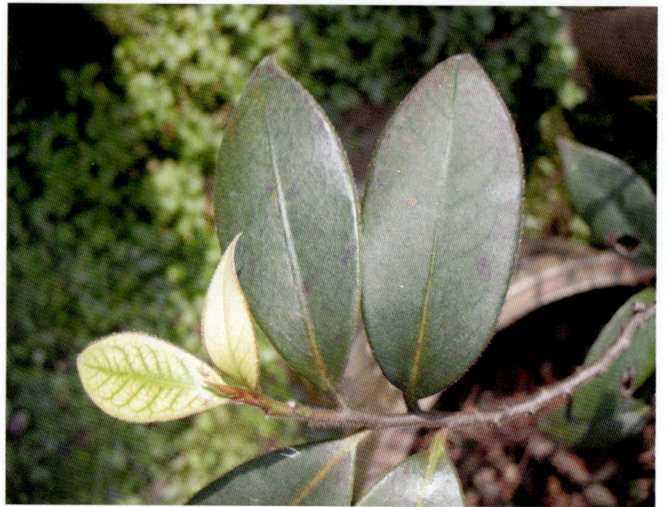

Adinandra glischroloma 两广杨桐

毛，一年生枝疏被灰褐色平伏短柔毛或几无毛，叶背面初时疏被平伏短柔毛，后变无毛。（栽培园地：GXIB）

Adinandra elegans How et Ko ex H. T. Chang 长梗杨桐

　　灌木。叶窄披针形或窄倒披针形。花梗长 2~3cm，纤细而下垂；花瓣外面中间被平伏绢毛；子房无毛，花柱被长柔毛，顶端 3 分叉。（栽培园地：SCBG）

Adinandra elegans 长梗杨桐

Adinandra glischroloma Hand.-Mazz. 两广杨桐

　　灌木或小乔木，顶芽、嫩枝、叶背面及叶缘均密被长不过 3mm 的刚毛。叶片长圆状椭圆形。萼片长 5~7mm，花瓣长约 8mm。果成熟时直径 8~9mm，宿存萼片长 7~8mm。（栽培园地：SCBG, WHIOB）

Adinandra glischroloma Hand.-Mazz. var. **jubata** (Li) Kobuski 长毛杨桐

　　本变种与原变种的区别为：顶芽、嫩枝、叶背面及叶缘均密被长的锈褐色长刚毛，毛长达 5mm。（栽培园地：SCBG）

Adinandra hainanensis Hayata 海南杨桐

　　灌木或乔木。叶片长圆状椭圆形至长圆状倒卵形，

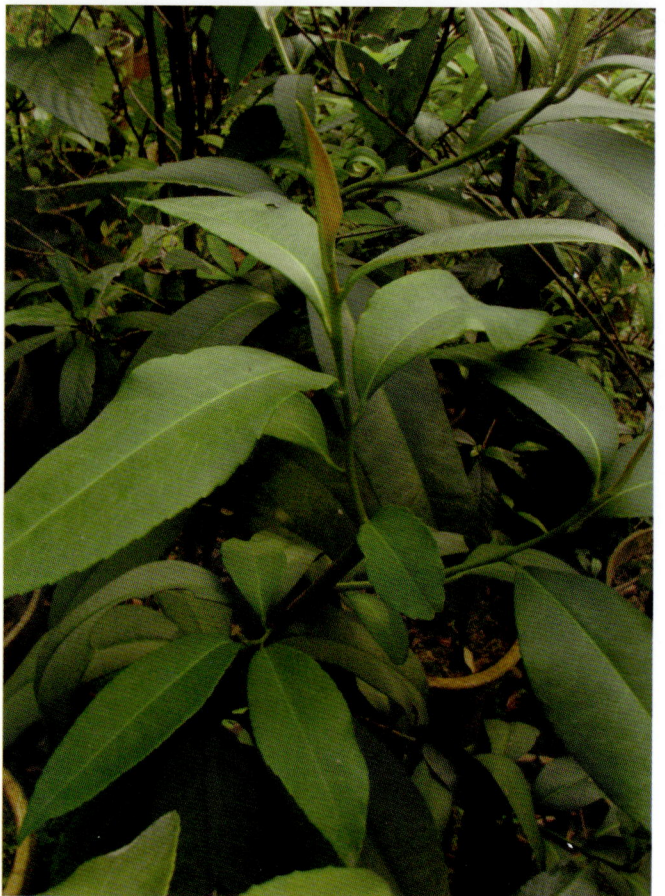

Adinandra hainanensis 海南杨桐

长 6~13cm，基部楔形或狭楔形，背面密被红褐色腺点，中脉在叶面凹下，侧脉 10~13 对。花梗长 7~10mm，较粗壮；雄蕊 30~35 枚。（栽培园地：SCBG）

Adinandra hirta Gagnep. 粗毛杨桐

　　灌木或乔木。顶芽、嫩枝、小苞片及萼片外面均密被灰褐色或锈褐色平伏或稍披散的长刚毛。小苞片长 4~6mm，萼片长卵形或卵形，花瓣外面全无毛；雄蕊 30~35 枚，花丝被毛。（栽培园地：WHIOB, KIB）

Adinandra hirta 粗毛杨桐

Adinandra integerrima T. Anders. ex Dyer 全缘叶杨桐

灌木或小乔木。叶片披针形，背面初时疏被平伏短柔毛，后变无毛，侧脉 8~10 对；叶柄长 7~12mm。花梗较长，长 2~3cm，花较大，萼片三角状卵形，长宽各 10~13mm，花瓣阔卵形，长 8~10mm，雄蕊约 30 枚。（栽培园地：XTBG）

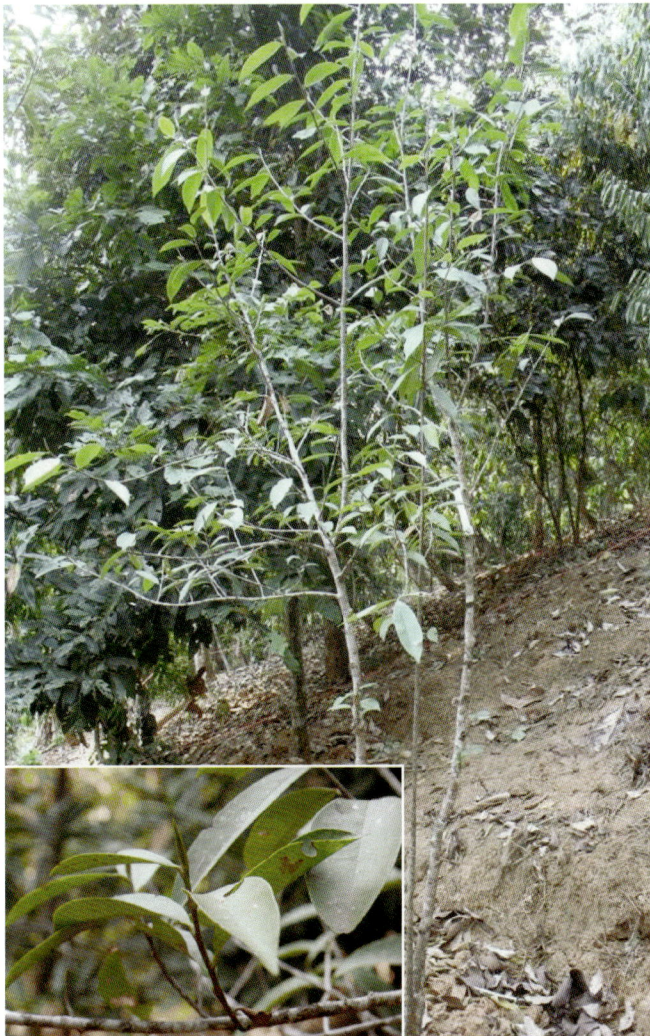

Adinandra integerrima 全缘叶杨桐

Adinandra latifolia L. K. Ling 阔叶杨桐

乔木。叶片长圆状椭圆形，长 14~18cm，宽 4~4.5cm，基部楔形，侧脉 15~18 对。花梗粗短，长约 1cm，花瓣外面和子房均密被绢毛，花柱无毛，雄蕊 30~35 枚。（栽培园地：KIB）

Adinandra megaphylla Hu 大叶杨桐

小乔木或乔木。叶片长圆形或长圆状椭圆形，长 15~25cm，基部阔楔形至圆形，中脉在叶面凹下，侧脉 20~24 对。花梗长 2~4cm，雄蕊 40~45 枚。（栽培园地：WHIOB, KIB, XTBG）

Adinandra millettii (Hook. et Arn.) Benth.et Hook. f. ex Hance 杨桐

灌木或小乔木。叶片长圆状椭圆形，顶端短渐尖或近钝形，全缘。花梗长约 2cm，萼片卵状披针形或卵状三角形，顶端尖，花瓣卵状长圆形，外面无毛；花丝无毛或仅上半部被毛。（栽培园地：SCBG, WHIOB）

Adinandra millettii 杨桐

Adinandra nitida Merr. ex Li 亮叶杨桐

灌木或乔木，除顶芽外全株无毛。叶片卵状长圆形。花单朵腋生，花梗长 1~2cm；花瓣白色，雄蕊 25~30 枚，花丝几无毛或仅上半部被毛，子房 3 室。（栽培园地：SCBG）

Anneslea 茶梨属

该属共计 2 种，在 4 个园中有种植

Anneslea fragrans Wall. 茶梨

乔木。叶片椭圆形、长圆状椭圆形至狭椭圆形，长 8~15cm，顶端短渐尖，中脉在叶面稍凹下，背面隆起。花梗长 3~7cm。果直径 2~3.5cm。花期 1~3 月，果期 8~9 月。（栽培园地：SCBG, KIB, XTBG, GXIB）

Anneslea fragrans Wall. var. **hainanensis** Kobuski 海南茶梨

本变种和原变种的区别为：叶片长圆形至椭圆形，

Anneslea fragrans 茶梨

Camellia achrysantha 中东金花茶

Anneslea fragrans var. hainanensis 海南茶梨

Camellia albovillosa 白毛红山茶

较小，长 6~8cm，宽 2.5~3.3cm，顶端钝，中脉在叶面明显下凹；果较小，长 1.5~2cm，直径约 1.5cm，果梗长 2~4cm；花期 11~12 月，果期次年 7~8 月。（栽培园地：SCBG）

Camellia 山茶属

该属共计 104 种，在 10 个园中有种植

Camellia achrysantha Chang et S. Y. Liang 中东金花茶
常绿灌木。叶片椭圆形卵状椭圆形，锯齿不明显或全缘，叶脉在叶面稍陷下，网脉不明显，叶柄长 5~7mm。花梗长 5~10mm；雄蕊外轮花丝连成短管，长 1~2mm；子房 3 室，无毛，花柱 3，长 1.8~2cm，分离。（栽培园地：KIB, XTBG）

Camellia acutissima Chang 长尖连蕊茶
灌木。叶片卵状披针形，基部阔楔形或钝，边缘密生尖锐细锯齿，叶柄长约 3mm。花柄长 5mm，苞片长约 1mm，散生于花柄上，花萼长 5mm，下半部连合成杯状。（栽培园地：CNBG）

Camellia albovillosa Hu ex Chang 白毛红山茶
灌木，嫩枝被毛。叶片椭圆形，长 6~10cm，先端

急短尖，基部近圆形。花顶生，红色，苞片及萼片 12 片，近膜质，被灰白色绢毛。（栽培园地：KIB）

Camellia amplexicaulis (Pit.) Cohen-Stuart 越南抱茎茶
常绿小乔木。叶片长椭圆形，长达 20~30cm，边缘具细锯齿，基部心形，抱茎。花瓣玫红色，8~13 枚，质厚，花药金黄色，花丝浅黄色。（栽培园地：SCBG, KIB, XTBG, XMBG）

Camellia amplexicaulis 越南抱茎茶（图 1）

Camellia amplexicaulis 越南抱茎茶（图2）

Camellia amplexifolia Merr. et Chun 抱茎短蕊茶

灌木至小乔木，嫩枝无毛。叶片长圆形或长圆状披针形，长9~23cm，全缘，基部心形，抱茎。花瓣黄白色，阔倒卵形，雄蕊极短，花丝大部分与花瓣相连，子房无毛。（栽培园地：SCBG）

Camellia amplexifolia 抱茎短蕊茶

Camellia anlungensis Chang 安龙瘤果茶

灌木或小乔木。叶片倒卵形，长7~14cm，先端急

Camellia anlungensis 安龙瘤果茶

锐尖，背面无黑腺点。花白色，花瓣6~7片。蒴果直径3~3.5cm，果皮多皱褶和瘤状凸起，厚2~4mm。（栽培园地：SCBG）

Camellia assamica (Masters) Chang 普洱茶

乔木。嫩枝具微毛，顶芽被白毛。叶片椭圆形，长8~14cm，背面被柔毛，叶片干后变褐色。萼片长3~4mm，无毛，花瓣6~7片，无毛。（栽培园地：SCBG，WHIOB，KIB，XTBG，CNBG）

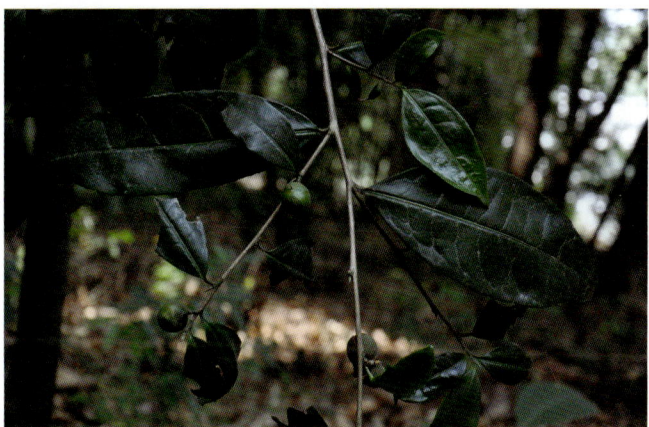

Camellia assamica 普洱茶

Camellia assimilis Champ. ex Benth. 香港毛蕊茶

灌木或小乔木。叶片椭圆形或长圆形，基部楔形或钝，边缘具细锯齿。花冠白色，长约3cm；花丝管长为花丝的4/5。蒴果球形，直径1.5~2cm，果壳厚于1.5mm，果柄长6mm。（栽培园地：SCBG）

Camellia azalea C. F. Wei 杜鹃红山茶

常绿小乔木。叶片倒卵形或长倒卵形，革质，基部楔形，全缘并稍外卷。花朵顶生或腋生，花瓣肉质，较厚，呈长条状，鲜红色，花药金黄色。（栽培园地：SCBG，WHIOB，KIB，SZBG，GXIB，XMBG）

Camellia brevistyla (Heyata) Coh. St. 短柱茶

灌木或小乔木。嫩枝具柔毛。叶片狭椭圆形，长

Camellia azalea 杜鹃红山茶

Camellia brevistyla 短柱茶（图1）

Camellia brevistyla 短柱茶（图2）

3~4.5cm，顶端略尖。花白色，顶生或腋生，苞被片6~7片，花瓣长1~1.6cm，花柱长1.5~5mm。（栽培园地：SCBG, WHIOB, CNBG）

Camellia buxifolia Chang 黄杨叶连蕊茶

灌木，嫩枝具披散柔毛。叶片卵形或椭圆形，长2~3cm，顶端尖而有钝的尖头。萼片阔卵形，长约2mm，花冠白色，长约1cm，花丝几全部分离，无毛；子房无毛，花柱3浅裂。蒴果梨形。（栽培园地：WHIOB）

Camellia caudata Wall. 长尾毛蕊茶

灌木至小乔木。叶片长圆形、披针形或椭圆形，长5~9cm，基部楔形，边缘具细锯齿。花柄长3~4mm；萼片5片，长2~3mm；花瓣长10~14mm；花丝被长茸毛。蒴果圆球形，直径1.2~1.5cm，果爿薄。（栽培园地：SCBG, GXIB）

Camellia caudata 长尾毛蕊茶

Camellia chekiangoleosa Hu 浙江红山茶

小乔木。叶片椭圆形或倒卵状椭圆形，长8~12cm，边缘3/4以上具锯齿。花红色，直径8~12cm，

Camellia chekiangoleosa 浙江红山茶

苞片及萼片 14~16 片。蒴果卵球形，直径 5~7cm，具宿存萼片及苞片，果爿厚约 1cm。（栽培园地：SCBG, WHIOB, KIB, LSBG, CNBG, SZBG, GXIB）

Camellia chrysanthoides Chang 薄叶金花茶

灌木。叶片膜质，长圆形或倒披针形，长 10~15cm，基部楔形或狭楔形，侧脉与中脉在叶面下陷。花腋生，直径 4~5.5cm，具短柄，子房无毛。种子被毛。（栽培园地：KIB, GXIB）

Camellia chrysanthoides 薄叶金花茶

Camellia chuongtsoensis S. Y. Liang et L. D. Huang 崇左金花茶

灌木或小乔木。叶片椭圆形，长 8~10cm，顶端钝，基部楔形，叶柄长约 0.5cm。花几四季常开，花瓣长椭圆形，12~17 片，金黄色，花柱顶端 3 浅裂。（栽培园地：KIB）

Camellia chuongtsoensis 崇左金花茶

Camellia confusa Craib 小果短柱茶

灌木。叶片椭圆形，长 7~10cm，宽 3.5~5cm，边缘具细锯齿。花腋生，无柄，白色，直径约 5cm，花柱长 5~6mm。蒴果卵形，长约 1.5cm。（栽培园地：XTBG）

Camellia cordifolia (Metc.) Nakai 心叶毛蕊茶

灌木至小乔木。叶片长圆状披针形或长卵形，长 6~10cm，基部圆形，有时微心形，背面疏背褐色长毛。花冠白色，花柄长 2~3mm；萼片 5 片，阔卵形至圆形，长 3~4mm，花丝与子房均背毛。（栽培园地：SCBG）

Camellia costei Lévl. 贵州连蕊茶

灌木或小乔木，嫩枝背毛。叶片卵状长圆形，长 4~7cm，边缘具钝锯齿。花顶生及腋生，花冠白色，长 1.3~2cm；萼片长 2.5mm，顶端背毛；雄蕊具短花丝管，无毛；子房亦无毛。（栽培园地：WHIOB, KIB, CNBG）

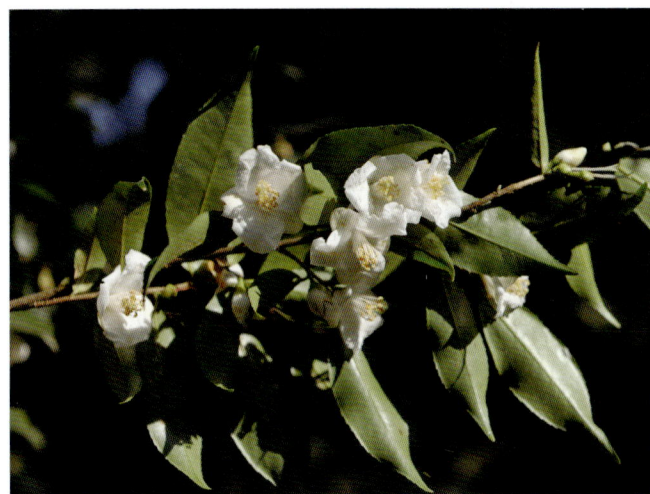

Camellia costei 贵州连蕊茶

Camellia crapnelliana Tutch. 红皮糙果茶

小乔木。树皮红色。叶片硬革质，倒卵状椭圆形至椭圆形，边缘具细钝齿；叶柄长 6~10mm。花顶生，花冠白色，直径 7~10cm。蒴果球形，直径 6~10cm，果皮厚 1~2cm。（栽培园地：SCBG, WHIOB, KIB, XTBG, LSBG, CNBG, GXIB）

Camellia crapnelliana 红皮糙果茶（图 1）

Camellia crapnelliana 红皮糙果茶（图2）

Camellia crassicolumna Chang var. **multiplex** (H. T. Chang et Y. J. Tang) T. L. Ming 光萼厚轴茶

小乔木。叶片长圆形至椭圆形，长 10~12cm；叶柄长 6~10mm。花直径约 6cm，白色，萼片长 6~8mm，被柔毛；花瓣 9 片，被毛；果片厚 8~10mm。（栽培园地：KIB）

Camellia crassipes Sealy 厚柄连蕊茶

小乔木，嫩枝被灰褐色柔毛。叶片卵状长圆形或椭圆形，长 3.5~6.5cm，边缘具浅锯齿。花顶生或近枝顶腋生，花冠白色，花柄粗大，长约 4mm；外轮花丝基部连合长 2~3mm，其余离生。（栽培园地：KIB）

Camellia crassissima 厚叶红山茶

Camellia crassipes 厚柄连蕊茶

Camellia crassissima Chang et Shi 厚叶红山茶

灌木至小乔木。叶片厚革质，长圆形或有时椭圆形，边缘疏生小锯齿，叶脉明显。花红色，直径 8~10cm；果直径达 15cm，果片木质，厚 1~1.5cm，种子被毛。（栽培园地：GXIB）

Camellia cucphuongensis Ninh et Rosmann 西贡金花茶

灌木至小乔木。叶片长卵形或长椭圆形，边缘疏具

Camellia cucphuongensis 西贡金花茶

浅齿略显波状；叶柄短。花淡黄色，具花柄，下垂，花呈风铃状，花瓣约 13 枚。（栽培园地：KIB）

Camellia cuspidata (Kochs) Wright ex Gard. **尖连蕊茶**

灌木。嫩枝无毛。叶片卵状披针形或椭圆形。花单独顶生，花柄长约 3mm，萼片阔卵形，长 4~6mm；花冠白色，花瓣长 2~2.4cm，花的各部分均无毛。（栽培园地：SCBG, WHIOB, KIB, SZBG）

Camellia cuspidata 尖连蕊茶

Camellia cuspidata (Kochs) Wright ex Gard. var. **grandiflora** Sealy **大花尖连蕊茶**

本变种与原变种的区别为：花柄长约 7mm，萼片长约 6mm，花长 3.5~4cm。（栽培园地：WHIOB）

Camellia cuspidata var. **grandiflora** 大花尖连蕊茶

Camellia danzaiensis K. M. Lan **丹寨秃茶**

灌木或乔木。叶片长圆形，长 6~9cm，顶端锐尖，基部楔形，边缘上半部具疏细锯齿，叶柄长 4~6mm。蒴果腋生，球形，直径约 2cm，果柄长 1.5~1.8mm，萼片宿存。（栽培园地：WHIOB）

Camellia edithae Hance **尖萼红山茶**

灌木或小乔木。嫩枝被毛。叶片卵状披针形或披针形，基部微心形或圆形，背面密生茸毛。花红色，

萼片顶端尖，外侧被长茸毛。蒴果圆球形，果爿厚 1~2mm，具宿存苞片及萼片。（栽培园地：WHIOB, KIB）

Camellia euphlebia Merr. ex Sealy **显脉金花茶**

灌木或小乔木。叶片革质，椭圆形，长 12~20cm，侧脉在叶面下陷，在背面显著突起，边缘密生细锯齿。花柄长 4~5mm，苞片 8 片，花瓣 8~9 片，金黄色，花柱 3 枚，离生。（栽培园地：SCBG, WHIOB, KIB, XTBG, SZBG, GXIB, XMBG）

Camellia euphlebia 显脉金花茶

Camellia euryoides Lindl. **柃叶莲蕊茶**

灌木至小乔木。叶片薄革质，椭圆形至卵状椭圆形，

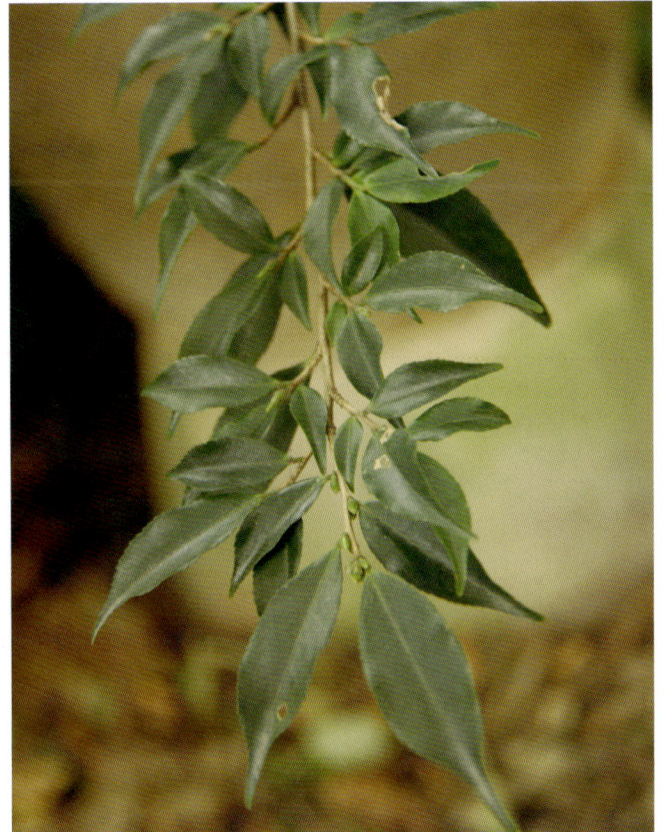

Camellia euryoides 柃叶莲蕊茶

长 2~4cm，顶端略尖具钝尖头。花柄长 7~10mm，花冠长约 2cm，白色；花丝无毛，花丝管长为花丝的 2/3。（栽培园地：SCBG, WHIOB）

Camellia fascicularis Chang 簇蕊金花茶

　　灌木或小乔木。叶片椭圆形，侧脉在叶面稍下陷。花黄色，单生于叶腋，外轮花丝成束状联生。蒴果球形，直径 4~8cm，果皮厚 7~8mm，种子被绢毛。（栽培园地：KIB, XTBG）

Camellia fascicularis 簇蕊金花茶

Camellia fengchengensis Liang et Zhong 防城茶

　　小乔木。嫩枝被茸毛。叶片椭圆形，长 13~29cm，基部阔楔形或略圆，叶面干后黄绿色，背面密被柔毛。花腋生，白色，直径 2~3.5cm。蒴果三角状扁球形，宽 1.8~3.2cm。（栽培园地：GXIB）

Camellia fengchengensis 防城茶

Camellia flavida Chang 淡黄金花茶

　　灌木。叶片长圆形或椭圆形，长 8~10cm，宽 3~4.5cm。花顶生，花柄长 1~2mm，花瓣淡黄色，直径 2~2.5cm。蒴果球形，直径约 1.7cm。（栽培园地：

Camellia flavida 淡黄金花茶

SCBG, KIB, GXIB）

Camellia flavida Chang var. **patens** (S. L. Mo et Y. C. Zhong) T. L. Ming 多变淡黄金花茶

　　本变种与原变种的区别为：叶柄长约 1cm；子房 2~5 室。（栽培园地：KIB）

Camellia flavida var. patens 多变淡黄金花茶

Camellia forrestii (Diels) Coh. St. 蒙自连蕊茶

　　灌木或小乔木。叶片椭圆形或卵状椭圆形，长 2~3.5cm，边缘具小锯齿。花顶生或腋生，花冠白色，长 11~18mm；萼片半月形至圆形，长 2~5mm。果直径约 1.5cm，具宿存苞片及萼片。（栽培园地：KIB）

Camellia fraterna Hance 毛柄连蕊茶

　　灌木或小乔木。嫩枝密生柔毛或长丝毛。叶片椭圆形，长 4~8cm，宽 1.5~3.5cm。花柄长 3~4mm，被毛，萼片被褐色长丝毛；花冠白色，长 2~2.5cm，雄蕊与子房均无毛。（栽培园地：WHIOB, KIB, CNBG, GXIB）

Camellia forrestii 蒙自连蕊茶

Camellia fusuiensis 扶绥金花茶

Camellia fraterna 毛柄连蕊茶

Camellia gauchowensis 高州油茶

Camellia furfuracea (Merr.) Coh. St. 糠果茶

灌木至小乔木。叶片长圆形至披针形，宽 2.5~4cm。花白色，直径约 3cm，苞片及萼片 7~8 片，花瓣 6~7 片。蒴果球形，直径 2.5~4cm，3 片开裂，果片厚 2~3mm，表面多糠秕。（栽培园地：SCBG）

Camellia fusuiensis S. Y. Liang et X. J. Dong 扶绥金花茶

灌木。嫩枝淡紫红色，无毛。叶片椭圆形，顶端急尖，基部宽楔形。花常单生，黄色，花径 1.5~3.5cm，花瓣 8~9 片，近圆形，花柱与子房均无毛。（栽培园地：KIB）

Camellia gauchowensis Chang 高州油茶

灌木或小乔木。嫩枝无毛。叶片革质，椭圆形，长 5~8cm，宽 3~4.5cm，基部圆形或钝。花白色，几无柄，花瓣 7~8 片，顶端 2 裂，裂片长 7~10mm；种子每室 1~4 粒。（栽培园地：SCBG）

Camellia grandis (Liang et Mo) Chang et S. Y. Liang 弄岗金花茶

灌木。叶片纸质或薄革质，椭圆形或倒卵状椭圆形，

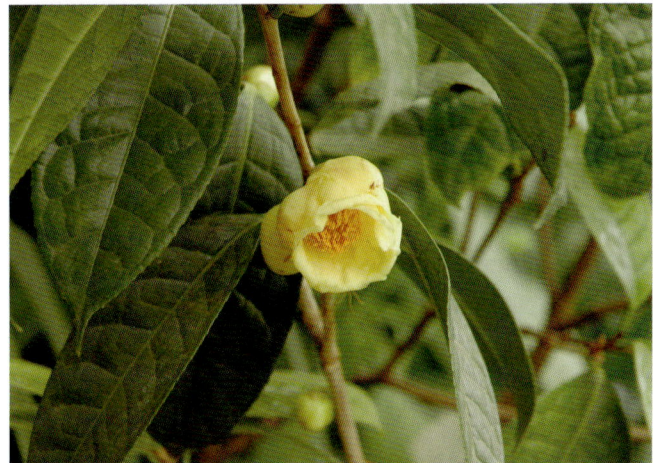

Camellia grandis 弄岗金花茶

长 11~14cm，基部圆形或钝。花单生于叶腋，黄色，直径 2.5~3.5cm，花柄长 3~4mm。种子被褐色柔毛。（栽培园地：KIB, XTBG, GXIB）

Camellia granthamiana Sealy 大苞山茶

乔木。叶片椭圆形或长椭圆形，长 8~11cm。花白色，直径 10~14cm；苞片及萼片 12 片，宿存，长 3~4cm；花瓣长圆形，长 5~7cm；雄蕊连生约 5mm；花柱 5 浅裂。蒴果完全被宿存萼片及苞片包着，果爿厚 1cm。（栽培园地：SCBG）

Camellia granthamiana 大苞山茶

Camellia grijsii Hance 长瓣短柱茶

灌木或小乔木。叶片长圆形，长 6~9cm，宽 2.5~3.7cm，边缘具尖锐锯齿。花白色，直径 4~5cm，花瓣顶端凹入；花柱长 3~4mm，无毛。蒴果球形，直径 2~2.5cm。（栽培园地：SCBG, WHIOB, KIB, LSBG, CNBG, GXIB）

Camellia grijsii 长瓣短柱茶

Camellia gymnogyna Chang 秃房茶

灌木。嫩枝无毛。叶片革质，椭圆形。花 2 朵腋生，花柄长约 1cm，萼片长 6mm，花瓣 7 片，长约

2cm，白色；子房秃净无毛。蒴果 3 爿裂开，果爿厚约 7mm。（栽培园地：KIB）

Camellia hakodae Ninh 箱田金花茶

小乔木。叶片椭圆形至长椭圆形，长 23.5~29cm，宽 9~11.5cm，两面无毛；叶柄 8~15mm。花黄色，直径 6~8cm，花梗长 1~1.2cm；花瓣 16~17 片，近圆形至椭圆形，长 2~5.3cm。果近球形，直径 5~6cm。（栽培园地：KIB）

Camellia hakodae 箱田金花茶

Camellia handelii Sealy 岳麓连蕊茶

灌木。嫩枝多柔毛。叶片薄革质，长卵形或椭圆形，长 2~4cm。花顶生及腋生，花柄长 2~4mm，苞片 5 片，萼片长 2~2.5mm，密生灰毛；花冠白色，长 1.5~2cm，花丝管长为雄蕊的 1/2 至 2/3。（栽培园地：SCBG, CNBG, GXIB）

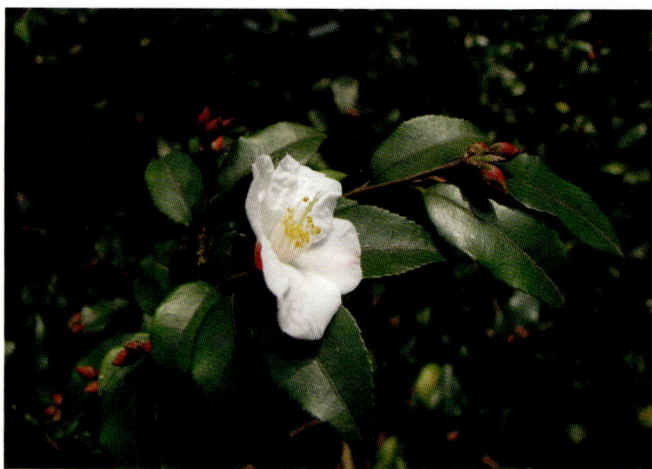

Camellia handelii 岳麓连蕊茶

Camellia hongkongensis Seem. 香港红山茶

乔木。叶片长圆形，长 7~12.5cm，顶端尖锐，具钝尖头，基部楔形，边缘疏具钝齿。花顶生，红色；花被片半宿存，花瓣开放时不完全张开，花柱 3 条离生。

山茶科

蒴果直径 2~3cm。（栽培园地：SCBG）

Camellia huana T. L. Ming et W. J. Zhang 贵州金花茶
　　灌木。叶片薄革质，椭圆形至长圆状椭圆形，长 7~11.5cm，宽 3~5cm，两面无毛；背面浅绿色，具棕色腺点；叶柄长 7~12mm。花近顶生，单生，直径 3~3.5cm；花梗长 6~10mm；花瓣 7~9 片，浅黄色。蒴果扁球形，长约 1.5cm，果皮厚 1~1.5mm。（栽培园地：KIB）

Camellia huana 贵州金花茶

Camellia hupehensis Chang 湖北瘤果茶
　　灌木。叶片革质，卵状披针形或长卵形，长 5~6.5cm，顶端尾状渐尖。花白色，萼片长 1~1.5cm，花瓣长约 4cm，花柱 3 枚，长约 2cm。种子无毛。（栽培园地：WHIOB）

Camellia impressinervis Chang et S. Y. Liang 凹脉金花茶
　　灌木。嫩枝具短粗毛。叶片革质，椭圆形，长 12~22cm，宽 5.5~8.5cm，背面被毛，侧脉 10~14 对，与中脉在叶面凹下，在背面强烈突起。花 1~2 朵腋生，花瓣约 12 片。果皮厚 1~1.5mm。（栽培园地：SCBG，WHIOB，KIB，XTBG，GXIB，XMBG）

Camellia indochinensis Merr. 中越山茶
　　灌木或小乔木。嫩枝无毛。叶片薄革质或近膜质，

Camellia impressinervis 凹脉金花茶

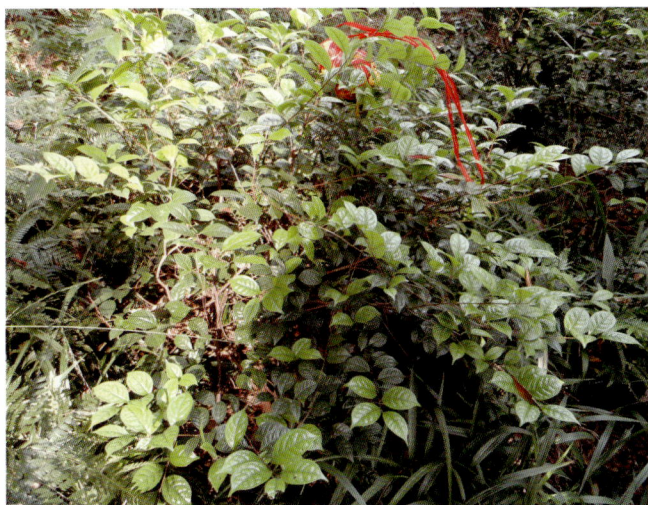

Camellia indochinensis 中越山茶

椭圆形，长约 10cm。苞片 6 片，宿存；萼片 5 片，宿存；花瓣 8~9 片，长约 1.6cm，花丝管长约 8mm，子房无毛，花柱 3 枚。（栽培园地：GXIB）

Camellia japonica L. 茶花
　　灌木或小乔木。叶片革质，椭圆形，边缘有细锯齿。

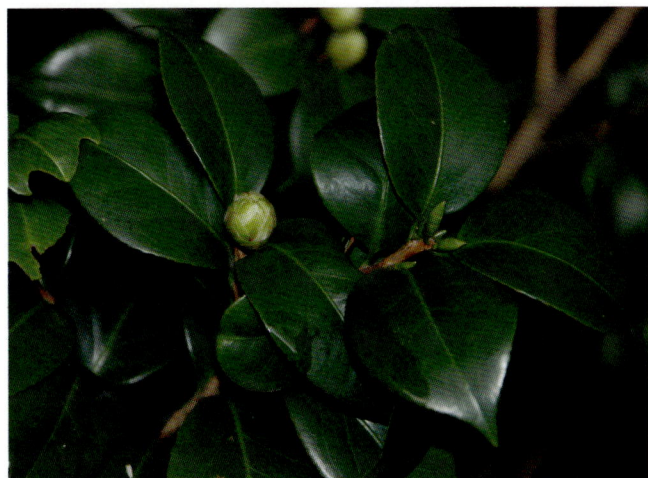

Camellia japonica 茶花

花顶生，红色，苞片及萼片约 10 片，外轮花丝基部连生，花丝管长 1.5cm，子房无毛；蒴果不正常发育，宽 3~5cm，种子无毛。（栽培园地：SCBG, IBCAS, WHIOB, KIB, XTBG, LSBG, CNBG, SZBG, GXIB）

Camellia kissii Wall. 落瓣短柱茶

灌木至小乔木。叶片长圆形或椭圆形，长 5~7cm。花白色，直径 2~3.5cm，顶生或腋生，几无柄；苞被片 9~10 片，花开后脱落；雄蕊长 6~9mm，基部略连生。（栽培园地：XTBG）

Camellia krempfii (Gagnep.) Sealy 长叶越南油茶

小乔木。叶片革质，长椭圆形，长为宽的 3~4 倍，叶柄短，长 0.5~1cm，基部不抱茎。花常单生枝顶或 1~2 朵腋生于叶腋，花瓣红色，直径 5~7cm，花瓣阔卵形。果扁球形，长 2.5~3cm，直径 6~6.5cm。（栽培园地：SCBG）

Camellia lapidea Wu 石果红山茶

小乔木。叶片长圆形或长圆状披针形，长 11~16cm，顶端尾状长尖，侧脉 8~9 对，在叶面稍陷下。花顶生，紫红色，无柄；花柱长约 2.5cm。蒴果圆球形，直径 4~5cm，果皮坚硬，木质。（栽培园地：SCBG, GXIB）

Camellia lapidea 石果红山茶

Camellia limonia C. F. Liang et Mo 柠檬金花茶

常绿灌木。叶片薄革质，椭圆形或长圆形，长 4~8cm，叶柄长 5~8mm。花单生于叶腋，柠檬黄色，直径 1~2cm；花柄长 3mm；花瓣长 6~12mm；花丝近离生。（栽培园地：KIB, XTBG, SZBG, GXIB）

Camellia longicalyx H. T. Chang 长萼连蕊茶

小乔木。嫩枝无毛。叶片卵状披针形，长 4~6cm。花单生于枝顶叶脉，白色；萼片披针形，长 8mm，顶端长渐尖，无毛；雄蕊 19 枚，较花瓣短。（栽培园地：

Camellia limonia 柠檬金花茶

WHIOB）

Camellia longicaudata Chang et Liang 长尾红山茶

小乔木。叶片革质，披针形，长 10~14cm，宽 2~3cm，顶端长尾状，尾长 2~2.5cm，边缘密生细锯齿。花顶生，红色，苞片及萼片 10 片，花瓣 9 片，雄蕊、子房和花柱均无毛。（栽培园地：SCBG, GXIB）

Camellia longicaudata 长尾红山茶

Camellia longipetiolata (Hu) Chang et Fang 长柄山茶

灌木。叶片椭圆形或阔卵形，长 4~4.5cm。花白色，顶生；苞片 6 片，宿存在花柄上；萼片 7 片；花瓣 9 片，基部略连生；雄蕊 4 轮，外轮花丝连生成短管；子房无毛，花柱 3 枚，离生。（栽培园地：GXIB）

Camellia longissima H. T. Chang et Liang 超长柄茶

灌木。嫩枝无毛。叶片膜质，椭圆形或倒卵形，侧脉 14~19 对，几与中脉垂直。花 1~3 朵顶生或侧生，花柄长约 4cm；花萼及花瓣无毛；雄蕊离生；子房 3 室，无毛；花柱短，3 浅裂。（栽培园地：GXIB）

Camellia lungzhouensis Luo 龙州金花茶

常绿灌木。顶芽被银色柔毛。叶片革质，长椭圆

Camellia mairei (Lévl.) Melch. 毛蕊红山茶

灌木至小乔木。叶片薄革质，长圆形，长7~9.5cm，宽2~2.3cm，叶面无毛，背面沿中脉具长丝毛。花顶生，红色，苞片及萼片10片；花丝被柔毛；子房被毛。（栽培园地：WHIOB）

Camellia mairei 毛蕊红山茶

Camellia micrantha S. Y. Liang et Y. C. Zhong 小花金花茶

灌木。叶片倒卵状椭圆形或椭圆形，长8.5~10.5cm，顶端锐尖至短尾状；叶柄6~8mm。花腋生，单生或3

Camellia lungzhouensis 龙州金花茶

形，背面无毛，具散生黑腺点；叶柄长1~1.2cm。花直径2~4cm，花瓣金黄色，9片，离生；子房被白毛，花柱3枚，离生。（栽培园地：KIB, XTBG）

Camellia magniflora Chang 大花红山茶

小乔木。叶片厚革质，椭圆形，边缘锯齿密而细。花红色，直径8~10cm，花丝管长5mm，游离花丝纤细。蒴果直径8cm；果皮厚1.5cm，松软近木栓质。（栽培园地：GXIB）

Camellia magniflora 大花红山茶

Camellia micrantha 小花金花茶

19

个簇生，直径 1.5~2.5cm；花梗 3~5mm；小苞片 5~7
片，萼片 5 片；花瓣 6~8 片，浅黄色略带粉色，内轮
花瓣基部与雄蕊合生，约 2mm。蒴果扁圆形，果皮厚
1~2mm。（栽培园地：KIB, XTBG, SZBG, GXIB）

Camellia microphylla (Merr.) Chien 细叶短柱茶

灌木。叶片倒卵形，长 1.5~2.5cm，宽 1~1.3cm，
顶端钝或圆。花顶生，白色，花柄极短，苞被片 6~7 片，
花瓣 5~7 片，长 8~11mm，花柱 3 枚，长 2~3mm，无毛。
（栽培园地：WHIOB）

Camellia multibracteata Chang et Mo ex Mo 多苞糙
果茶

灌木。叶片厚革质，椭圆形，长 8~13cm，宽 4~
6cm。花白色，直径 3~6cm，苞片 14 片，花瓣 7~8
片。蒴果直径 3~4cm，果皮厚 3~8mm。（栽培园地：
WHIOB）

Camellia murauchii Ninh et Hakoda 黄抱茎金花茶

灌木。叶片薄革质，长椭圆形，顶端急尖或钝，边
缘具细锯齿，抱茎。花小，金黄色，花瓣 5~7 片。（栽
培园地：KIB）

Camellia murauchii 黄抱茎金花茶（图 2）

Camellia neriifolia H. T. Chang 狭叶瘤果茶

小乔木。叶片薄革质，狭披针形，长 7~11cm，宽
2~2.5cm，侧脉急斜，全缘。花顶生，无柄，苞片近圆形；
萼片卵形，顶端略尖；子房无毛。蒴果无毛，果皮厚
5mm。（栽培园地：KIB）

Camellia nitidissima Chi 金花茶

灌木。叶片革质，长圆形、披针形或倒披针形，
侧脉 7 对，稍下陷，背面无毛。花黄色，腋生，直
径 5~6cm。蒴果宽 4~6cm，果皮厚 4~7mm。（栽培园
地：SCBG, WHIOB, KIB, XTBG, LSBG, CNBG, SZBG,
GXIB）

Camellia nitidissima 金花茶

Camellia nitidissima Chi var. **microcarpa** Chang et Ye 小
果金花茶

本变种与原变种的区别为：花较小，直径 2.5~3.5cm；
果较小，宽 2.5~3.5cm，果皮厚 1~2mm。（栽培园地：
KIB, XTBG, LSBG, GXIB）

Camellia oleifera Abel 油茶

灌木或中乔木。嫩枝被粗毛。叶片椭圆形、长圆形
或倒卵形，长 5~7cm。花顶生，花瓣白色，长 2.5~3cm，

Camellia murauchii 黄抱茎金花茶（图 1）

Camellia nitidissima var. **microcarpa** 小果金花茶

Camellia oleifera 油茶

顶端凹入或 2 裂，花柱 3 裂。蒴果直径 2~4cm，果片厚 3~5mm。（栽培园地：SCBG, WHIOB, KIB, LSBG, CNBG, GXIB）

Camellia parvilimba Merr. et Metc. **细叶连蕊茶**

小灌木。嫩枝被毛。叶片细小，椭圆形或卵形，长 1~2cm，宽 7~13mm，顶端钝。花顶生，花冠白色；花

柄长 10mm，无毛；萼片背无毛，边缘具睫毛；花丝无毛。（栽培园地：WHIOB）

Camellia parvimuricata Chang **小瘤果茶**

灌木。嫩枝被暗褐色长粗毛。叶片椭圆形或卵状椭圆形，长 4~6cm，顶端渐尖或尾状渐尖。花直径约 2.5cm；萼片长 7~8mm；花柱 4 枚。种子被褐色茸毛。（栽培园地：SCBG, WHIOB, SZBG, GXIB）

Camellia parvimuricata 小瘤果茶

Camellia parvipetala J. Y. Liang et Su **小瓣金花茶**

灌木。叶片薄革质或纸质，广卵形至倒卵状椭圆形，

Camellia parvipetala 小瓣金花茶

长 6~15cm。花淡黄色，直径 1.5~2cm；苞片和萼片边缘具睫毛；花瓣顶端凹陷，长 1.3cm，外轮花丝基部稍连生。（栽培园地：XTBG, GXIB）

Camellia pilosperma S. Y. Liang ex Chang 毛籽离蕊茶

灌木。嫩枝被粗毛。叶片椭圆形或卵状长圆形，长 3~5cm，基部心形或耳形。花白色，近无柄；雄蕊无毛，外轮花丝仅基部略连生；子房有毛。蒴果圆球形，直径 5~6mm；种子被毛。（栽培园地：GXIB）

Camellia pilosperma 毛籽离蕊茶

Camellia pinggaoensis Fang 平果金花茶

灌木。叶片革质，卵形或长卵形，长 4~8cm。花单生于叶腋，黄色，直径 1.5~2cm；花瓣 5~6 片，长 8~10mm，基部稍连生；花柱 3 枚，离生。蒴果直径 1~1.3cm。（栽培园地：SCBG, KIB, XTBG, GXIB）

Camellia pinggaoensis 平果金花茶

Camellia pinggaoensis Fang var. **terminalis** S. Y. Liang 顶生金花茶

本变种和原变种的区别为：花顶生，花柱合生，顶端 3 裂。（栽培园地：GXIB）

Camellia pitardii Coh. St. 西南红山茶

灌木至小乔木。嫩枝无毛。叶片披针形或长圆形，长 8~12cm，顶端渐尖或长尾状，基部楔形。花顶生，红色，无柄。蒴果扁球形，宽 3.5~5.5cm，果爿厚 3~4mm。（栽

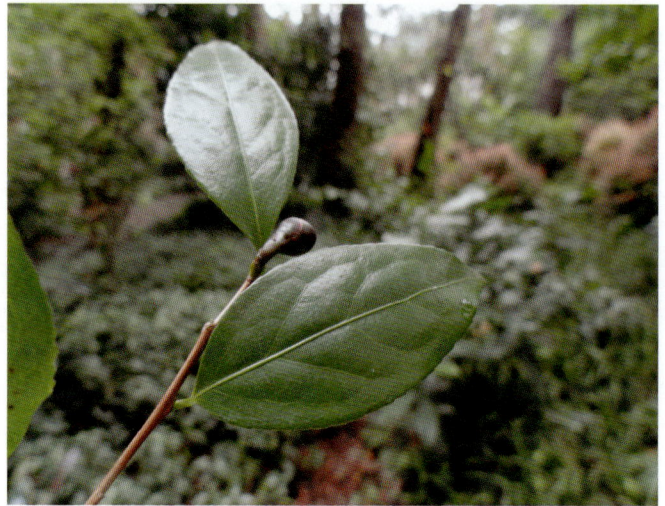

Camellia pinggaoensis var. terminalis 顶生金花茶

Camellia pitardii 西南红山茶

培园地：SCBG, KIB, GXIB）

Camellia pitardii Coh. St. var. **alba** Chang 西南白山茶

本变种与原变种的区别为：花白色，略具芳香。（栽培园地：WHIOB）

Camellia pitardii Coh. St. var. **yunnanica** Sealy 窄叶西南红山茶

本变种与原变种的区别为：叶片长圆形或披针形，嫩枝常被微毛。（栽培园地：KIB）

Camellia polyodonta How ex Hu 多齿红山茶

小乔木。叶片厚革质，椭圆形至卵圆形，长 8~12.5cm，边缘密生尖锐细锯齿。花红色，无柄，直径 7~10cm；苞片及萼片 15 片，外侧具褐色绢毛，子房 3 室，被毛。蒴果直径 5~8cm。（栽培园地：SCBG, WHIOB, GXIB）

Camellia polyodonta How ex Hu var. **longicaudata** (H. T. Chang et S. Y. Liang) T. L. Ming 长尾多齿山茶

本变种与原变种的区别为：叶片狭长圆形至披针形，

Camellia pitardii var. **alba** 西南白山茶

Camellia polyodonta 多齿红山茶

Camellia polyodonta var. **longicaudata** 长尾多齿山茶

长 7~12cm，宽 2~3cm，顶端长尾尖；子房无毛或仅顶端被短绒毛，花柱无毛。（栽培园地：WHIOB）

Camellia ptilophylla Chang 毛叶茶

　　小乔木。嫩枝被灰褐色柔毛。叶片薄革质，长圆形，长 12~21cm，基部阔楔形，背面具短柔毛。花单生于枝顶，萼片 7 片，长 4mm；花瓣 5 片，长 1~1.2cm；子房 3 室，被柔毛；花柱 3 枚，无毛。（栽培园地：SCBG）

Camellia ptilophylla 毛叶茶

Camellia pubipetala Wan et Huang 毛瓣金花茶

　　小乔木。叶片薄革质，长圆形至椭圆形，背面被茸毛，叶柄被毛。花黄色，直径 5~6.5cm；苞片及萼片被毛；花瓣 9~13 片，外面被柔毛；子房被柔毛，花柱中部以上 3 裂。（栽培园地：SCBG, KIB, XTBG, GXIB）

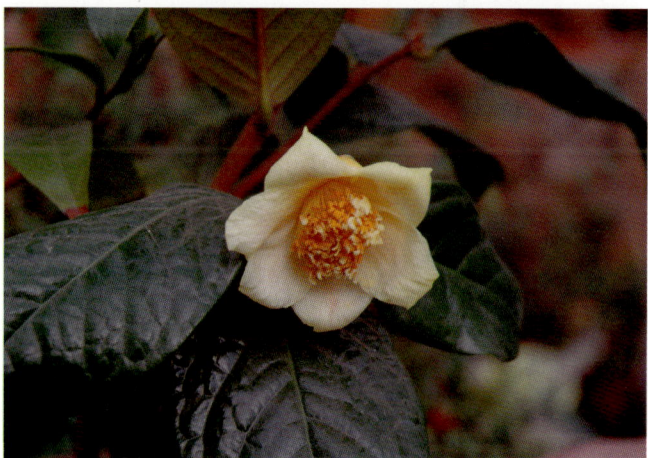

Camellia pubipetala 毛瓣金花茶

Camellia puniceiflora Chang 粉红短柱茶

　　灌木或小乔木。嫩枝无毛。叶片革质，椭圆形，长 3~4cm，叶面光亮。花粉红色，直径约 5cm，近无柄，花瓣 5~7 片，倒卵形，长 3cm，顶端 2 浅裂。蒴果球形，果皮厚 3~4mm。（栽培园地：SCBG）

Camellia purpurea Chang et Chen 紫果茶

　　小乔木。叶片革质，狭椭圆形，长 9~11cm，宽

Camellia puniceiflora 粉红短柱茶

3~4.5cm，顶端尖锐，侧脉 10~12 对。花白色，直径约 5cm；萼片长 4~5mm，花瓣 11 片，长 2.5~3cm。蒴果扁球形，紫色，果皮厚 3~4mm。（栽培园地：WHIOB）

Camellia reticulata Lindl. 滇山茶

　　灌木至小乔木。叶片阔椭圆形，基部楔形或圆形。花顶生，苞片及萼片 10~11 片；花瓣红色，6~7 片；花柱连合，先端 3 浅裂。蒴果扁球形，直径 3~5cm，果皮厚约 7mm。（栽培园地：KIB, GXIB, XMBG）

Camellia reticulata 滇山茶

Camellia rhytidocarpa Chang et Liang 皱皮果油茶

　　灌木。嫩枝无毛。叶片革质，长圆形，长 6~9.5cm，背面无毛，侧脉 6~7 对，在叶面略陷下，边缘具锐利细锯齿。花白色，萼片近圆形；花瓣 6 片；花丝管长约 1.3cm；花柱 3 枚。蒴果表面多瘤状凸起。（栽培园地：XTBG）

Camellia rhytidocarpa 皱皮果油茶

Camellia rosmannii Ninh 罗斯曼金花茶

　　灌木。叶片长椭圆形，顶端渐尖具钝尖头，基部楔

Camellia rosmannii 罗斯曼金花茶

形，侧脉 7~9 对，在叶面稍凹下，边缘具不明显锯齿。（栽培园地：KIB）

Camellia rosthorniana Hand.-Mazz. 川鄂连蕊茶

灌木。嫩枝密生短柔毛。叶片薄革质，椭圆形或卵状长圆形，长 2.5~4.2cm，顶端长渐尖。花柄长 3~4mm，苞片 3~4 片散生在花柄上；花冠白色，花瓣 5~7 片，基部 2~3mm 与雄蕊相结合；花丝管长约 4mm。（栽培园地：SCBG, WHIOB）

Camellia rubimuricata Chang et Z. R. Xu 荔波红瘤果茶

灌木。嫩枝无毛。叶片卵形或椭圆形，长 4.5~8cm。花红色，花瓣 6~7 片，长圆形或倒卵形。蒴果直径 1.5~2cm，果皮具瘤状凸起，厚 3~4mm；种子被柔毛。（栽培园地：WHIOB）

Camellia rubituberculata Chang 厚壳红瘤果茶

乔木。叶片革质，长圆形，长 7~9cm，宽 2.5~3cm，顶端急锐尖，基部阔楔形。花红色，花瓣 7~8 片。蒴果球形，宽 4cm 或更大，果皮具横向皱纹，厚 1~1.3cm；种子被长茸毛。（栽培园地：KIB）

Camellia salicifolia 柳叶毛蕊茶（图 1）

Camellia salicifolia 柳叶毛蕊茶（图 2）

Camellia rubituberculata 厚壳红瘤果茶

Camellia salicifolia Champ. ex Benth. 柳叶毛蕊茶

灌木至小乔木。嫩枝密生长丝毛。叶片披针形，长 6~10cm，基部圆形，背面具长丝毛。苞片披针形，被长毛；萼片线状披针形，长 7~15mm，被长丝毛；花冠白色，花瓣及花丝均被毛。（栽培园地：SCBG, WHIOB）

Camellia saluenensis Stapf ex Bean 怒江红山茶

灌木至小乔木。嫩枝被毛。叶片革质，长圆形，长 3.5~6cm，顶端略尖或钝，叶背具毛。花顶生，红色或白色，无柄。果宽 2.5cm，果皮厚 3~5mm。（栽培园地：KIB）

Camellia sasanqua Thunb. 茶梅

小乔木。嫩枝被毛。叶片革质，椭圆形，长 3~

Camellia saluenensis 怒江红山茶

Camellia sasanqua 茶梅

Camellia sinensis 茶

5cm，顶端短尖，基部楔形，边缘具细锯齿。花大小不一，直径 4~7cm；花瓣 6~7 片，阔倒卵形，顶端凹入或 2 裂，白色、粉色或红色。（栽培园地：SCBG, WHIOB, KIB, LSBG, CNBG, GXIB, XMBG）

Camellia semiserrata Chi 南山茶

　　小乔木。叶片革质，椭圆形或长圆形，长 9~15cm，基部阔楔形，边缘上半部具锯齿。花顶生，红色，苞片及萼片 11 片，花瓣 6~7 片。蒴果直径 4~8cm，果皮厚 1~2cm，表面红色，平滑。（栽培园地：SCBG, XTBG, GXIB）

厚 5~7mm。（栽培园地：XTBG）

Camellia taliensis (W. W. Smith.) Melch. **大理茶**

　　灌木至小乔木。叶片椭圆形或倒卵状椭圆形，长 9~15cm。花顶生，花柄长 1cm，萼片长 5~7mm；花瓣 7~11 片，长 2.5~3.4cm；子房 5 室，花柱 4~5 裂。蒴果扁球形，果皮厚 2~2.5mm。（栽培园地：XMBG）

Camellia semiserrata 南山茶

Camellia sinensis (L.) O. Ktze. **茶**

　　灌木或小乔木。叶片长圆形或椭圆形，长 4~12cm，宽 2~5cm，边缘具锯齿。花 1~3 朵腋生，萼片长 3~4mm；花瓣 5~6 片，白色。果皮厚 1~4mm。（栽培园地：SCBG, WHIOB, KIB, XTBG, LSBG, CNBG, SZBG, XMBG）

Camellia szemaoensis Chang 思茅短蕊茶

　　灌木或小乔木。嫩枝被毛。叶片倒卵状长圆形，长 4~6cm，侧脉 5~6 对，边缘具细锯齿。花白色，花瓣 7 片，子房被毛，花柱长 3~4mm。蒴果直径 2~2.5cm，果爿

Camellia taliensis 大理茶

Camellia tsaii Hu var. **synaptica** (Sealy) Chang **川滇连蕊茶**

　　灌木至小乔木。叶片椭圆形，长 7~9cm，顶端渐尖或长尾状。花单朵腋生，花柄长 5~6mm，苞片 4~5 片；

Camellia tsaii var. synaptica 川滇连蕊茶

Camellia vietnamensis 越南油茶

萼片具睫毛；花冠白色，花瓣 5 片，基部与雄蕊相连生约 3mm，顶端凹入或 2 浅裂。（栽培园地：KIB）

Camellia tunghinensis Chang 东兴金花茶

灌木。叶片薄革质，椭圆形，长 5~9cm，宽 3~4cm。花金黄色，直径约 4cm，花柄长 9~13mm。蒴果球形，直径约 2cm，种子无毛。（栽培园地：WHIOB，KIB，GXIB）

Camellia tunghinensis 东兴金花茶

Camellia uraku Kitamura 单体红花茶

小乔木。叶片椭圆形或长圆形，长 6~9cm，顶端短急尖，侧脉约 7 对，边缘具略钝细锯齿。花粉红色或白色，顶生，花瓣 7 片，花直径 4~6cm。蒴果宽约 3cm，果爿厚 3~4mm。（栽培园地：WHIOB）

Camellia vietnamensis T. C. Huang ex Hu 越南油茶

灌木至小乔木。嫩枝被灰褐色柔毛。叶片长圆形或椭圆形，长 5~12cm，顶端急锐尖，基部楔形或略圆形。花顶生，花瓣 5~7 片，白色，长 4.5~6cm，花柱 3~5 裂。蒴果宽 4~6cm。（栽培园地：SCBG，WHIOB，XTBG，GXIB）

Camellia villosa Cheng et Liang 长毛红山茶

灌木或小乔木。叶片长圆形，长 7~9.5cm，顶端急

Camellia villosa 长毛红山茶

尖，基部圆形或钝，背面具长柔毛。花红色，苞片及萼片 14 片，外面具绢毛；花瓣 7 片，外面被柔毛；花丝管被毛。蒴果褐色，圆球形。（栽培园地：WHIOB，GXIB）

Camellia yunnanensis (Pitard) Coh. St. 五柱滇山茶

灌木至小乔木。叶片椭圆形至卵形，长 4~7cm，宽 2~3.3cm，顶端渐尖或钝尖，基部阔楔形至圆形。花顶生，白色，直径 4~5cm，子房无毛或具疏毛，花柱 4~5 枚。蒴果直径 3.5~4cm，果皮厚 5~8mm。（栽培园地：KIB，XTBG）

Camellia yunnanensis 五柱滇山茶

Camellia yunnanensis (Pitard) Coh. St. var. **camellioides** (Hu) T. L. Ming 毛果猴子木

本变种与原变种的区别为：叶片卵形、长卵形至卵状披针形，宽 1.5~2.3cm；果被绒毛。（栽培园地：KIB）

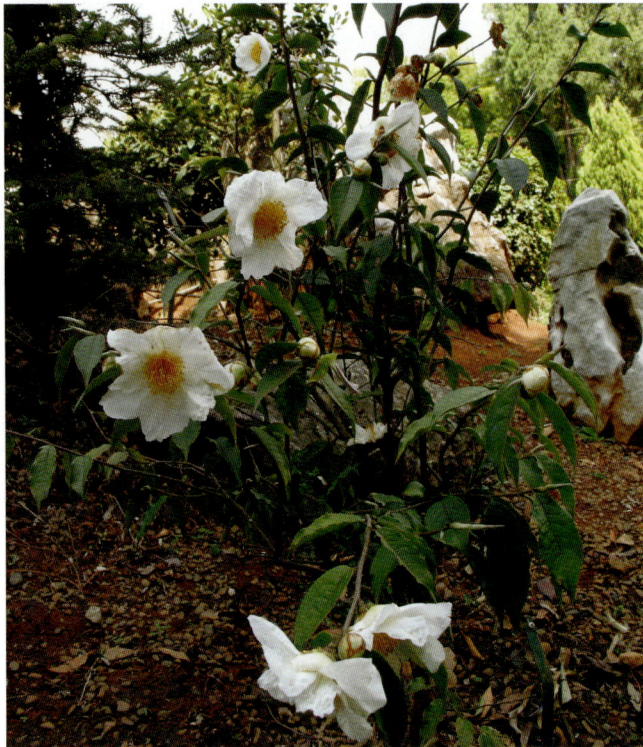

Camellia yunnanensis var. **camellioides** 毛果猴子木（图 1）

Camellia yunnanensis var. **camellioides** 毛果猴子木（图 2）

Cleyera 红淡比属

该属共计 4 种，在 7 个园中有种植

Cleyera japonica Thunb. 红淡比

灌木或小乔木。顶芽长 1~1.5cm。叶片长圆形、长圆状椭圆形至椭圆形，长 6~9cm，宽 2.5~3.5cm，顶端渐尖或短渐尖，全缘。花常 2~4 朵腋生，白色。果梗长 1.5~2cm。（栽培园地：WHIOB, XTBG, LSBG, CNBG, GXIB）

Cleyera japonica 红淡比

Cleyera japonica Thunb. var. **lipingensis** (Hand.-Mazz.) Kobuski 齿叶红淡比

本变种与原变种的区别为：叶缘具明显锯齿；顶芽、嫩枝、叶柄均疏生短柔毛，有时花梗也疏被短柔毛。（栽培园地：WHIOB）

Cleyera japonica var. **lipingensis** 齿叶红淡比

Cleyera japonica Thunb. var. **wallichiana** (DC.) Sealy 大花红淡比

本变种与原变种的区别为：叶片较大，长 10~15cm，宽 4~6cm，顶端急短尖，尖头钝；花常 1~3

(~5) 朵簇生，花梗较长，长达 2.5~3cm。（栽培园地：KIB）

Cleyera pachyphylla Chun ex H. T. Chang **厚叶红淡比**
　　灌木或小乔木。叶片厚革质，长圆形，长 8~14cm，边缘具锯齿，侧脉 20~28 对，在叶面稍明显，背面具暗红色腺点。萼片卵状长圆形或长圆形，质厚；花柱长约 9mm。（栽培园地：SCBG, WHIOB, KIB, GXIB）

Cleyera pachyphylla 厚叶红淡比

Eurya 柃木属

该属共计 35 种，在 7 个园中有种植

Eurya acuminatissima Merr. et Chun **尖叶毛柃**
　　灌木或小乔木。嫩枝初时疏被贴伏短柔毛，后渐脱落。叶片卵状椭圆形，长 5~9cm，宽 1.2~2.5cm，顶端尾状长渐尖，基部楔形，两面均无毛。花白色，萼片圆形或近圆形，花药不具分隔。（栽培园地：SCBG, WHIOB）

Eurya acutisepala Hu et L. K. Ling **尖萼毛柃**
　　灌木或小乔木。嫩枝黄褐色，密被短柔毛。叶片长圆形或倒披针状长圆形。花白色；萼片卵形至长卵形，顶端尖，常具褐色小点，无毛，边缘无纤毛；花

药具 5~7 分隔。果常为卵状椭圆形。（栽培园地：WHIOB）

Eurya alata Kobuski **翅柃**
　　灌木，全株均无毛。嫩枝具显著 4 棱。叶片长圆形或椭圆形，长 4~7.5cm，顶端窄缩呈短尖，侧脉在叶面不甚明显，偶有稍凹下。花白色，萼片膜质或近膜质；雄蕊约 15 枚；果圆球形。（栽培园地：WHIOB）

Eurya amplexifolia Dunn **穿心柃**
　　灌木或小乔木。嫩枝具 2 棱。叶片厚革质，卵状披针形，长 6~18cm，基部耳形抱茎，叶面常具金黄色腺点，背面干后红褐色；侧脉在叶面明显且稍凸起。萼片近圆形，具短柔毛。（栽培园地：SCBG）

Eurya amplexifolia 穿心柃

Eurya brevistyla Kobuski **短柱柃**
　　灌木或小乔木。嫩枝具 2 棱，连同顶芽均无毛。叶片倒卵形、椭圆形至长圆状椭圆形，长 5~9cm。萼片边缘具纤毛；花瓣白色；花药不具分隔；花柱极短，3 枚，离生，长约 1mm。（栽培园地：WHIOB）

Eurya cerasifolia (D. Don) Kobuski **肖樱叶柃**
　　灌木或乔木。叶片革质，长圆状椭圆形，顶端渐尖，

基部楔形，全缘，稀近顶端具数枚浅细齿，侧脉在叶面稍下凹。花1~3朵簇生于叶腋或簇生于无叶的枝上；子房无毛或被极稀疏柔毛。（栽培园地：XTBG）

Eurya chinensis R. Br. 米碎花

灌木。嫩枝和顶芽被短柔毛。叶片倒卵形或倒卵状椭圆形，顶端钝，具微凹或略尖，偶有近圆形，边缘密生细锯齿，侧脉两面均不甚明显。花1~4朵簇生于叶腋，花柱长1.5~2mm。果圆球形。（栽培园地：SCBG, GXIB）

Eurya chinensis 米碎花

Eurya ciliata Merr. 华南毛柃

灌木或小乔木。嫩枝密被披散柔毛。叶片坚纸质，披针形或长圆状披针形，顶端渐尖，侧脉在叶面常凹下。花1~3朵簇生于叶腋；萼片阔卵圆形，革质；雄蕊22~28枚；花柱4~5枚，离生。（栽培园地：SCBG）

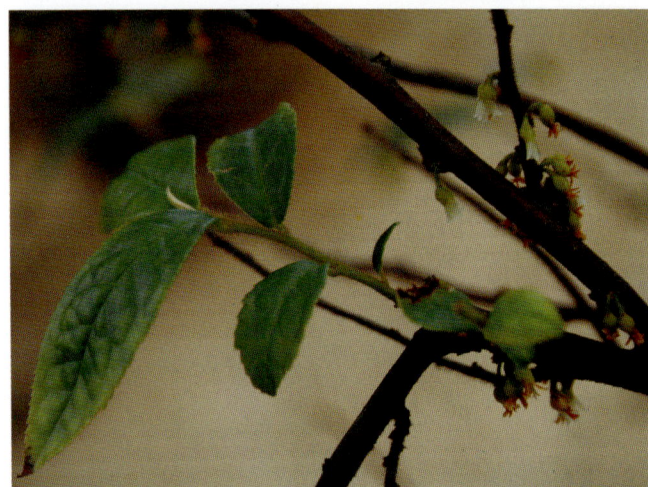

Eurya ciliata 华南毛柃

Eurya crenatifolia Yamamoto 钝齿柃

灌木。叶片革质，椭圆形或倒卵状长圆形，长1~2.5cm，顶端锐尖，边缘具钝锯齿，稍反卷。花1~4朵簇生于叶腋；萼片卵形或近圆形，边缘无纤毛；雄蕊5枚。（栽培园地：WHIOB）

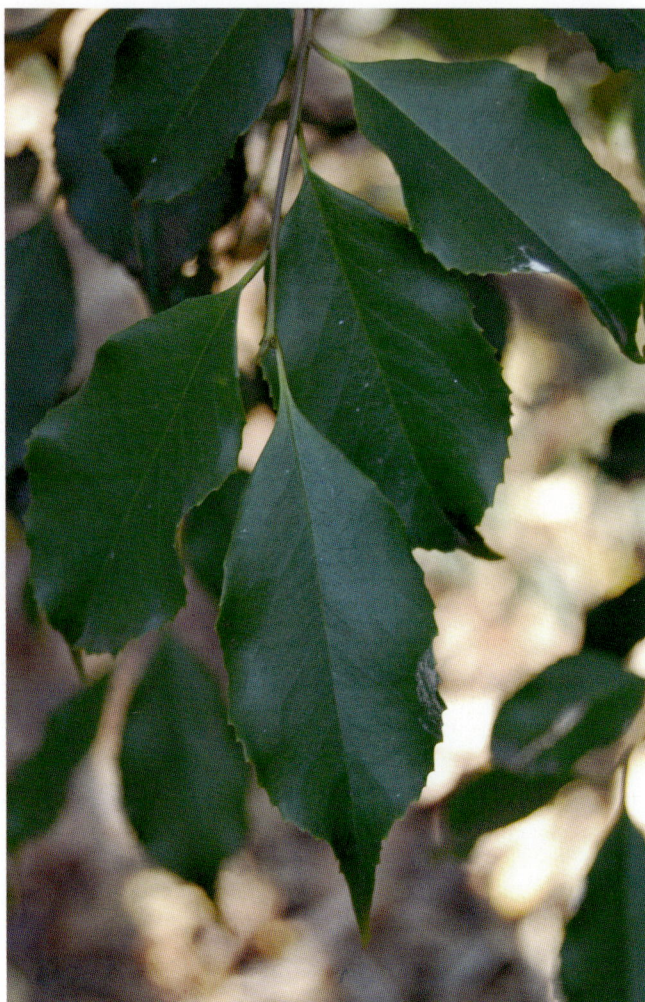

Eurya crenatifolia 钝齿柃

Eurya disticha Chun 秃小耳柃

小灌木。嫩枝和顶芽被毛。叶片长圆形，长2~3.5cm，基部略抱茎，边缘具细钝锯齿。花1~3朵腋生，白色，萼片无毛；雄蕊5~10枚，花药具3~4分格；子房仅初时被极稀疏柔毛，后脱落变无毛。（栽培园地：SCBG）

Eurya disticha 秃小耳柃

Eurya distichophylla Hemsl. 二列叶柃

灌木或小乔木。叶片纸质或薄革质，卵状披针形或

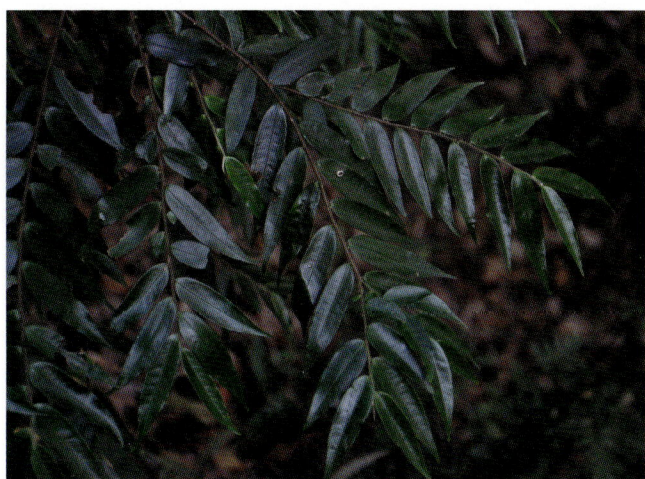

Eurya distichophylla 二列叶柃

卵状长圆形，长 3.5~6cm，宽 1.1~1.8cm，顶端渐尖或长渐尖，基部圆形，边缘具细锯齿。花 1~3 朵簇生于叶腋，白色；花柱长 3~4mm，顶端深 3 裂。（栽培园地：SCBG, WHIOB）

Eurya emarginata (Thunb.) Makino 滨柃

灌木。叶片倒卵形或倒卵状披针形，顶端圆具微凹，边缘具细微锯齿，稍反卷。花白色，萼片几圆形，边缘不具腺点；雄蕊约 20 枚，花药具分隔；子房圆球形。（栽培园地：WHIOB）

Eurya fangii Rehd. 川柃

灌木或小乔木。嫩枝圆柱形，密被短柔毛；顶芽无毛。叶片披针形或披针状长圆形，侧脉和网脉在叶面凹下。花 1~2 朵腋生，萼片卵圆形，外面无毛，边缘具纤毛；雄蕊 8~10 枚，花柱极短，长仅约 0.5mm，离生。（栽培园地：WHIOB）

Eurya gnaphalocarpa Hayata 灰毛柃

灌木或小乔木。嫩枝略具 2 棱，疏被贴伏短柔毛。顶芽密被贴伏短柔毛。叶片椭圆形或披针状椭圆形，长 4~7cm，基部楔形。花 1~3 朵簇生于叶腋；子房密被柔毛。果疏被柔毛。（栽培园地：WHIOB）

Eurya groffii Merr. 岗柃

灌木或小乔木。嫩枝密被披散柔毛。叶片革质或薄革质，侧脉 10~14 对，在叶面不明显或偶有稍凹下。花白色，1~9 朵簇生于叶腋；雄蕊约 20 枚，花药不具分隔；花柱 1 枚，长 2~2.5mm，顶端 3 裂。（栽培园地：SCBG, XTBG）

Eurya handel-mazzettii H. T. Chang 丽江柃

灌木或小乔木。叶片薄革质，长圆状椭圆形或椭圆形，顶端短尖，尖头钝，基部楔形，侧脉和网脉在叶面明显凹下。花 1~3 朵腋生，萼片膜质，边缘有纤毛；雄蕊 13~15 枚；花柱长约 1.5mm。（栽培园地：KIB）

Eurya hebeclados Ling 微毛柃

灌木或小乔木。嫩枝圆柱形，连同顶芽密被微毛。叶片革质，长圆状椭圆形、椭圆形或长圆状倒卵形。花白色，4~7 朵簇生于叶腋；萼片近圆形；雄蕊约 15 枚；花柱长约 1mm，顶端 3 深裂。（栽培园地：SCBG, WHIOB, LSBG, CNBG, GXIB）

Eurya hebeclados 微毛柃

Eurya impressinervis Kobuski 凹脉柃

灌木或小乔木。嫩枝具 4 棱。叶片纸质，长圆形或长圆状椭圆形，长 7~11cm，基部楔形，侧脉 10~13 对，在叶面显著凹下。花白色，1~4 朵簇生于叶腋；雄蕊 15~19 枚；子房长卵形。果卵形或卵圆形。（栽培园地：WHIOB）

Eurya japonica Thunb. 柃木

灌木，全株无毛。嫩枝具 2 棱。叶片厚革质，倒卵状椭圆形，长 3~7cm，边缘不反卷，侧脉在叶面明显下凹。花白色，1~3 朵腋生；萼片膜质，干后淡绿色；花柱长约 1.5mm。（栽培园地：CNBG, GXIB）

Eurya japonica 柃木

Eurya kueichowensis Hu et L. K. Ling 贵州毛柃

灌木或小乔木。叶片革质，长圆状披针形，基部阔楔形，侧脉在叶面不凹下。花白色，1~3 朵腋生，萼片膜质，近圆形，外面疏被短柔毛或几无毛；子房被柔毛。（栽培园地：SCBG，WHIOB）

Eurya kueichowensis 贵州毛柃

Eurya lanciformis Kobuski 披针叶柃

乔木。嫩枝具 2 棱，初时被短柔毛，后脱落。顶芽初时疏被短柔毛，后无毛。叶片革质，披针形或长圆状披针形，长 7~10cm，基部楔形。萼片近圆形，边缘具腺点；花柱长约 2mm，顶端 3 裂。（栽培园地：WHIOB）

Eurya loquaiana Dunn 细枝柃

灌木或小乔木。顶芽除密被微毛外，其基部和芽鳞背部的中脉上被短柔毛。叶片窄椭圆形或长圆状窄椭圆形，基部楔形，背面干后常变为红褐色。花白色，雄蕊 10~15 枚；花柱长 2~3mm。（栽培园地：SCBG，WHIOB，KIB）

Eurya loquaiana Dunn var. **aureo-punctata** Chang 金叶细枝柃

本变种与原变种的区别为：叶片稍小，卵形、卵状披针形、椭圆形或倒卵状椭圆形，长 2~4cm，宽 1~2cm，叶面常具金黄色腺点；雄蕊约 10 枚；花柱较

Eurya loquaiana 细枝柃

短，长 1~1.5mm。（栽培园地：SCBG）

Eurya macartneyi Champ. 黑柃

灌木或小乔木，全株无毛。叶片长圆状椭圆形或椭圆形，几全缘或上半部密生细微锯齿，干后背面红褐色。花 1~4 朵簇生叶腋；雄蕊 17~24 枚，花药不具分隔；花柱 3 枚，离生。（栽培园地：SCBG）

Eurya muricata Dunn 格药柃

灌木或小乔木，全株无毛。叶片长圆状椭圆形或椭圆形，边缘具细钝锯齿，干后下面淡绿色。花 1~5 朵簇生叶腋，白色；雄蕊 15~22 枚，花药具多分格；花柱长约 1.5mm，顶端 3 裂。（栽培园地：WHIOB，CNBG）

Eurya muricata 格药柃

Eurya muricata Dunn var. **huiana** (Kobuski) Hu et L. K. Ling 毛枝格药柃

本变种与原变种的区别为：顶芽和嫩枝被短柔毛。（栽培园地：XTBG）

Eurya nitida Korth. 细齿叶柃

灌木或小乔木，全株无毛，叶片薄革质，椭圆形或长圆状椭圆形，长 4~6cm，顶端渐尖或短渐尖，基部楔形，边缘有疏钝齿，干后下面常为淡绿色；花白色，1~4

朵簇生于叶腋，花柱长约 3mm。（栽培园地：SCBG，WHIOB）

Eurya obtusifolia H. T. Chang 钝叶柃

灌木或小乔木。顶芽除被微毛外，疏具短柔毛。叶片长圆形或长圆状椭圆形，长 3~5.5cm。花白色，萼片卵圆形，顶端圆，被微毛，边缘无纤毛；雄蕊约 10 枚；花柱长约 1mm。（栽培园地：WHIOB）

Eurya pittosporifolia Hu 海桐叶柃

小乔木。嫩枝初时疏被贴伏短柔毛，后脱落变无毛。叶片狭倒披针形，长 9~14cm，顶端长渐尖，基部楔形，背面初时疏被贴伏短柔毛，脱落后变无毛。花柱 4 或 5 枚，长约 3mm，离生。（栽培园地：XTBG）

Eurya rubiginosa H. T. Chang var. **attenuata** H. T. Chang 窄基红褐柃

灌木。叶片革质，卵状披针形，基部楔形或近圆形，干后下面红褐色，侧脉斜出，在叶面凸起，具显著叶柄。萼片近革质，外面无毛；雄蕊约 15 枚，花柱有时几分离。（栽培园地：SCBG）

Eurya stenophylla Merr. 窄叶柃

灌木，全株无毛。嫩枝具 2 棱。叶片狭披针形或狭倒披针形，长 3~6cm，宽 1~1.5cm，顶端锐尖或短渐尖，边缘具钝锯齿。花白色，萼片无毛；花药不具分格；花柱长约 2.5mm。果长卵形，长 5~6mm。（栽培园地：SCBG，WHIOB）

Eurya stenophylla 窄叶柃

Eurya subintegra Kobuski 假杨桐

灌木或小乔木，全株无毛。嫩枝具 2 棱，叶片革质，椭圆形或长圆状椭圆形，长 7~14cm，宽 2.5~5cm。花 1~3 朵生于叶腋，萼片外层 1~2 片的边缘常疏生腺点；雄蕊 13~15 枚，花药不具分格。（栽培园地：SCBG）

Eurya tetragonoclada Merr. et Chun 四角柃

灌木或乔木。嫩枝和小枝具显著 4 棱。叶片长圆形

Eurya subintegra 假杨桐

或倒卵状披针形，长 7~11cm，基部楔形，侧脉在叶面凸起。花白色，雄蕊约 15 枚，花药具分格；花柱长约 2mm，顶端 3 裂。（栽培园地：WHIOB）

Eurya trichocarpa Korth. 毛果柃

灌木或小乔木。嫩枝圆柱形，被短柔毛。叶片纸质或薄革质，长圆形或长圆状倒披针形，顶端渐尖呈尾状，基部楔形。萼片圆形，顶端微凹，外面被短柔毛；雄蕊 15 枚；花柱常 3 裂。果圆球形。（栽培园地：SCBG，WHIOB，XTBG）

Eurya trichocarpa 毛果柃

Eurya yunnanensis P. S. Hsu 云南柃

灌木。叶片长圆形、长圆状卵形或椭圆状卵形，

Eurya yunnanensis 云南柃

33

Hartia villosa 毛折柄茶

Hartia villosa (Merr.) Merr. var. kwangtungensis (Chun) Chang 贴毛折柄茶

本变种与原变种的区别为：叶片为披针形，萼片卵形。（栽培园地：SCBG）

Hartia yunnanensis Hu 云南折柄茶

乔木。叶片长圆形或椭圆状披针形，长 8~14cm，宽 3~6cm。花单生于叶腋，白色；苞片披针形，长 3~4mm；花柱长 3~4mm。蒴果长圆锥形，顶端尖，

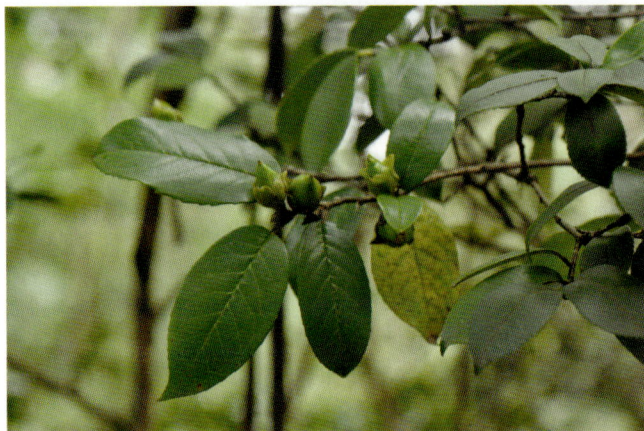

Hartia yunnanensis 云南折柄茶

具 5 棱。（栽培园地：KIB, GXIB）

Parapyrenaria 多瓣核果茶属

该属共计 1 种，在 1 个园中有种植

Parapyrenaria multisepala (Merr. et Chun) H. T. Chang 多瓣核果茶

乔木。叶片革质，长圆形或倒披针形。花生于近顶端的叶腋，萼片 8~10 片；花瓣 8~10 片，黄色，两者逐渐过渡。核果长 3~3.5cm，不具宿存萼片，子房 3 室。（栽培园地：SCBG）

Parapyrenaria multisepala 多瓣核果茶

Pyrenaria 核果茶属

该属共计 6 种，在 3 个园中有种植

Pyrenaria cheliensis Hu 景洪核果茶

小乔木。嫩枝具黄褐色茸毛。叶片椭圆形，侧脉 9~11 对。花腋生，黄色，直径约 3cm，苞片及萼片呈叶状。核果圆球形，直径 2.5~3cm，顶端凹陷，具 5 条纵沟。（栽培园地：XTBG）

Pyrenaria garrettiana Craib 短叶核果茶

小乔木。嫩枝被毛。叶片长圆形至椭圆形，长 6~9cm，宽 3~4cm，顶端圆或钝，基部楔形。花生于枝顶叶腋，苞片及萼片短小，萼片卵形，长 8~10mm。核果卵圆形，长 3~3.5cm，顶端尖。（栽培园地：XTBG）

Pyrenaria menglaensis G. D. Tao 勐腊核果茶

乔木。嫩枝被褐色粗毛。叶片长倒卵形，长 20~30cm，侧脉 16~20 对。花生枝顶叶腋，白色。核果球形，直径 5~6cm，具宿存萼片。（栽培园地：XTBG）

Pyrenaria oblongicarpa Chang 长核果茶

乔木。嫩枝被茸毛。叶片倒卵形，长 15~24cm，基

部窄圆稍呈心形，叶面橄榄绿色，侧脉 11~13 对。核果长椭圆形，长约 7cm，果皮木质，厚 4~5mm，被毛，具 5 条浅纵沟。（栽培园地：KIB）

Pyrenaria pingpienensis (Hung T. Chang) S. X. Yang et T. L. Ming **屏边核果茶**

乔木。叶片长圆形或狭长圆形，长 10~14cm，基部阔楔形或钝。花单生上部叶腋，白色，直径 4~5cm，疏生柔毛；小苞片及萼片外面被灰色绒毛。果圆球形，直径 2~3cm，顶端凸尖。（栽培园地：KIB）

Pyrenaria yunnanensis Hu **云南核果茶**

乔木。嫩枝被黄褐色茸毛。叶片狭长椭圆形，长 9~14cm，基部楔形。花单生于枝顶叶腋，苞片卵状三角形，具脉纹，萼片小叶状，长 12mm。核果椭圆形，长约 4cm，具 5 棱，顶端凹入，具宿存萼片。（栽培园地：WHIOB, XTBG）

Schima 木荷属

该属共计 11 种，在 7 个园中有种植

Schima argentea Pritz. ex Diels **银木荷**

乔木。嫩枝具柔毛。叶片长圆形，长 8~12cm，背面具银白色蜡被；叶柄长 1.5~2cm。花数朵生枝顶，直径 3~4cm，花柄长 1.5~2.5cm，萼片长 2~3mm。蒴果直径 1.2~1.5cm。（栽培园地：SCBG, WHIOB, KIB, XTBG, LSBG, GXIB）

Schima argentea 银木荷

Schima bambusifolia Hu **竹叶木荷**

大乔木。嫩枝无毛或有微毛。叶片薄革质，披针形，长 6~10cm，背面无毛。花数朵生枝顶叶腋，白色，直径约 2.5cm，萼片半圆形，长约 2mm。蒴果直径 1~1.3cm。（栽培园地：WHIOB, KIB）

Schima brevipedicellata Chang **短梗木荷**

乔木。嫩枝无毛，粗大，具皮孔。叶片倒卵形，长

Schima bambusifolia 竹叶木荷

Schima brevipedicellata 短梗木荷

11~18cm，宽 5~8cm。花 4~6 朵生枝顶，排成伞房状；花柄长约 1cm，极粗壮；萼片长 5~6mm。蒴果扁球形，直径 1.7~2cm。（栽培园地：WHIOB, LSBG）

Schima crenata Korth. **钝齿木荷**

乔木。叶片革质，长圆形，长 7~12cm，宽 3~4.4cm，侧脉 6~7 对，边缘具波状钝齿。花白色，生枝顶叶腋，直径约 3cm；花柄长 4~5cm；萼片长约 4mm。蒴果近圆球形，直径 1.6~2cm。（栽培园地：SCBG）

Schima crenata 钝齿木荷

37

Schima grandiperulata Chang 大苞木荷

大乔木。叶片椭圆形，长 8~10cm，基部圆形，橄榄绿色。花白色，直径 3cm；花柄长 2.5~3.5cm；苞片长 1.5~1.8cm；萼片半圆形，长 3.5mm。蒴果直径约 1.5cm。（栽培园地：WHIOB）

Schima khasiana Dyer 尖齿木荷

乔木。嫩枝无毛。叶片薄革质，椭圆形或卵状椭圆形，长 10~16cm，边缘具尖锐锯齿。花单生于枝顶叶腋，白色，直径约 6cm；花柄长 2~2.5cm，萼片近圆形，长 4~5mm，被毛。蒴果直径 2~3cm。（栽培园地：KIB）

Schima khasiana Dyer var. sericans Hand.-Mazz. 尖齿毛木荷

本变种与原变种的区别为：嫩枝、叶背面被短柔毛。（栽培园地：KIB）

Schima parviflora Cheng et Chang ex Chang 小花木荷

乔木。嫩枝被柔毛。叶片薄革质或近膜质，长圆形或披针形，长 8~13cm，宽 2~3cm，背面具短柔毛。花小，直径 2cm，白色；花柄纤细，长 1~1.5cm；萼片长 2mm，背面具毛。蒴果近球形，宽 1~1.2cm。（栽培园地：WHIOB）

Schima sinensis (Hemsl.) Airy-Shaw 中华木荷

乔木。嫩枝无毛。叶片革质，长 12~16cm，叶面发亮，边缘锯齿间隔 4~8mm。花生于枝顶叶腋，直径约 5cm；柄具棱；苞片及萼片均无毛。蒴果直径约 2cm。（栽培园地：WHIOB）

Schima sinensis 中华木荷

Schima superba Gardner et Champ. 木荷

大乔木。叶片革质或薄革质，椭圆形，长 7~12cm，基部楔形，侧脉 7~9 对，边缘具钝齿。花生于枝顶叶腋，常多朵排成总状花序，直径约 3cm，白色；苞片长 4~6mm。果直径 1.5~2cm。（栽培园地：SCBG，WHIOB，SZBG，GXIB）

Schima superba 木荷

Schima wallichii (DC.) Choisy 西南木荷

乔木。嫩枝被柔毛。叶片薄革质或纸质，椭圆形，长 10~17cm，基部阔楔形，背面被灰毛。花数朵生于枝顶叶腋，直径 3~4cm；萼片半圆形，长 3mm。蒴果直径 1.5~2cm。（栽培园地：SCBG，KIB，XTBG）

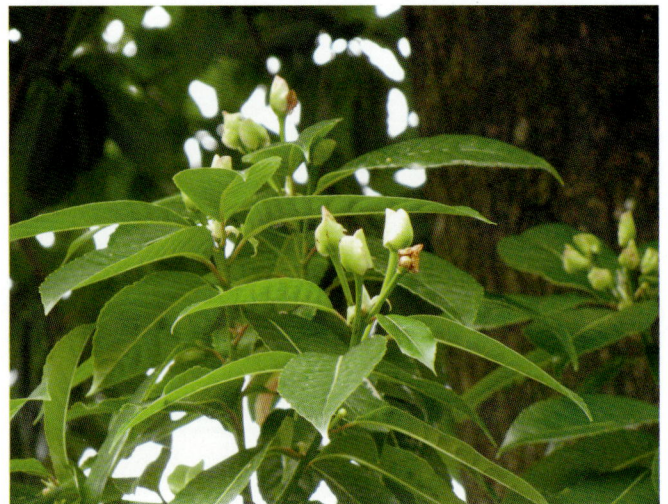

Schima wallichii 西南木荷

Stewartia 紫茎属

该属共计 5 种，在 5 个园中有种植

Stewartia gemmata Chien et Cheng 天目紫茎

小乔木。顶芽长卵形，具鳞苞 5~7 片。叶片纸质，椭圆形，长 4~8cm。花白色，单生于叶腋；萼片卵圆形，长约 1.5cm；花柱长 8~13mm。蒴果长卵形，长 1.5~2cm，直径 1~1.4cm。（栽培园地：LSBG）

Stewartia monadelpha Siebold et Zucc. 日本紫茎

小乔木。树皮褐色，呈不规则块状脱落，露出淡青绿色的内皮。叶片薄革质，卵形至卵状椭圆形，边缘具锯齿。花常单生于枝顶，花瓣白色，5 片，倒卵形，顶端圆。果卵圆形。（栽培园地：KIB）

Stewartia rubiginosa Chang 红皮紫茎

乔木。树皮平滑，红褐色，嫩枝无毛。叶片薄革质，卵状椭圆形，无毛。花白色，直径 6~7cm；苞片肾形，长 5~6mm；子房被毛，花柱合生，长 5~6mm，顶端 5 裂。蒴果阔卵圆形，宽 1.5~2cm。（栽培园地：GXIB）

Stewartia sinensis Rehd. et Wils. 紫茎

小乔木。冬芽具 2~3 片鳞苞。叶片椭圆形或卵状椭圆形，长 6~10cm。花单生，直径 4~5cm；萼片长 1~2cm，顶端尖；花柱长 1.6~1.8cm；子房被毛。蒴果卵圆形，直径 1.5~2cm。（栽培园地：WHIOB，CNBG）

Stewartia sinensis Rehd. et Wils. var. **rostrata** (Spongb.) Chang 长喙紫茎

本变种与原变种的区别为：子房近秃净，仅在基部具茸毛；蒴果近无毛，顶端伸长。（栽培园地：WHIOB，LSBG）

Ternstroemia 厚皮香属

该属共计 6 种，在 7 个园中有种植

Ternstroemia gymnanthera (Wight et Arn.) Beddome 厚皮香

灌木或小乔木。叶片革质或薄革质，常聚生于枝端，

Ternstroemia gymnanthera 厚皮香（图 1）

Ternstroemia gymnanthera 厚皮香（图 2）

椭圆形、椭圆状倒卵形至长圆状倒卵形，全缘。花淡黄白色，萼片卵圆形或长圆卵形，顶端圆。果圆球形，直径 7~10mm，果梗长 1~1.2cm。（栽培园地：SCBG，WHIOB，KIB，XTBG，LSBG，CNBG，GXIB）

Ternstroemia japonica Thunb. 日本厚皮香

灌木或乔木。叶片革质，椭圆形、椭圆状倒卵形或阔椭圆形，长 5~7cm，顶端钝或短尖，尖头钝或钝圆，有时微凹。花白色，萼片卵圆形或近圆形。果椭圆形，两端钝，长 1.2~1.5cm，直径约 1cm，果梗长 1.5~1.8cm。（栽培园地：SCBG）

Ternstroemia japonica 日本厚皮香

Ternstroemia kwangtungensis Merr. 厚叶厚皮香

灌木或小乔木。叶片厚革质且肥厚，椭圆状卵圆形、倒卵圆形或近圆形，长 7~9cm，背面浅绿色，密被红褐色或褐色腺点。花白色，单朵生于叶腋。果扁球形，直径 1.6~2cm。（栽培园地：SCBG，WHIOB）

Ternstroemia luteoflora L. K. Ling 尖萼厚皮香

小乔木。叶片革质，椭圆形或椭圆状倒披针形，背面淡绿色或灰绿色，侧脉在两面均不明显。花白色或淡黄白色，萼片长卵形或卵状披针形，顶端锐尖并具小尖头。果圆球形，直径 1.5~2cm。（栽培园地：WHIOB）

Ternstroemia microphylla Merr. 小叶厚皮香

灌木或小乔木。叶片革质或厚革质，倒卵形、长

Ternstroemia kwangtungensis 厚叶厚皮香

Tutcheria championi 石笔木（图 1）

Ternstroemia microphylla 小叶厚皮香

Tutcheria championi 石笔木（图 2）

圆状倒卵形至倒披针形，长 2~5cm，顶端圆或钝。花白色，直径 5~8mm。果椭圆形，长 8~10mm，直径 5~6mm，果梗纤细，长 6~10mm。（栽培园地：SCBG，WHIOB）

Ternstroemia nitida Merr. 亮叶厚皮香

灌木或小乔木。叶片硬纸质或薄革质，干后常呈黑褐色。花白色或淡黄色，萼片卵形或长圆状卵形，顶端钝或近圆，两面被头垢状金黄色小圆点。果长卵形，果梗较纤细，长约 2cm。（栽培园地：SCBG）

Tutcheria 石笔木属

该属共计 7 种，在 7 个园中有种植

Tutcheria championi Nakai 石笔木

常绿乔木。叶片革质，椭圆形或长圆形，顶端尖锐，基部楔形，边缘具小锯齿。花白色，直径 5~7cm。蒴果球形，直径 5~7cm，由下部向上开裂；果爿 5 片。（栽培园地：SCBG, WHIOB, KIB, CNBG, GXIB）

Tutcheria greeniae Chun 长柄石笔木

乔木。叶片革质，长圆形，长 9~14cm，宽 2.5~4cm，

Tutcheria greeniae 长柄石笔木

边缘具细锯齿。花白色至淡黄色；花柄长 5~10mm；萼片圆形。蒴果椭圆形，长 3~4cm，宽 2~2.5cm。（栽培园地：SCBG, KIB）

Tutcheria hexalocularia Hu et Liang ex Chang 六瓣石笔木

乔木。叶片革质，椭圆形，长 11~13cm，顶端略尖，尖头钝，基部钝，边缘疏具锯齿。蒴果扁球形，宽 5~6cm，高 3~3.7cm，6 室，6 片裂开，被褐色短柔毛。

Tutcheria hexalocularia 六瓣石笔木

（栽培园地：SCBG, XTBG, CNBG, XMBG）

Tutcheria hirta (Hand.-Mazz.) Li 粗毛石笔木

乔木。嫩枝被褐色粗毛。叶片革质，长圆形，基部楔形，背面被褐色毛。花白色或淡黄色；花柄长3~7mm；萼片10片，近圆形，长5~10mm；花瓣长1.5~2cm。蒴果纺锤形，长2~2.5cm。（栽培园地：

Tutcheria hirta 粗毛石笔木

SCBG, WHIOB, XTBG, GXIB, XMBG）

Tutcheria kweichowensis Chang et Y. K. Li 贵州石笔木

乔木。叶片厚革质，长圆形，长9~12cm，顶端略钝，基部圆，近全缘。蒴果扁球形，直径3~4cm，果爿3~5片，木质，厚4~6mm，被灰色绢毛，果柄长2~3mm。（栽培园地：WHIOB）

Tutcheria microcarpa Dunn 小果石笔木

乔木。叶片革质，椭圆形至长圆形，长4.5~12cm，背面无毛。花细小，白色，直径1.5~2.5cm；花柄长1mm；花柱长6~8mm，无毛。蒴果三角球形，长1~1.8cm，两端略尖。（栽培园地：SCBG）

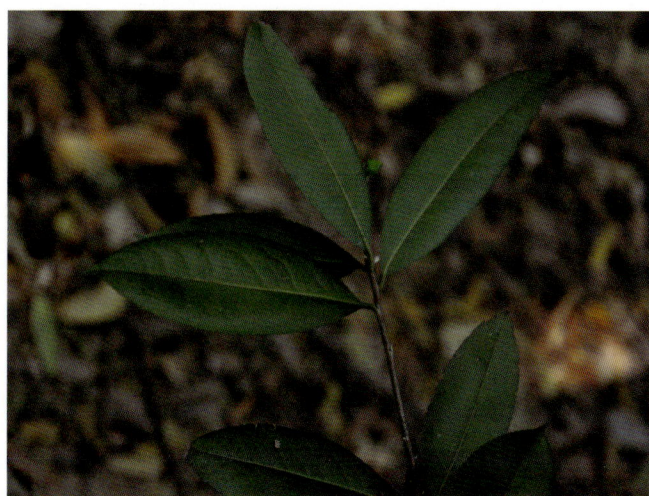

Tutcheria microcarpa 小果石笔木

Tutcheria sophiae (Hu) Chang 云南石笔木

乔木。嫩枝被微毛。叶片革质，长圆形，顶端急长尖，侧脉8~12对，边缘具细锯齿；叶柄长7~12mm。花单生于枝顶叶腋，近无柄，直径约7cm；花瓣白色，基部稍连生，背面具金黄色绢毛；子房被毛。蒴果近球形，3爿裂开，果爿厚2mm。（栽培园地：KIB）

Thymelaeaceae 瑞香科

该科共计 28 种，在 10 个园中有种植

落叶或常绿灌木或小乔木，稀草本；茎通常具韧皮纤维。单叶互生或对生，革质或纸质，稀草质，边缘全缘，基部具关节，羽状叶脉，具短叶柄，无托叶。花辐射对称，两性或单性，雌雄同株或异株，头状、穗状、总状、圆锥或伞形花序，有时单生或簇生，顶生或腋生；花萼通常为花冠状，白色、黄色或淡绿色，稀红色或紫色，常连合成钟状、漏斗状、筒状的萼筒，外面被毛或无毛，裂片 4~5，在芽中覆瓦状排列；花瓣缺，或鳞片状，与萼裂片同数；雄蕊通常为萼裂片的 2 倍或同数，稀退化为 2，多与裂片对生，或另一轮与裂片互生，花药卵形、长圆形或线形，2 室，向内直裂，稀侧裂；花盘环状、杯状或鳞片状，稀不存；子房上位，心皮 2~5 个合生，稀 1 个，1 室，稀 2 室。浆果、核果或坚果，稀为 2 瓣开裂的蒴果，果皮膜质、革质、木质或肉质；种子下垂或倒生；胚乳丰富或无胚乳，胚直立，子叶厚而扁平，稍隆起。

Aquilaria 沉香属

该属共计 3 种，在 5 个园中有种植

Aquilaria baillonii Pierre ex Lecomte 柬埔寨沉香

小乔木。叶片椭圆形或长圆状披针形，顶端尾状渐尖。伞形花序顶生或腋生。（栽培园地：XTBG）

Aquilaria sinensis (Lour.) Spreng. 土沉香

乔木。叶片椭圆形至长圆形，有时近倒卵形，顶端

Aquilaria sinensis 土沉香（图 1）

Aquilaria sinensis 土沉香（图 2）

Aquilaria sinensis 土沉香（图 3）

急尖而具短尖头。伞形花序；花黄绿色；花瓣鳞片状，着生于花萼筒喉部。蒴果卵球形，种子疏被柔毛，基部具附属体，附属体长约 1.5cm。（栽培园地：SCBG，XTBG, SZBG, GXIB, XMBG）

Aquilaria yunnanensis S. C. Huang 云南沉香

小乔木。叶片椭圆状长圆形或长圆状披针形，顶端尾状渐尖。伞形花序顶生或腋生；花淡黄色。果倒卵形，干时软木质，果皮皱缩，被黄色短绒毛；种子密被锈黄色绒毛，顶端钝，基部附属体长约 1cm。（栽培园地：XTBG）

Daphne 瑞香属

该属共计 13 种，在 7 个园中有种植

Daphne acutiloba Rehd. 尖瓣瑞香

常绿灌木。幼枝紫红色和棕红色，贴生淡黄色绒毛。叶片长圆状披针形、椭圆状倒披针形或披针形，顶端渐尖或钝，稀下陷。花白色，头状花序顶生；花序下面具苞片；花萼筒圆筒状，裂片 4 片，顶端渐尖，稀急尖；花盘边缘整齐。果肉质，椭圆形。（栽培园地：

WHIOB）

Daphne aurantiaca Diels 橙花瑞香

矮小灌木。幼枝红褐色或褐色。叶片小，倒卵形、卵形或椭圆形，长 0.8~2.3cm。花橙黄色；花序下面具苞片；花萼筒漏斗状圆筒形，外面无毛，裂片 4 片；花盘常深裂为 2 鳞片状。果球形。（栽培园地：SCBG，KIB）

Daphne aurantiaca 橙花瑞香

Daphne championii Benth. 长柱瑞香

常绿直立灌木。叶片椭圆形或近卵状椭圆形，两面被白色丝状粗毛。花白色，头状花序腋生或侧生；花萼筒筒状，裂片 4 片；花盘一侧发达，鳞片状；花柱长约 4mm。（栽培园地：WHIOB）

Daphne feddei Lévl. 滇瑞香

常绿直立灌木。幼枝灰黄色。叶片倒披针形或倒卵状披针形，长 5~12cm，宽 1.4~3.5cm。花白色，顶生头状花序；苞片边缘和顶端具丝状绒毛；花萼筒筒状，密被短柔毛，裂片 4 片，卵形或卵状披针形；花盘边缘流苏状。果圆球形。（栽培园地：KIB）

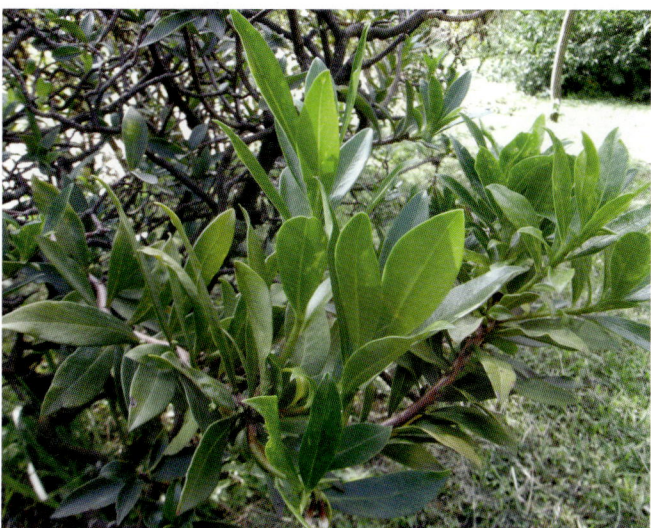

Daphne feddei 滇瑞香

Daphne genkwa Siebold et Zucc. 芫花

落叶灌木。叶片卵状披针形至椭圆形，幼时被绢状黄色柔毛，老时近无毛。花比叶先开放，常 3~6 朵簇生于叶腋或侧生；花萼裂片 4 片；花盘环状，花柱短或无。果椭圆形。（栽培园地：WHIOB，LSBG，CNBG）

Daphne genkwa 芫花（图 1）

Daphne genkwa 芫花（图 2）

Daphne genkwa 芫花（图 3）

Daphne kiusiana Miq. **毛瑞香**

常绿灌木。枝深紫色或紫红色。叶片革质，椭圆形或披针形，顶端渐尖；叶柄长 6~8mm。花白色，簇生于枝顶，呈头状花序，花序下具苞片；花萼筒圆筒状，外面下部密被淡黄绿色丝状绒毛，裂片卵状三角形或卵状长圆形；花盘短杯状，边缘全缘或微波状。果椭圆形。（栽培园地：WHIOB, LSBG）

Daphne kiusiana 毛瑞香

Daphne koreana Nakai **朝鲜瑞香**

落叶灌木。叶片膜质，披针形至倒卵状披针形，顶端钝形，两面无毛。花侧生于小枝；无苞片；花萼筒筒状；花盘环状。果椭圆形。（栽培园地：SCBG）

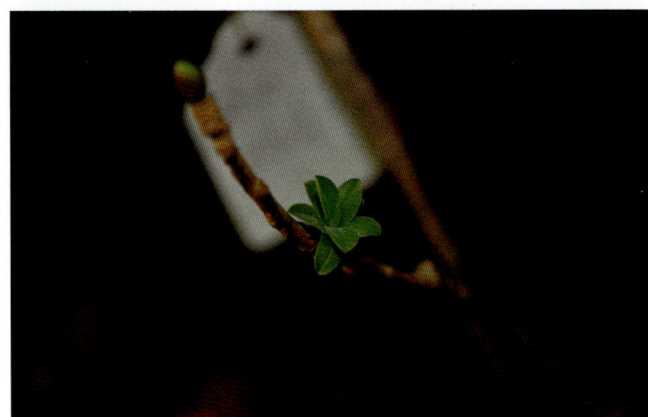

Daphne koreana 朝鲜瑞香

Daphne odora Thunb. **瑞香**

常绿直立灌木。小枝紫红色或紫褐色，无毛。叶片长圆形或倒卵状椭圆形。顶生头状花序；花序下面具苞片；花萼筒管状，无毛，裂片 4 片，基部心形，与花萼筒等长或超过之。（栽培园地：IBCAS, WHIOB, LSBG, CNBG）

Daphne odora Thunb. f. **marginata** Makino **金边瑞香**

本变型的叶片边缘淡黄色。（栽培园地：SCBG, WHIOB, LSBG, CNBG）

Daphne odora 瑞香

Daphne odora f. **marginata** 金边瑞香

Daphne pachyphylla D. Fang **厚叶瑞香**

常绿灌木；幼枝散生暗灰色短绒毛。叶片狭椭圆形，宽 1.5~3.8cm，顶端常锐尖，边缘具缘毛，叶片背面无毛。花序顶生；花序下面具苞片；花萼白色；萼筒圆筒状；裂片 4 片，长 8~15mm。（栽培园地：GXIB）

Daphne papyracea Wall. ex Steud. **白瑞香**

常绿灌木。叶片长圆状披针形或倒披针形，长 6~16cm，宽 1.5~4cm。花序顶生；苞片早落；花萼

Daphne papyracea 白瑞香（图 1）

Daphne papyracea 白瑞香（图2）

Edgeworthia chrysantha 结香（图2）

白色或带绿色，有时带粉红色；花萼筒狭漏斗状，长 10~15mm，外表被绢毛；裂片 4 片，长 4~11mm。花盘边缘波状。（栽培园地：WHIOB，KIB）

Daphne retusa Hemsl. 凹叶瑞香

常绿灌木。当年生枝灰褐色，密被黄褐色糙伏毛。叶片长圆形、长圆状披针形或倒卵状椭圆形，顶端钝圆，尖头凹下。花外面紫红色，内面粉红色，头状花序顶生；苞片易早落；花萼筒圆筒形，裂片 4 片，几与花萼筒等长或更长；花盘环状。（栽培园地：WHIOB）

Daphne rosmarinifolia Rehd. 华瑞香

常绿灌木。当年生枝密被灰色或淡黄色粗伏毛。叶片线状长圆形或倒卵状披针形，长 10~18mm，宽 2~4mm，边缘反卷。花黄色，簇生于小枝顶端；苞片早落；花萼筒圆筒状，裂片 5 片；雄蕊均着生于花萼筒的中部以下；花盘环状，一侧发达。（栽培园地：WHIOB）

Edgeworthia 结香属

该属共计 1 种，在 7 个园中有种植

Edgeworthia chrysantha Lindl. 结香

落叶灌木。小枝常三叉分枝。叶在花前凋落，叶片

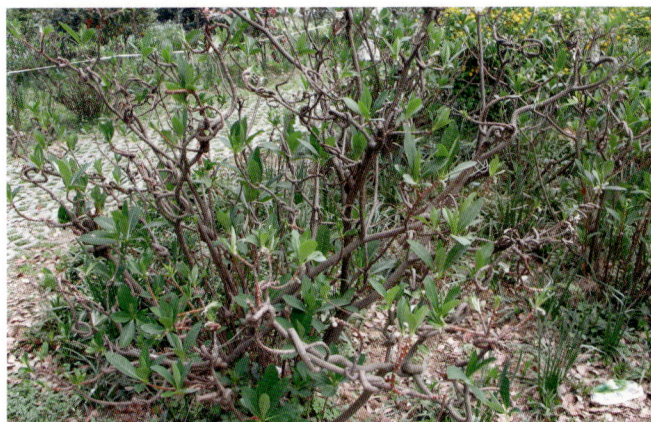

Edgeworthia chrysantha 结香（图1）

长圆形、披针形至倒披针形，两面均被银灰色绢毛。头状花序顶生或侧生；花萼外面密被白色丝状毛，内面黄色；子房顶端被丝状毛。（栽培园地：IBCAS，WHIOB，KIB，XTBG，LSBG，CNBG，GXIB）

Eriosolena 毛花瑞香属

该属共计 1 种，在 1 个园中有种植

Eriosolena composita (L. f.) Merr. 毛管花

灌木。叶片椭圆形至椭圆状披针形。头状花序腋生，具花 8~10 朵，外面被圆形苞片所围绕，开花时脱落，花萼白色；花盘鳞片杯状，两侧不对称。浆果卵圆形。（栽培园地：XTBG）

Phaleria 皇冠果属

该属共计 3 种，在 2 个园中有种植

Phaleria capitata Jack 头花皇冠果

灌木或小乔木。叶片长圆形或椭圆形，顶端急尖，基部楔形，两面无毛。头状花序顶生或侧生老枝；花序下具苞片；萼筒管状；萼片 4 片，白色。核果。（栽培园地：SCBG）

Phaleria macrocarpa (Scheff.) Boerl. 大果皇冠果

灌木或小乔木。叶片椭圆形，顶端急尖，基部窄楔形。头状花序侧生老枝；花序下具苞片；萼筒管状；萼片 4 片，白色。核果较大。（栽培园地：SCBG）

Phaleria octandra (L.) Baill. 八蕊皇冠果

灌木或小乔木。叶片长圆状披针形或椭圆形，顶端尾状渐尖，基部窄楔形。头状花序顶生或侧生老枝；花序下具苞片；萼筒管状；萼片 4 片，白色，雄蕊 8 枚。核果。（栽培园地：SCBG，XTBG）

Phaleria capitata 头花皇冠果（图1）

Phaleria capitata 头花皇冠果（图2）

Phaleria macrocarpa 大果皇冠果（图1）

Phaleria macrocarpa 大果皇冠果（图2）

Phaleria octandra 八蕊皇冠果（图1）

Phaleria octandra 八蕊皇冠果（图2）

Stellera 狼毒属

该属共计 1 种，在 1 个园中有种植

Stellera chamaejasme L. 狼毒

多年生草本。茎不分枝。叶片披针形或长圆状披针形，顶端渐尖或急尖。多花的头状花序顶生；具绿色叶状总苞片；花萼筒细瘦，裂片 5 片；雄蕊 10 枚；花盘一侧发达，线形。小坚果圆锥形。（栽培园地：KIB）

Wikstroemia 荛花属

该属共计 6 种，在 7 个园中有种植

Wikstroemia delavayi Lecomte. 澜沧荛花

灌木。叶对生，叶片披针状倒卵形、倒卵形或倒披针形，长 3~5.5cm，宽 1.6~2.5cm。圆锥花序顶生，长 3~4cm，有时延伸到 10cm；花黄绿色，裂片 4 片；子房顶端具疏柔毛；花盘鳞片状顶端 2 裂。核果圆柱形。（栽培园地：WHIOB, KIB）

Wikstroemia delavayi 澜沧荛花（图 1）

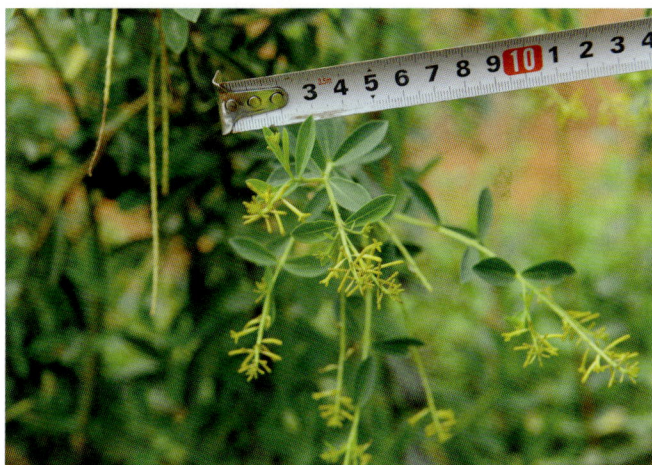

Wikstroemia delavayi 澜沧荛花（图 2）

Wikstroemia indica (L.) C. A. Mey. 了哥王

灌木。叶片倒卵形、椭圆状长圆形或披针形，长 2~5cm，宽 0.5~1.5cm。花黄绿色，数朵组成顶生头状总状花序；花萼近无毛，裂片 4 片；子房无毛或在顶端被疏柔毛，花盘鳞片常 2 或 4 枚。核果椭圆形。（栽培园地：SCBG, WHIOB, GXIB）

Wikstroemia indica 了哥王（图 1）

Wikstroemia indica 了哥王（图 2）

Wikstroemia micrantha Hemsl. 小黄构

灌木。叶常对生或近对生，叶片椭圆状长圆形或窄长圆状匙形，长 0.5~4cm，宽 0.3~1.7cm。总状花序单生，簇生或为顶生的小圆锥花序；花黄色，疏被柔毛，花萼顶端 4 裂；子房顶端被柔毛。核果卵圆形。（栽培园地：WHIOB）

Wikstroemia monnula Hance 北江荛花

灌木。叶对生或近对生，叶片卵状椭圆形至椭圆形或椭圆状披针形，长 1~3.5cm，宽 0.5~1.5cm，在脉上被疏柔毛。总状花序顶生；花萼外面被白色柔毛，顶端 4 裂；子房顶端密被柔毛；花盘鳞片 1~2 枚。核果干枯。（栽培园地：SCBG）

Wikstroemia nutans Champ. ex Benth. 细轴荛花

灌木。叶对生，叶片卵形、卵状椭圆形至卵状披针

Wikstroemia nutans 细轴荛花（图1）

Wikstroemia nutans 细轴荛花（图2）

形，长 3~6cm，宽 1.5~2.5cm，背面淡绿白色。花黄绿色，顶生近头状的总状花序，花序梗纤细，长 1~2cm，萼筒无毛，4 裂；子房顶端被毛。核果椭圆形。（栽培园地：SCBG, WHIOB, XTBG, SZBG）

Wikstroemia pilosa Cheng 多毛荛花

灌木。叶对生、近对生或互生，叶片卵形、椭圆状卵形或椭圆形。总状花序顶生或腋生，密被疏柔毛，具短花序梗；花黄色；花萼筒外面密被长柔毛，裂片 5 片；子房被长柔毛。（栽培园地：LSBG）

Tiliaceae 椴树科

该科共计 53 种，在 12 个园中有种植

乔木、灌木或草本。单叶互生，稀对生，具基出脉，全缘或有锯齿，有时浅裂；托叶存在或缺，如果存在往往早落或有宿存。花两性或单性雌雄异株，辐射对称，排成聚伞花序或再组成圆锥花序；苞片早落，有时大而宿存；萼片通常 5 数，有时 4 片，分离或多少连生，镊合状排列；花瓣与萼片同数，分离，有时或缺，内侧常有腺体，或有花瓣状退化雄蕊，与花瓣对生；雌雄蕊柄存在或缺；雄蕊多数，稀 5 数，离生或基部连生成束，花药 2 室，纵裂或顶端孔裂；子房上位，2~6 室，有时更多，每室有胚珠 1 至数枚，生于中轴胎座，花柱单生，有时分裂，柱头锥状或盾状，常有分裂。果为核果、蒴果、裂果，有时浆果状或翅果状，2~10 室；种子无假种皮，胚乳存在，胚直，子叶扁平。

Burretiodendron 柄翅果属

该属共计 2 种，在 6 个园中有种植

Burretiodendron esquirolii (H. Lév.) Rehder 柄翅果

落叶乔木。嫩枝和叶均被星状柔毛。叶片纸质，稍偏斜，椭圆形至阔倒卵圆形，基出脉 5 条。聚伞花序有 3 朵花，苞片 2 片，卵形。蒴果椭圆形，长 3.5~4cm，被星状毛，具 5 条薄翅。（栽培园地：SCBG, KIB, XTBG, SZBG, GXIB）

Burretiodendron esquirolii 柄翅果（图1）

Burretiodendron esquirolii 柄翅果（图 2）

Burretiodendron kydiifolium Hsu et Zhuge 元江柄翅果

落叶或半常绿乔木。小枝密被棕色星状鳞片。叶片纸质，无毛，近圆形，有时具裂片；叶柄长。雄花：3~7 朵组成聚伞花序；雌花常 2~3 朵呈聚伞状，苞片 3 片，萼片无腺体，花瓣扇形。蒴果椭圆形，长 3~4cm。（栽培园地：WHIOB）

Colona 一担柴属

该属共计 3 种，在 2 个园中有种植

Colona auriculata (Desf.) Craib 耳叶一担柴

灌木。叶片长圆状椭圆形或卵状披针形，基部偏斜，基部内侧呈耳状下延，叶柄短，0.2~0.3cm。圆锥花序腋生，密被柔毛，具 1~4 朵花。蒴果直径约 2cm，具 5 条翅，密被柔毛。（栽培园地：XTBG）

Colona auriculata 耳叶一担柴

Colona floribunda (Wall.) Craib. 一担柴

小乔木。嫩枝被灰褐色星状柔毛。叶片阔倒卵状圆形或近圆形，两面被粗毛；叶柄长 1.5~5.5cm。顶生圆锥花序。蒴果具 3~5 条翅，翅宽约 5mm。（栽培园地：

KIB, XTBG）

Colona thorelii (Gagnep.) Burret 狭叶一担柴

小乔木。多分枝，左右屈曲；嫩枝被灰褐色星状茸毛。叶片卵状长圆形，叶面无毛，仅背面被星状茸毛；叶柄长 0.5~1.8cm。圆锥花序顶生或顶部腋生。蒴果具 3 条翅，翅宽约 1cm，被灰色茸毛。（栽培园地：XTBG）

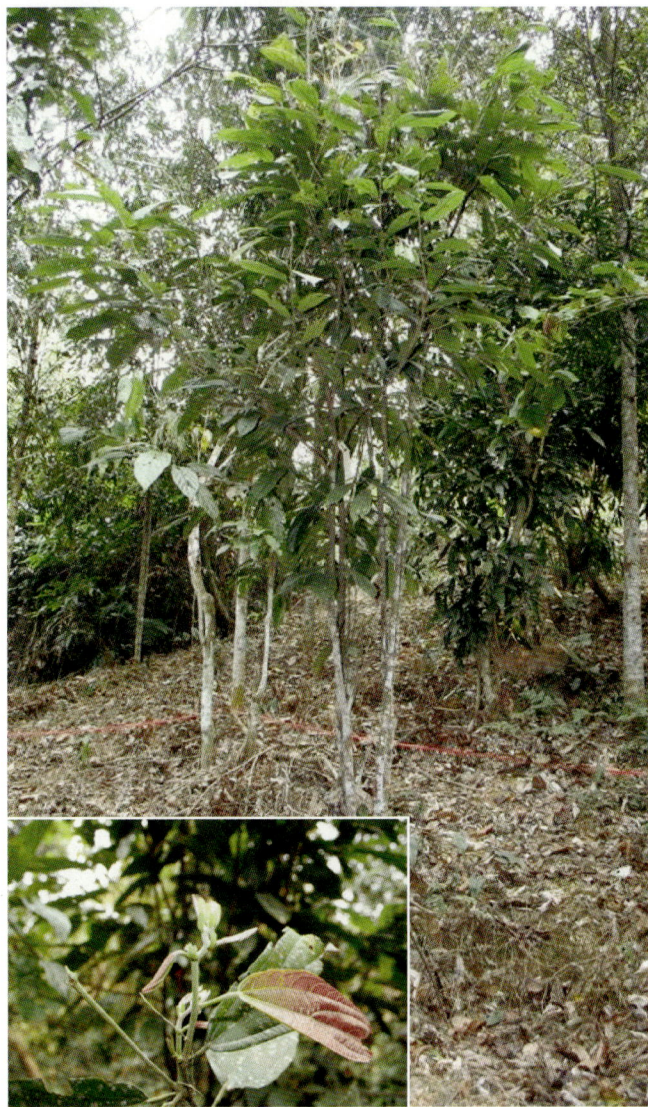

Colona thorelii 狭叶一担柴

Corchoropsis 田麻属

该属共计 1 种，在 2 个园中有种植

Corchoropsis tomentosa (Thunb.) Makino 田麻

一年生草本；分枝具星状短柔毛。叶片卵形或狭卵形，边缘具钝齿，两面均密被星状短柔毛。花单生于叶腋，具细柄，花瓣 5 片，花瓣黄色，倒卵形；子房被短茸毛。蒴果角状圆筒形，长 1.7~3cm，被星状柔毛。（栽培园地：LSBG, GXIB）

Corchoropsis tomentosa 田麻

Corchorus aestuans 甜麻（图 2）

Corchorus 黄麻属

该属共计 3 种，在 5 个园中有种植

Corchorus aestuans L. 甜麻

一年生草本。茎红褐色，稍被淡黄色柔毛。叶片卵形或阔卵形，两面疏被长粗毛，边缘具锯齿。花单生或聚伞花序腋生；子房被柔毛。蒴果长筒形，具 6 条纵棱，其中 3~4 棱呈翅状突起并外延伸成角，角二叉，3~4 片裂。（栽培园地：KIB, XTBG, GXIB）

Corchorus capsularis L. 黄麻

木质草本，无毛。叶片卵状披针形至狭窄披针形，

Corchorus capsularis 黄麻（图 1）

Corchorus aestuans 甜麻（图 1）

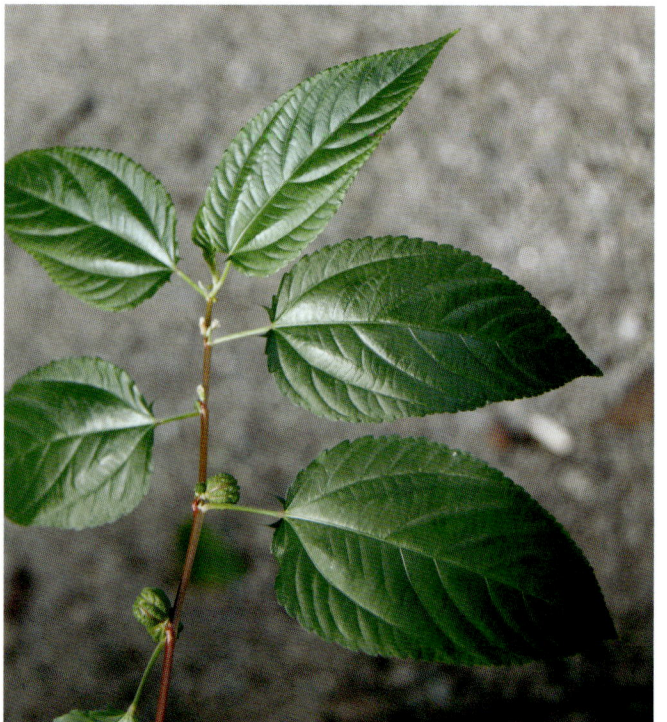

Corchorus capsularis 黄麻（图 2）

两面无毛，边缘具粗锯齿。花单生或聚伞花序腋生。蒴果球形，顶端无角，表面具钝棱及小瘤状突起，5 片裂开。（栽培园地：SCBG, WHIOB, KIB, XTBG）

Corchorus olitorius L. 长蒴黄麻

木质草本。叶片长圆状披针形，两面无毛，边缘具细锯齿。花单生或聚伞花序腋生；子房有毛。蒴果长筒形，稍弯曲，具 10 棱，无翅，顶端有 1 突起的角，5~6 片裂开。（栽培园地：SCBG, KIB, XTBG）

Craigia 滇桐属

该属共计 1 种，在 3 个园中有种植

Craigia yunnanensis W. W. Smith et W. E. Evans 滇桐

落叶乔木；嫩枝无毛，顶芽具灰白色毛。叶片椭圆形，基部圆形，无毛，边缘具小齿突。聚伞花序腋生，有花 2~5 朵；花柄有节；花数 5 片，萼片长圆形；花瓣缺。蒴果椭圆形，具 5 条膜质薄翅。（栽培园地：SCBG, WHIOB, KIB）

Craigia yunnanensis 滇桐

Excentrodendron 蚬木属

该属共计 3 种，在 5 个园中有种植

Excentrodendron hsienmu (Chun et How) H. T. Chang et R. H. Miau 蚬木

常绿乔木。叶片革质，卵圆形或椭圆状卵形，基部圆形，叶面绿色，背面黄褐色，基出脉 3 条。圆锥花序有花 7~13 朵；花柄无节，具短柔毛；花瓣阔倒卵形，基部具柄。翅果长 2~3cm，具 5 条薄翅。（栽培园地：SCBG, WHIOB, XTBG, GXIB）

Excentrodendron obconicum (Chun et How) H. T. Chang et R. H. Miau 长蒴蚬木

常绿乔木。叶片革质，长圆形，基部楔形，叶面绿色，

Excentrodendron hsienmu 蚬木

Excentrodendron obconicum 长蒴蚬木（图 1）

Excentrodendron obconicum 长蒴蚬木（图 2）

背面同色，基出脉 3 条。果序具蒴果 1~4 个；果柄有节；蒴果长倒卵形，长 5~5.5cm，具 5 条薄翅。（栽培园地：GXIB）

Excentrodendron tonkinense (A. Chev.) H. T. Chang et R. H. Miao 节花蚬木

常绿乔木。叶片革质，卵形，基部圆形，叶面亮绿色，背面同色，基出脉 3 条。圆锥花序或总状花序长具 3~6 朵花；花柄有节，被星状柔毛；花瓣倒卵形，无柄。蒴果纺锤形，长 3.5~4cm；果柄有节。（栽培园地：XMBG）

Excentrodendron tonkinense 节花蚬木

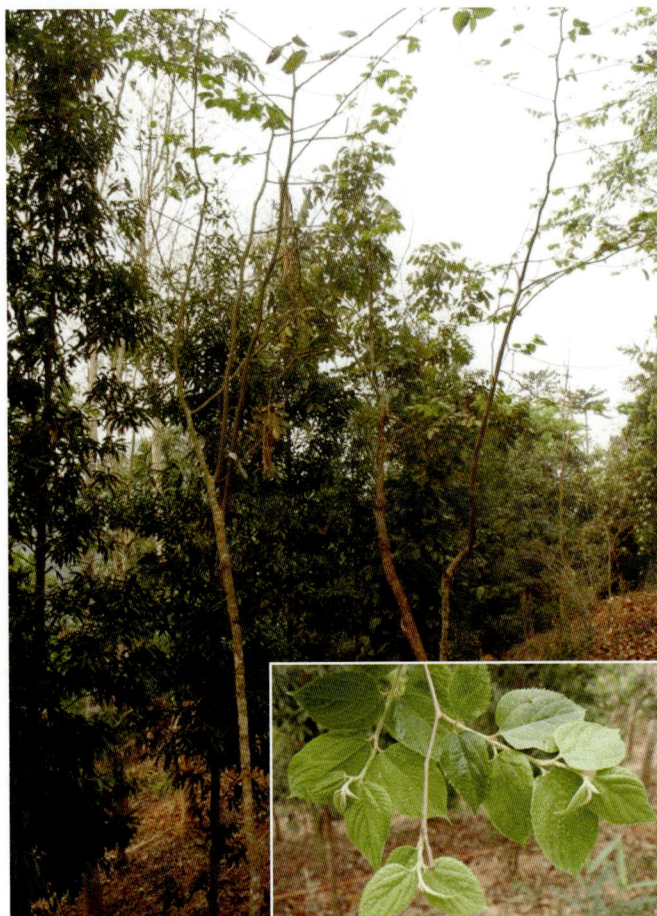

Grewia abutilifolia 苘麻叶扁担杆

Grewia 扁担杆属

该属共计 10 种，在 8 个园中有种植

Grewia abutilifolia Vent. ex Juss. 苘麻叶扁担杆

灌木至小乔木。嫩枝被黄褐色星状粗毛。叶片阔卵圆形或近圆形，基部圆形或微心形；叶柄长 1~2cm。花两性；聚伞花序 3~7 枝簇生于叶腋，子房被长毛，具 2~4 室。核果球形，具 2~4 颗分核。（栽培园地：XTBG）

Grewia biloba G. Don 扁担杆

灌木或小乔木，多分枝。嫩枝被粗毛。叶片椭圆形或倒卵状椭圆形，基部楔形或钝，叶柄长 4~8mm。花两性，聚伞花序腋生，多花；子房有毛，2~4 室。核果球形，红色，具 2~4 颗分核。（栽培园地：SCBG, WHIOB, XJB, LSBG, CNBG, XMBG）

Grewia biloba G. Don var. **parviflora** (Bunge) Hand.-Mazz. 小花扁担杆

本变种的叶片细小，近圆形，长 1~1.5cm，背面疏被柔毛。（栽培园地：IBCAS, WHIOB, LSBG）

Grewia biloba 扁担杆（图 1）

Grewia biloba 扁担杆（图 2）

Grewia celtidifolia Juss. 朴叶扁担杆

灌木。嫩枝具灰褐色软茸毛。叶片阔卵圆形，基部正圆形；叶柄长 5~6mm。花两性；花序被黄褐色星状茸毛，子房具茸毛，子房及核果均球形，不分裂，具 1~2 颗分核。（栽培园地：XTBG）

Grewia densiserrulata H. T. Chang 密齿扁担杆

蔓性灌木。嫩枝具褐色星状短粗毛。叶片卵状长圆形，基部正圆形；叶柄长 3~4mm。聚伞果序腋生。核果球形，果皮有栓质，具粗毛，具 4 颗分核。（栽培园地：XTBG）

Grewia eriocarpa Juss. 毛果扁担杆

灌木或小乔木，高达 8m。叶纸质，斜卵形至卵状长圆形，先端渐尖或急尖，基部偏斜，斜圆形或斜截形，上面散生星状毛，干后变黑褐色。聚伞花序 1~3 枝腋生；苞片披针形；花两性；萼片狭长圆形，内外两面均被毛；花瓣长 3mm；腺体短小；雌雄蕊柄被毛；雄蕊离生，长短不一，比萼片短；子房被毛，花柱有短柔毛，柱头盾形，4 浅裂或不分裂。核果近球形。（栽培园地：XTBG）

Grewia henryi Burret 黄麻叶扁担杆

灌木或小乔木。嫩枝被黄褐色星状粗毛。叶片阔长圆形，基部阔楔形或单侧钝形；叶柄长 7~9mm。聚伞花序腋生，每枝具 3~4 朵花；花两性；子房被毛，4 室；核果 4 裂，具分核 4 颗。（栽培园地：WHIOB，XTBG）

Grewia kwangtungensis H. T. Chang 广东扁担杆

蔓性灌木。嫩枝被褐色短茸毛。叶片长圆形至披

Grewia kwangtungensis 广东扁担杆（图 1）

Grewia kwangtungensis 广东扁担杆（图 2）

针形，基部心形或微心形；叶柄长 5~6mm。花两性。果序生于枝顶叶腋处，核果球形，分核 1 颗。（栽培园地：SCBG）

Grewia lacei Drumm. et Craib 细齿扁担杆

灌木或小乔木。幼枝密被绒毛。叶片狭披针形，基部楔形，稍斜，叶柄长约 5mm。花杂性；聚伞花序 2 至数枝，腋生，每枝具 1~3 朵花。子房密被黄棕色绒毛，4 室。核果近球形，被黄色绒毛，具 4 颗分核。（栽培园地：XTBG）

Grewia lacei 细齿扁担杆

Grewia multiflora Juss. 光叶扁担杆

灌木或小乔木。幼枝被稀疏星状毛。叶片椭圆状披针形，基部楔形或宽楔形，叶柄6~8mm。聚伞花序2~3枝腋生，每枝具3朵花。核果球形，无毛，外果皮不分离，具4核。（栽培园地：XTBG）

Hainania 海南椴属

该属共计1种，在5个园中有种植

Hainania trichosperma Merr. 海南椴

乔木。嫩枝密被灰褐色茸毛。叶片卵圆形，叶面无毛或近无毛，背面密被灰黄色星状短茸毛。圆锥花序顶生，多花，花序柄密被灰黄色星状短茸毛；花瓣黄色或白色，倒披针形。蒴果倒卵形，具4~5条棱。（栽培园地：SCBG, WHIOB, KIB, XTBG, GXIB）

Microcos 破布叶属

该属共计2种，在4个园中有种植

Microcos chungii (Merr.) Chun 海南布渣叶

乔木。幼枝被棕黄色柔毛。叶片近革质，长圆形或有时披针形。花序顶生或腋生，被棕黄色或灰黄色柔

Hainania trichosperma 海南椴（图1）

Hainania trichosperma 海南椴（图2）

Microcos chungii 海南布渣叶（图1）

Microcos chungii 海南布渣叶（图2）

毛；花瓣狭长圆形，淡黄色；子房阔卵形，密被长柔毛，柱头锥状。核果梨形，密被灰黄色星状短柔毛；果柄粗壮，被毛。（栽培园地：SCBG, XTBG）

Microcos paniculata L. 破布叶

灌木或小乔木。树皮粗糙；嫩枝被毛。叶片薄革质，卵状长圆形。顶生圆锥花序被星状柔毛；花瓣长圆形；子房球形，无毛，柱头锥形。核果近球形或倒卵形；果柄短。（栽培园地：SCBG, XTBG, SZBG, GXIB）

Microcos paniculata 破布叶（图 1）

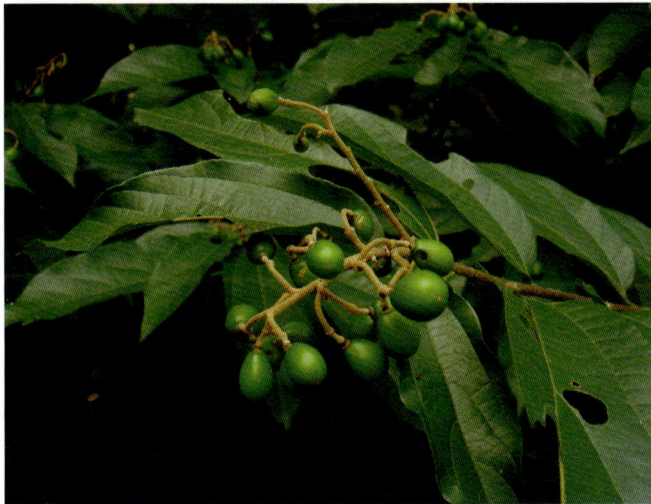

Microcos paniculata 破布叶（图 2）

Plagiopteron 斜翼属

该属共计 2 种，在 1 个园中有种植

Plagiopteron chinense X. X. Chen 华斜翼

小枝被棕色星状茸毛。叶片纸质，椭圆形或卵状椭圆形，背面密被棕色星状茸毛，叶柄长约 1cm，被毛。圆锥花序生于小枝顶端的叶腋处，密被棕色星状茸毛；萼片 (2~) 4 (或 5)，不等大；花瓣 3~4，近卵状披针形。

Plagiopteron chinense 华斜翼

蒴果长约 4cm，具长翅，翅疏被星状毛。（栽培园地：SCBG）

Plagiopteron suaveolens Griff. 斜翼

蔓性灌木；嫩枝被褐色茸毛。叶片膜质，卵形或卵状长圆形，上面叶脉及背面密被茸毛；叶柄长 1~2cm，被毛。圆锥花序生于枝顶叶腋，被茸毛；花数 3，花瓣长卵形；子房被褐色长茸毛，胚珠侧生。（栽培园地：SCBG）

Plagiopteron suaveolens 斜翼

Tilia 椴树属

该属共计 21 种，在 6 个园中有种植

Tilia americana L. 美洲椴

乔木。叶片卵状心形，基部偏斜，背面脉腋处具锈棕色毛，叶缘上部疏具小齿，侧脉 6~7 对。聚伞花序下垂，长 8~13cm，具小花 6~20 朵。小花花 5 数，苞片狭倒披针形，上面无毛，下面具星状柔毛，下半部与花序柄合生。果球形，直径 8~10mm，具小突起，被星状绒毛。（栽培园地：IBCAS, KIB）

Tilia amurensis Rupr. 紫椴

乔木；嫩枝初具白丝毛，后变秃净，顶芽无毛。叶片阔卵形或卵圆形，基部心形，稍整正或有时斜截形，背面5脉腋具毛丛，侧脉4~5对，边缘具锯齿。聚伞花序长3~5cm，具3~20朵花；小花花5数，苞片狭带形，两面无毛，下半部或下部1/3与花序柄合生。果卵圆形，长5~8mm，被星状茸毛，具棱。（栽培园地：IAE）

Tilia amurensis Rupr. var. **taquetii** (Schneid) Liou et Li 小叶紫椴

本变种的嫩枝及花序被淡红色星状柔毛，叶片较小，基部不呈心形，常为截形或微凹入。（栽培园地：IBCAS）

Tilia breviradiata (Rehd.) Hu et Cheng 短毛椴

乔木。嫩枝无毛或初具微毛，顶芽略具短柔毛。叶片阔卵形，基部斜截形至心形，叶面无毛，背面被短星状毛，后脱落，仅脉腋具毛丛，侧脉6~7对，边缘具锯齿。聚伞花序长5~8cm，具4~10朵花，花序柄具星状柔毛；苞片狭窄倒披针形，两面被毛，下面稍密，中部以下与花序柄合生。果球形，被星状柔毛，具小突起。（栽培园地：WHIOB, LSBG）

Tilia chinensis Maxim. 华椴

乔木。叶片阔卵形，顶端急短尖，基部斜心形或近截形，叶面无毛，背面被灰色星状茸毛，侧脉7~8对，边缘密具细锯齿。聚伞花序长4~7cm，有3朵花，花序柄具毛，下半部与苞片合生；苞片窄长圆形，上面具疏毛，下面毛密。果椭圆形，长约1cm，有5条棱突，被黄褐色星状茸毛。（栽培园地：WHIOB, KIB）

Tilia chinensis 华椴

Tilia cordata Mill. 心叶椴

乔木。叶片宽卵状心形，边缘具锐锯齿，下面脉腋具棕色毛。聚伞花序具5~11朵花，苞片黄绿色，带状长圆形，下部与花序轴合生，花黄白色，花5数，具芳香。核果椭圆形（不育果球形），长6~7mm，幼被绒毛，

后光滑。（栽培园地：IBCAS）

Tilia dasystyla Steven 毛柱椴

乔木。树皮灰色，具纵裂。叶片卵状心形，基部偏斜，顶端急尖具尾尖，边缘具细锯齿。聚伞花序，花黄白色，花5数。（栽培园地：IBCAS）

Tilia endochrysea Hand.-Mazz. 白毛椴

乔木；嫩枝无毛或具微毛，顶芽秃净。叶片卵状心形或阔卵状心形，叶面无毛，背面被灰白色星状茸毛或无毛，边缘具疏齿。聚伞花序长9~16cm，有10~18朵花；花柄具星状柔毛；苞片窄长圆形，下部与花序柄合生。果球形，5片裂开。（栽培园地：LSBG）

Tilia henryana Szyszyl. 毛糯米椴

乔木。嫩枝被黄色星状茸毛，顶芽被黄色茸毛。叶片圆形，顶端宽圆具短尖尾，基部心形或截形，叶面无毛，背面被黄色星状茸毛，边缘具锯齿，侧脉末梢突出成齿刺。聚伞花序长10~12cm，有30~100朵花，花序柄具星状柔毛；苞片狭窄倒披针形，两面被黄色星状柔毛，下半部花序柄合生。果倒卵形，长7~9mm，具5棱，被星状毛。（栽培园地：LSBG, CNBG）

Tilia henryana Szyszyl. var. **subglabra** V. Engl. 糯米椴

本变种的嫩枝及顶芽均无毛或近秃净；叶背面除脉腋具毛丛外，其余无毛；苞片仅下面疏具星状柔毛。（栽培园地：LSBG, CNBG）

Tilia mandshurica Rupr. et Maxim. 辽椴

乔木；嫩枝被灰白色星状茸毛，顶芽被茸毛。叶片卵圆形，顶端短尖，基部斜心形或截形，叶面无毛，背面密被灰色星状茸毛，边缘具三角形锯齿。聚伞花序长6~9cm，有6~12朵花，花序柄被毛；苞片窄长圆形或窄倒披针形，仅下面具星状柔毛，下半部1/3~1/2与花序柄合生。果球形，长7~9mm，微具5棱。（栽培园地：IBCAS, IAE）

Tilia membranacea H. T. Chang 膜叶椴

乔木；嫩枝无毛。叶片近膜质，卵状心形，顶端急锐尖，叶面绿色，背面无毛，边缘具尖锐锯齿。苞片带状长圆形，仅下面略被茸毛，下部与果序柄合生。果序长6~7cm，稍短于苞片，具核果2~3个；核果近球形，长6~7mm，无棱，被茸毛。（栽培园地：LSBG）

Tilia miqueliana Maxim. 南京椴

乔木；嫩枝和顶芽被黄褐色茸毛。叶片卵圆形，顶端急短尖，基部心形，叶面无毛，背面被灰色或灰黄色星状茸毛，边缘具锯齿。聚伞花序长6~8cm，有3~12朵花，花序柄被灰色茸毛；苞片狭窄倒披针形，两面被星状柔毛，下部4~6cm与花序柄合生。果球形，

无棱，被星状柔毛，有小突起。（栽培园地：IBCAS, LSBG, CNBG）

Tilia oliveri Szyszyl. 粉椴

乔木；嫩枝无毛或具微毛，顶芽秃净。叶片卵形或阔卵形，顶端急锐尖，基部斜心形或截形，叶面无毛，背面被白色星状茸毛，边缘密生细锯齿。聚伞花序长 6~9cm，有 6~15 朵花，花序柄被灰白色星状茸毛，苞片窄倒披针形，叶面中脉具毛，背面被灰白色星状柔毛；下部与花序柄合生。果椭圆形，被毛，具棱。（栽培园地：WHIOB）

Tilia paucicostata Maxim. 少脉椴

乔木。嫩枝纤细，无毛，芽体无毛或顶端具茸毛。叶片卵圆形，顶端急渐尖，基部斜心形或斜截形，叶面无毛，背面秃净或疏具微毛，脉腋有毛丛，边缘具细锯齿。聚伞花序长 4~8cm，有 6~8 朵花，花序柄无毛；苞片狭窄倒披针形，两面近无毛，下半部与花序柄合生。果倒卵形，长 6~7mm。（栽培园地：IBCAS, WHIOB, KIB）

Tilia paucicostata Maxim. var. **dictyoneura** (V. Engl.) H. T. Chang et E. W. Miau 红皮椴

本变种的叶片三角状卵形，较小，无毛，边缘具疏齿；苞片具柄，较花序短；果小，卵形，长 5~6mm，无棱。（栽培园地：WHIOB）

Tilia paucicostata Maxim. var. **yunnanensis** Diels 少脉毛椴

本变种的嫩枝及顶芽被茸毛，叶背面被灰色星状茸毛。（栽培园地：KIB）

Tilia platyphyllos Scop. 阔叶椴

乔木。幼枝红褐色。叶片卵状心形或宽卵状心形，背面被白色柔毛，沿脉甚密，边缘具锐锯齿。聚伞花序 3~4 组，花小下垂，具芳香，黄白色，苞片狭长圆形，下部与花序柄合生。核果近球形，被绒毛，直径约 1cm，具 3~5 棱。（栽培园地：IBCAS）

Tilia tuan Szyszyl. 椴树

乔木。小枝近秃净，顶芽无毛或具微毛。叶片卵圆形，基部单侧心形或斜截形，背面初具星状茸毛，后仅余脉腋具毛丛，边缘上半部疏具小齿突。聚伞花序长 8~13cm，无毛；苞片狭倒披针形，下半部 5~7cm 与花序柄合生。果球形，宽 8~10mm，无棱，具小突起，被星状茸毛。（栽培园地：LSBG）

Tilia tuan Szyszyl. var. **chinensis** (Szyszyl.) Rehd. et Wils. 毛芽椴

本变种的嫩枝及顶芽被茸毛，叶片阔卵形，背面被

灰色星状茸毛，边缘具明显锯齿；花序有 16~22 朵花。（栽培园地：KIB）

Tilia yunnanensis Hu 云南椴

小乔木；嫩枝无毛。叶片膜质，斜卵形，顶端长渐尖，基部斜心形，叶面中脉疏具星状毛，背面被黄褐色星状茸毛，脉腋具毛丛，边缘具尖锐芒状锯齿。聚伞花序有 3~9 朵花，花序柄与苞片等长，被星状毛，下半部与苞片合生；苞片狭匙形，两面被星状柔毛。核果椭圆形，具棱。（栽培园地：KIB）

Tilia yunnanensis 云南椴

Triumfetta 刺蒴麻属

该属共计 4 种，在 3 个园中有种植

Triumfetta annua L. 单毛刺蒴麻

草本或亚灌木；嫩枝被黄褐色茸毛。叶片卵形或卵状披针形，两面疏具单长毛，边缘具锯齿。聚伞花序腋生，花瓣倒披针形，较萼片稍短。蒴果扁球形；刺

Triumfetta annua 单毛刺蒴麻

长 5~7mm，无毛，顶端弯勾，基部有毛。（栽培园地：XTBG, SZBG）

Triumfetta cana Bl. 毛刺蒴麻

木质草本；嫩枝被黄褐色星状茸毛。叶片卵形或卵状披针形，叶面疏具星状毛，背面密被星状厚茸毛，边缘具不整齐锯齿。聚伞花序 1 至数枝腋生，花瓣长圆形，较萼片略短。蒴果球形，有刺长 5~7mm，被柔毛，刺弯曲，顶端无钩。（栽培园地：SCBG, XTBG）

Triumfetta pilosa Roth 长勾刺蒴麻

木质草本或亚灌木；嫩枝被黄褐色长茸毛。叶片卵形或长卵形，叶面疏具星状茸毛，背面密被星状厚茸毛，边缘具不整齐锯齿。聚伞花序 1 至数枝腋生，花瓣黄色，与萼片等长。蒴果，有刺长 8~10mm；刺被毛，顶端有钩。（栽培园地：XTBG）

Triumfetta rhomboidea Jacq. 刺蒴麻

亚灌木；嫩枝被灰褐色短茸毛。叶片阔卵圆形至长圆形，顶端常 3 裂，叶面疏具毛，背面被星状柔毛，边缘具不规则粗锯齿。聚伞花序数枝腋生，花瓣黄色，较萼片略短。果球形，被灰黄色柔毛，具勾针刺长 2mm。（栽培园地：SCBG, XTBG）

Triumfetta rhomboidea 刺蒴麻

Trapaceae 菱科

该科共计 9 种，在 5 个园中有种植

一年生浮水或半挺水草本。根二型：着泥根细长，黑色，呈铁丝状，生水底泥中；同化根由托叶边缘演生而来，生于沉水叶叶痕两侧，对生或轮生状，呈羽状丝裂，淡绿褐色，不脱落。叶二型：沉水叶互生，仅见于幼苗或幼株上，叶片小，宽圆形，边缘有锯齿。花小，两性，单生于叶腋，由下向上顺序发生，水面开花，具短柄；花萼宿存或早落，与子房基部合生，裂片 4，排成 2 轮，其中 1 片、2 片、3 片或 4 片膨大形成刺角，或部分或全部退化；花瓣 4，排成 1 轮，在芽内呈覆瓦状排列，白色或带淡紫色，着生在上部花盘的边缘；花盘常呈鸡冠状分裂或全缘；雄蕊 4，排成 2 轮，与花瓣交互对生；花丝纤细，花药背着，呈"丁"字形着生，内向；雌蕊，基部膨大为子房，花柱细，柱头头状，子房半下位或稍呈周位，2 室，每室胚珠 1 颗，生于室内之上部，下垂，仅 1 胚珠发育。果为坚果状，革质或木质，在水中成熟，有刺状角 1 个、2 个、3 个或 4 个，稀无角，不开裂，果的顶端具 1 果喙。

Trapa 菱属

该属共计 9 种，在 5 个园中有种植

Trapa bicornis Osbeck 乌菱

一年生浮水草本。叶片广菱形，表面无毛，背面密被短毛，叶缘中上部具凹形浅齿。果具水平开展的 2 肩角，先端下弯，两角间宽 7~8cm，果高 2.5~3.6cm，外皮紫红色，后变紫黑色。（栽培园地：SCBG, IBCAS, WHIOB）

Trapa bicornis Osbeck var. cochinchinensis (Lour.) H. Gluck ex Steenis 越南菱

本变种的果三角形，果高 2~3cm。外果皮绿褐色，

2 角或 4 角，肩角短细，平展或斜升，顶端具长毛，腰角或钝而下垂，或细尖下垂，或退化。（栽培园地：WHIOB, XTBG）

Trapa bispinosa Roxb. 菱

一年生浮水草本。叶片菱圆形或三角状菱圆形，表面无毛，背面密被短毛，脉间具棕色斑块，叶缘中上部具不整齐齿。果三角状菱形，高 2cm，宽 2.5cm，2 肩角直伸或斜举，无腰角，丘状突起不明显，果喙不明显。（栽培园地：WHIOB）

Trapa incisa Siebold et Zucc. 野菱

一年生浮水草本。叶片较小，斜方形或三角状菱形，具棕色马蹄形斑块，边缘中上部具缺刻状锐锯齿，

Trapa incisa 野菱

基部阔楔形；果三角形，高、宽各 2cm，具 4 刺角，2 肩角斜上伸，2 腰角圆锥状，基部增粗。（栽培园地：SCBG, WHIOB, KIB, XTBG）

Trapa litwinowii V. Vassil 冠菱

一年生浮水草本。叶片广菱形或三角状菱形，脉间具棕色斑块，叶缘中上部具浅圆齿。果近菱形，高 1.5~2cm（果喙除外），果冠特大，并向外翻卷；2 肩角平伸或向上弯曲，肩部略突起。（栽培园地：WHIOB）

Trapa macropoda Miki 四角大柄菱

一年生浮水草本。叶片三角状菱圆形或广菱形，表面无毛，背面叶脉突出，密生淡褐色短毛，脉间具淡棕色斑块，叶缘中上部具浅圆齿或牙齿。果三角状菱形，近锚状，高 1.5~2cm，具 4 刺角，肩角与腰角近等长，果颈长而明显，高 5mm。（栽培园地：WHIOB）

Trapa maximowiczii Korsh. 细果野菱

一年生浮水草本。叶片三角状菱圆形，叶背疏被黄褐色短毛，脉间具茶褐色斑块，叶缘中上部具不整齐浅齿。果三角形，高 1~1.2cm，表面平滑，具 4 刺角，2 肩角细刺状、斜向上，2 腰角细短，呈锐刺状斜下伸。（栽培园地：WHIOB）

Trapa natans L. var. **pumila** Nakano 四角矮菱

一年生浮水草本。叶片三角形状菱圆形，脉间具棕色斑块，叶缘中上部具齿状缺刻或细锯齿，每齿先端再 2 浅裂。果三角状菱形，高、宽各 2cm，具 4 刺角，2 肩角斜上伸，2 腰角扁锥状，基部较扁宽。（栽培园地：WHIOB）

Trapa pseudoincisa Nakai 格菱

一年生浮水草本。叶片近三角状菱形或广菱形，脉间具棕色斑块，叶缘中上部具较大缺刻状齿。果三角形，高 1.5cm，具 2 圆形肩刺角，角平伸或斜上举，顶端具倒刺，无腰角。（栽培园地：WHIOB）

Trochodendraceae 昆栏树科

该科共计 1 种，在 1 个园中有种植

常绿灌木或小乔木，全体无毛；小枝具明显伪轮生叶痕，其上有芽鳞片痕；芽顶生，大，卵形，芽鳞多数，覆瓦状排列。叶片革质，互生，常 6~12 个在枝端成伪轮生状，边缘有锯齿，具羽状脉；有叶柄，无托叶。花小，两性，成顶生短多歧聚伞花序；有苞片及小苞片；无花被；花托凸出，倒圆锥形；雄蕊多数，成 3 或 4 轮排列；心皮 5~10 个成 1 轮，展开，受粉后在侧面连合，基部和花托合生，子房 1 室，有多数倒生胚珠，在腹缝成 2 行排列，花柱短，向外弯曲，腹面有深沟。蓇葖轮由数个侧面合生蓇葖果而成，腹面开裂；种子多数，2 行。

Trochodendron 昆栏树属

该属共计 1 种，在 1 个园中有种植

Trochodendron aralioides Siebold et Zucc. 昆栏树

常绿灌木或小乔木。小枝褐色或灰色，具皮孔。叶簇生或近轮生，叶形多变，常呈宽卵形、菱状倒卵形至倒披针形，顶端具尾尖，基部圆形，叶缘上半部具钝锯齿。多歧聚伞花序具 10~20 朵花；花直径约 1cm，心皮约 10 个；蓇葖果。（栽培园地：KIB）

Tropaeolaceae 旱金莲科

该科共计 1 种，在 8 个园中有种植

一年生或多年生肉质草本，多浆汁。叶互生，盾状，全缘或分裂，具长柄。花两性，不整齐，有 1 长距；花萼 5，二唇状，基部合生，其中 1 片延长成 1 长距；花瓣 5 或少于 5，覆瓦状排列，异形；雄蕊 8，二轮，分离，长短不等，花药 2 室，纵裂；子房上位，3 室，3 心皮，中轴胎座，每室有倒生胚珠 1 枚，花柱 1 枚，柱头线状，3 裂。果为 3 个合生心皮，成熟时分裂为 3 个具 1 粒种子的瘦果；种子不含胚乳。

Tropaeolum 旱金莲属

该属共计 1 种，在 8 个园中有种植

Tropaeolum majus L. 旱金莲

一年生蔓生肉质草本。叶互生；叶柄生于叶片近中心处；叶片圆形。花单生于叶腋，黄色、橘红色或杂色，直径 2.5~6cm，萼片 5，其中 1 枚延长为 1 长距。花瓣 5 片，下部 3 片基部狭窄成爪，近爪处边缘具睫毛。果扁球形，熟时 3 瓣裂。（栽培园地：SCBG, WHIOB, KIB, LSBG, CNBG, SZBG, GXIB, XMBG）

Tropaeolum majus 旱金莲

Turneraceae 时钟花科

该科共计 2 种，在 4 个园中有种植

草本或亚灌木，叶互生，椭圆形至倒阔披针形，边缘有锯齿，叶基有 1 对腺体。花近枝顶腋生，花萼和花冠结合成筒状；花冠白色、金黄色等，5 瓣，中心黄色至紫黑色；每朵花至午前即凋谢。果为蒴果，种子有网状纹。

Turnera 时钟花属

该属共计 2 种，在 4 个园中有种植

Turnera subulata Smith 白时钟花

草本。叶片椭圆形至倒阔披针形，顶端锐尖，边缘具锯齿，叶基具 1 对腺体。花近枝顶腋生；花冠白色，5 瓣，中心黄色至紫黑色；花至午前即凋谢。（栽培园地：SCBG, XTBG, XMBG）

Turnera ulmifolia L. 黄时钟花

宿根草本或亚灌木。叶片长卵形，边缘具锯齿，叶基有 1 对明显腺体。花近枝顶腋生；花冠金黄色，5 瓣；每朵花至午前即凋谢。（栽培园地：SCBG, KIB, XTBG, XMBG）

Turnera ulmifolia 黄时钟花

Typhaceae 香蒲科

该科共计 10 种，在 8 个园中有种植

多年生沼生、水生或湿生草本。根状茎横走，须根多。地上茎直立，粗壮或细弱。叶二列，互生；鞘状叶很短，基生，先端尖；条形叶直立，或斜上，全缘，边缘微向上隆起，先端钝圆至渐尖，中部以下腹面渐凹，背面平突至龙骨状突起，横切面呈新月形、半圆形或三角形；叶脉平行，中脉背面隆起或否；叶鞘长，边缘膜质，抱茎，或松散。花单性，雌雄同株，花序穗状；雄花序生于上部至顶端，花期时比雌花序粗壮，花序轴具柔毛，或无毛；雌性花序位于下部，与雄花序紧密相接，或相互远离；苞片叶状，着生于雌雄花序基部，亦见于雄花序中；雄花无被，通常由 1~3 枚雄蕊组成。果纺锤形、椭圆形，果皮膜质，透明，或灰褐色，具条形或圆形斑点。种子椭圆形，褐色或黄褐色。

Typha 香蒲属

该属共计 10 种，在 8 个园中有种植

Typha angustata Bory et Chaubard 长苞香蒲

多年生水生或沼生草本。地上茎粗壮。叶片下部横切面呈半圆形；叶鞘很长，抱茎。雌雄花序远离；雄花序轴具弯曲柔毛；花药长 1.2~1.5mm；雌花具小苞片；雌花柱头宽条形至披针形，较花柱宽；白色丝状毛短于柱头。（栽培园地：WHIOB）

Typha angustifolia L. 水烛

多年生水生或沼生草本。地上茎粗壮。叶片下部横

Typha angustifolia 水烛

切面呈半圆形；雌雄花序相距 2.5~6.9cm；雄花序轴具褐色扁柔毛；花药长约 2mm；雌花具小苞片；雌花柱头窄条形；白色丝状毛不呈圆形。（栽培园地：KIB, XTBG, XJB, CNBG, GXIB）

Typha davidiana (Kronf.) Hand.-Mazz. 达香蒲

多年生水生或沼生草本。叶片下部背面呈凸形，横切面呈半圆形。雌雄花序远离；雄花序轴光滑；雌花小苞片匙形；雌花柱头披针形；白色丝状毛不呈圆形。（栽培园地：IBCAS, WHIOB）

Typha elephantina Roxb. 象蒲

多年生沼生或湿生草本。地上茎粗壮。叶片条形，背面中部以下呈龙骨状凸起，横切面三角形；叶鞘内表皮具红棕色斑点。雌雄花序远离；雄花序轴密生棕褐色柔毛；雌花小苞片近白色，条形；雌花柱头披针形；白色丝状毛短于柱头。（栽培园地：WHIOB）

Typha gracilis Jord. 短序香蒲

多年生沼生或水生草本。地上茎细弱。鞘状叶基生，红棕色；条形叶 2~4 枚，宽 2~4mm，下部横切面半圆形。雌雄花序远离；雄花序轴基部具弯曲柔毛；花药矩圆形，长 1.2mm；雌花具小苞片；白色丝状毛顶端膨大呈圆形，短于花柱和不孕雌花。（栽培园地：WHIOB）

Typha latifolia L. 宽叶香蒲

多年生水生或沼生草本。地上茎粗壮。叶片条形，下部横切面近新月形；雌雄花序紧密相接；雄花序轴具灰白色弯曲柔毛；雌花无小苞片；雌花柱头披针形；白色丝状毛明显短于花柱。（栽培园地：IBCAS, WHIOB, XTBG）

Typha laxmannii Lepech. 无苞香蒲

多年生沼生或水生草本。地上茎较细弱。叶片窄条形，下部背面隆起，横切面半圆形；雌雄花序远离；雄花序轴具灰白色、黄褐色柔毛；雌花无小苞片；雌

花柱头匙形；白色丝状毛与花柱近等长。（栽培园地：WHIOB）

Typha minima Funck ex Hoppe 小香蒲

多年生沼生或水生草本。地上茎细弱，矮小。叶常基生，鞘状，无叶片，如叶片存在则短于花葶。雌雄花序远离，雄花序轴无毛；花药长1.5mm；雌花具小苞片；雌花柱头条形；白色丝状毛顶端膨大呈圆形，短于柱头。（栽培园地：SCBG, IBCAS）

Typha orientalis 香蒲（图1）

Typha minima 小香蒲

Typha orientalis Presl 香蒲

多年生水生或沼生草本。地上茎粗壮。叶片条形，下部横切面呈半圆形。雌雄花序紧密连接；雄花序轴具白色弯曲柔毛；雌花无小苞片；雌花柱头匙形；白色丝状毛常单生，短于柱头。（栽培园地：SCBG, IBCAS, WHIOB, KIB, XTBG）

Typha przewalskii Skv. 普香蒲

多年生水生或沼生草本。地上茎基部粗壮。叶片条

Typha orientalis 香蒲（图2）

形，中下部背面隆起，横切面呈新月形；雌雄花序分离不相接；雄花序轴具深褐色扁毛；雌花无小苞片；雌花柱头长条形；白色丝状毛短于花柱。（栽培园地：WHIOB）

Ulmaceae 榆科

该科共计 49 种，在 12 个园中有种植

乔木或灌木；芽具鳞片，稀裸露，顶芽通常早死，枝端萎缩成 1 小距状或瘤状凸起，残存或脱落，其下的腋芽代替顶芽。单叶，常绿或落叶，互生，稀对生，常二列，有锯齿或全缘，基部偏斜或对称，羽状脉或基部 3 出脉（即羽状脉的基生 1 对侧脉比较强壮），稀基部 5 出脉或掌状 3 出脉，有柄；托叶常呈膜质，侧生或生柄内，分离或连合，或基部合生，早落。单被花两性，稀单性或杂性，雌雄异株或同株，少数或多数排成疏或密的聚伞花序，或因花序轴短缩而似簇生状，或单生，生于当年生枝或去年生枝的叶腋，或生于当年生枝下部或近基部的无叶部分的苞腋；花被浅裂或深裂，花被裂片常 4~8，覆瓦状（稀镊合状）排列，宿存或脱落；雄蕊着生于花被的基底；雌蕊由 2 心皮连合而成，花柱极短，柱头 2，条形，其内侧为柱头面，子房上位。果为翅果、核果、小坚果或有时具翅或具附属物，顶端常有宿存的柱头。

Aphananthe 糙叶树属

该属共计 3 种，在 5 个园中有种植

Aphananthe aspera (Thunb.) Planch. 糙叶树

落叶乔木。叶片纸质，卵形或卵状椭圆形，边缘具锐锯齿，两面具伏毛，粗糙，基部 3 出脉，其侧生的一对叶脉直伸达叶中部边缘，羽状侧脉直达齿尖。果连喙长 8~13mm，被细伏毛。（栽培园地：SCBG，WHIOB，KIB，XTBG，CNBG）

Aphananthe aspera (Thunb.) Planch. var. **pubescens** C. J. Chen 柔毛糙叶树

本变种与原变种的区别为：叶背密被直立的柔毛，叶柄和幼枝被伸展的灰色柔毛。（栽培园地：XTBG）

Aphananthe cuspidata (Blume) Planch. 滇糙叶树

乔木。叶片革质，狭卵形至长圆形或卵状披针形，边缘全缘或疏生不明显锯齿，两面光滑无毛，羽状脉在近叶缘处网结。果连喙长 13~20mm，无毛。（栽培园地：SCBG，XTBG）

Aphananthe cuspidata 滇糙叶树

Celtis 朴属

该属共计 14 种，在 11 个园中有种植

Celtis africana Burm. f. 白朴

落叶乔木。叶互生，叶片三角形，顶端尾尖，3 出脉；新叶嫩绿色，被毛，成熟叶光滑无毛，深绿色。花小，绿色，雌雄同株。核果黄棕色至棕色，长 13mm。（栽培园地：XTBG）

Celtis africana 白朴

Celtis australis L. 南欧朴

落叶乔木。叶互生，叶片斜卵形至披针形，长 7~13cm，宽 3~7cm，全缘或具锯齿。花小，绿色。核果卵形或圆柱形，长 6~12mm，初时黄色，后变紫色或黑色；种子 1 粒，白色。（栽培园地：IBCAS）

Celtis biondii Pamp. 紫弹树

小乔木至乔木。叶片宽卵形、卵形至卵状椭圆形，稍偏斜，薄革质。果序单生叶腋，常具 2 果，总梗极短，似果梗双生于叶腋，总梗连同果梗长 1~2cm，被糙毛；果幼时被柔毛，后脱落，黄色至橘红色，近球形，直

Celtis biondii 紫弹树

径约 5mm。（栽培园地：SCBG, WHIOB, KIB, XTBG, LSBG, CNBG）

Celtis bungeana Bl. 黑弹树

落叶乔木。叶片厚纸质，狭卵形、长圆形至卵形，稍偏斜至几不偏斜。一年生果枝无毛。果单生叶腋，果柄长 1~2.5cm，果成熟时蓝黑色，近球形，直径 6~8mm。（栽培园地：IBCAS, KIB, CNBG, GXIB, IAE）

Celtis bungeana 黑弹树

Celtis julianae Schneid. 珊瑚朴

落叶乔木。当年生小枝和叶背面密生短柔毛。叶片厚纸质，宽卵形至尖卵状椭圆形，顶端短渐尖至尾尖，基部近圆形或稍不对称。果单生叶腋，果梗粗壮，长 1~3cm，果椭圆形至近球形，长 10~12mm。（栽培园地：WHIOB, KIB, CNBG）

Celtis julianae 珊瑚朴

Celtis koraiensis Nakai 大叶朴

落叶乔木。叶片椭圆形至倒卵状椭圆形，顶端近平截而具粗锯齿，中间的齿常呈尾状长尖，基部稍不对称。果单生叶腋，果梗长 1.5~2.5cm，果近球形至球状椭圆形，直径约 12mm。（栽培园地：IBCAS, KIB, CNBG, IAE）

Celtis laevigata Willd. 糖朴

落叶乔木。叶片披针形、卵形或椭圆形，长 6~8cm，宽 3~4cm，顶端渐尖或尾尖，基部倾斜，全缘或疏具齿；叶柄长 0.6~1.3cm。花序腋生，花杂性；花萼 4~6，绿色；无花冠。核果小，长 0.4~0.9cm，橙色或紫色。（栽培园地：IBCAS）

Celtis occidentalis L. 美洲朴

乔木。叶片卵形至卵状披针形，长约 10cm，宽 3.5~7cm，3 出脉，基部不对称，边缘具锯齿；叶柄细长，具毛；托叶早落。花杂性，花梗下垂；花萼浅黄绿色，5 裂。肉质核果，长椭圆形，暗紫色。（栽培园地：IBCAS）

Celtis philippensis Blanco 菲律宾朴树

大乔木。叶片较大，革质，长 8~18cm，长圆形，顶端突然渐尖，基部钝；具 3 出脉，基生二侧脉直达叶的顶端。果较大，长约 15mm。（栽培园地：SCBG, XTBG）

Celtis philippensis Blanco var. consimilis (Blume) Lerory 铁灵花

小乔木。叶片较小，革质，长 3~10cm，顶端近圆

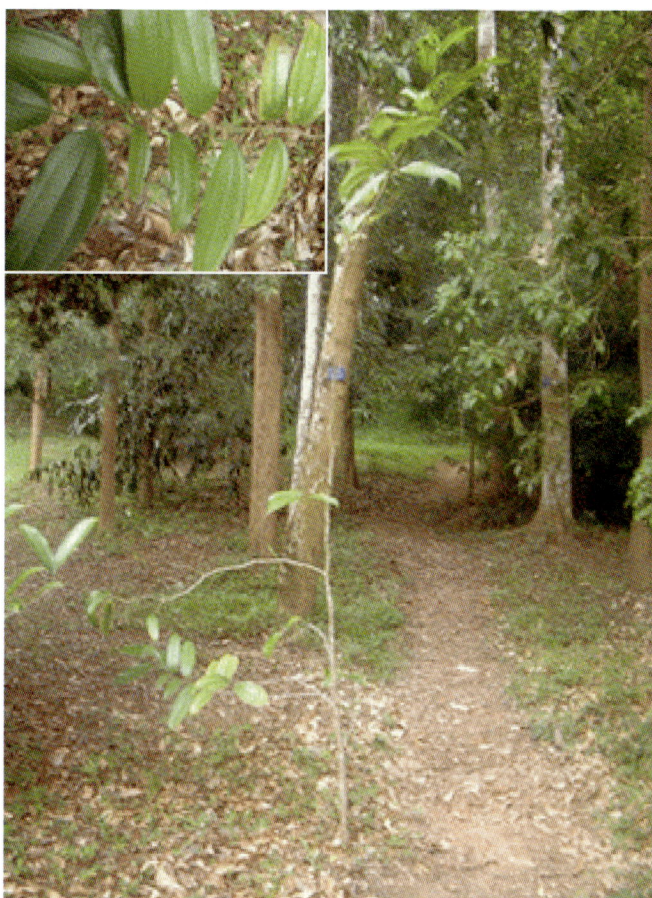

Celtis philippensis var. **consimilis** 铁灵花

形或突然收缩并具短而宽的钝头；具 3 出脉，基生二侧脉仅达叶的 2/3。果较小，长 8~9mm。（栽培园地：XTBG）

Celtis sinensis Pers. 朴树

落叶乔木。叶片多为卵形或卵状椭圆形，顶端尖至渐尖，基部不偏斜或稍偏斜。果较小，直径 5~7mm。（栽培园地：SCBG, WHIOB, KIB, XTBG, LSBG, CNBG, SZBG, GXIB, XMBG）

Celtis sinensis 朴树（图 1）

Celtis sinensis 朴树（图 2）

Celtis tetrandra Roxb. 四蕊朴

乔木。叶片厚纸质至近革质，常卵状椭圆形或带菱

Celtis tetrandra 四蕊朴（图 1）

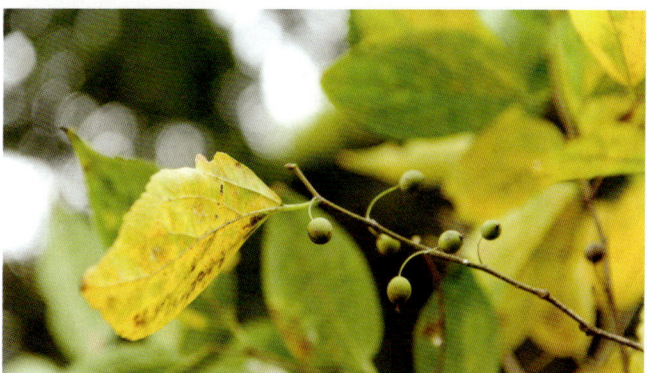

Celtis tetrandra 四蕊朴（图 2）

形，顶端渐尖至短尾状渐尖，基部多偏斜。果常 2~3 枚生于叶腋，果柄长 0.7~1.7cm；果近球形，直径约 8mm。（栽培园地：SCBG, KIB, XTBG）

Celtis timorensis Span. 假玉桂

常绿乔木，木材具恶臭。叶幼时被金褐色短毛，后脱落，叶片革质，卵状椭圆形或卵状长圆形，顶端渐尖至尾尖，基部 3 出脉明显。小型聚伞圆锥花序；果 3~6 个生于一总梗上，具宿存花柱基，长 8~9mm。（栽培园地：SCBG, WHIOB, XTBG, GXIB）

Celtis timorensis 假玉桂（图 1）

Celtis timorensis 假玉桂（图 2）

Celtis vandervoetiana Schneid. 西川朴

落叶乔木。当年生小枝和叶背面无毛。叶片厚纸质，卵状椭圆形至卵状长圆形，顶端渐尖至短尾尖，基部稍不对称。果单生叶腋，果梗粗壮，长 1.7~3.5cm，果球形或球状椭圆形，长 15~17mm。（栽培园地：WHIOB, KIB, GXIB）

Celtis vandervoetiana 西川朴

Gironniera 白颜树属

该属共计 1 种，在 2 个园中有种植

Gironniera subaequalis Planch. 白颜树

乔木。叶片革质，椭圆形或椭圆状矩圆形，顶端短尾状渐尖，基部近对称，叶面亮绿色，无毛，背面浅绿色，粗糙及叶脉上具糙毛。雌雄异株，聚伞花序成对腋生，花序梗上疏生长糙伏毛；子房无柄，花柱短。核果具短梗，阔卵形或阔椭圆形，直径 4~5mm，具宿存花柱及花被。（栽培园地：SCBG, XTBG）

Gironniera subaequalis 白颜树

Hemiptelea 刺榆属

该属共计 1 种，在 2 个园中有种植

Hemiptelea davidii (Hance) Planch. 刺榆

小乔木或呈灌木状。叶片椭圆形或椭圆状矩圆形，边缘具粗锯齿。花杂性，单生或 2~4 朵簇生于当年枝条的叶腋处；花被 4~5 裂，呈杯状。小坚果黄绿色，斜卵圆形，两侧扁，背侧具窄翅，形似鸡头。（栽培园地：CNBG, IAE）

Holoptelea 全叶榆属

该属共计 1 种，在 2 个园中有种植

Holoptelea integrifolia Planch. 全叶榆

大乔木。叶片厚纸质，卵形，长 7~12.5cm，宽 4.5~8cm，先端渐尖，全缘，上面绿色，下面浅绿色，两面无毛；侧脉 5~7 对；叶柄长 0.8~1.8cm。（栽培园地：SCBG, XTBG）

Holoptelea integrifolia 全叶榆（图 1）

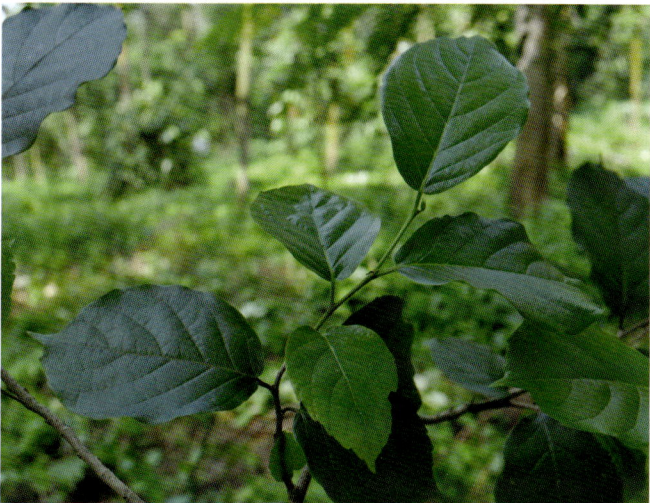

Holoptelea integrifolia 全叶榆（图 2）

Pteroceltis 青檀属

该属共计 1 种，在 6 个园中有种植

Pteroceltis tatarinowii Maxim. 青檀

乔木。叶片纸质，宽卵形至长卵形，顶端渐尖至尾状渐尖，基部不对称，边缘具不整齐的锯齿，基部 3 出脉。花单性，雌雄同株。雄花花被 5 片；雌花花被 4 片。坚果近圆形或近四方形，黄绿色或黄褐色，具宽翅，具宿存的花柱和花被。（栽培园地：SCBG, WHIOB, KIB, LSBG, CNBG, GXIB）

Pteroceltis tatarinowii 青檀（图 1）

Pteroceltis tatarinowii 青檀（图 2）

Trema 山黄麻属

该属共计 6 种，在 6 个园中有种植

Trema angustifolia (Planch.) Blume 狭叶山黄麻

灌木或小乔木。叶片卵状披针形，长 3~7cm，宽 0.8~2cm，边缘具细锯齿，叶面极粗糙，叶背脉上及雄花被片外面有锈色腺毛；叶柄长 2~5mm。花单性，雌雄异株或同株，由数朵花组成小聚伞花序。核果宽

67

Trema angustifolia 狭叶山黄麻

卵形或近圆球形，具宿存花被。（栽培园地：SCBG，XTBG）

Trema cannabina Lour. 光叶山麻黄

灌木或小乔木。小枝被贴生柔毛；叶片近膜质，卵形或卵状矩圆形，长 4~9cm，宽 1.5~4cm，两面近光滑无毛，仅在下面脉上疏生柔毛。聚伞花序长不超过叶柄；花被片外面近无毛，花药无紫色斑点。（栽培园地：SCBG，WHIOB，XTBG，GXIB）

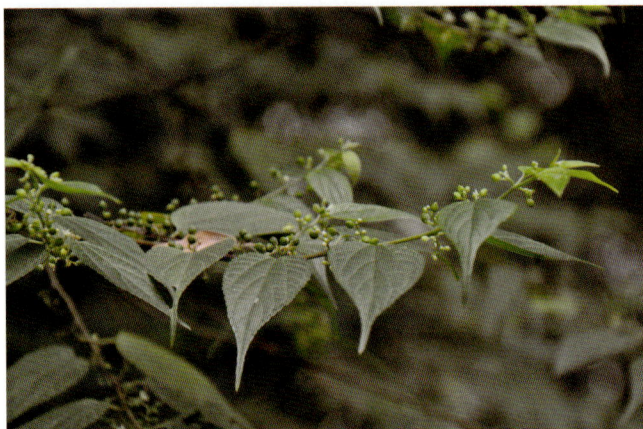

Trema cannabina 光叶山黄麻

Trema cannabina Lour. var. dielsiana (Hand.-Mazz.) C. J. Chen 山油麻

本变种的小枝紫红色，后渐变棕色，密被粗毛；叶片薄纸质，叶面被糙毛，叶背密被柔毛，脉上具粗毛；叶柄被伸展粗毛。雄聚伞花序长过叶柄；雄花被片卵形，外面被细糙毛和具紫色斑点。（栽培园地：SCBG，WHIOB，CNBG）

Trema nitida C. J. Chen 银毛叶山黄麻

小乔木。叶片薄纸质，披针形至狭披针形，长 7~15cm，宽 1.5~4.5cm，顶端尾状渐尖至长尾状，基部对称或稍偏斜，叶背被贴生的银灰色、黄灰色茸毛，脉上疏生短伏毛；叶柄长 5~10mm。聚伞花序短于叶柄。（栽培园地：WHIOB，XTBG）

Trema orientalis (L.) Blume 异色山黄麻

乔木或灌木。叶片革质，卵状矩圆形或卵形，长 10~18cm，宽 5~9cm，叶干时两面异色，叶面绿色或淡绿色，背面灰白色或绿灰色，密被绒毛。果卵状球形或近球形，长 3~5mm。（栽培园地：XTBG）

Trema tomentosa (Roxb.) Hara 山黄麻

小乔木或灌木。叶片纸质或薄革质，宽卵形或卵状矩圆形，长 7~15cm，宽 3~7cm，叶干时两面同色，褐色或灰褐色，叶面粗糙，背面被稀疏或密直立或斜展灰褐色茸毛或短绒毛。果圆状卵形，长 2~3mm，压扁。（栽培园地：SCBG，WHIOB，XTBG，SZBG）

Trema tomentosa 山黄麻

Ulmus 榆属

该属共计 20 种，在 12 个园中有种植

Ulmus americana L. 美国榆

落叶乔木。叶片卵形或卵状椭圆形，顶端渐尖，基部极偏斜，边缘具重锯齿，叶背常具疏生毛，脉腋处具簇生毛。花序常具 10 余朵花；花被筒圆；花梗

长 4~10mm；果梗长达 15mm。（栽培园地：IBCAS, CNBG）

Ulmus androssowii Litw. var. **subhirsuta** (Schneid.) P. H. Huang, F. Y. Gao et L. H. Zhuo 毛枝榆

落叶至半常绿乔木。一、二年生枝均被毛。叶片卵形或椭圆形，顶端渐尖，叶面初具硬毛，后留有毛迹，微粗糙，幼面粗糙，密生硬毛，背面具柔毛，脉上尤甚。簇状聚伞花序；翅果圆形或近圆形，长 8~15mm，无毛，果梗短于花被，被短毛。（栽培园地：WHIOB）

Ulmus androssowii var. subhirsuta 毛枝榆

Ulmus bergmanniana Schneid. var. **lasiophylla** Schneid 蜀榆

落叶乔木。叶片椭圆形、长圆状椭圆形或卵形，边缘具重锯齿，背面密被弯曲柔毛。簇状聚伞花序；翅果宽倒卵形、倒卵状圆形或长圆状圆形，长 1.2~1.8mm，果梗短于花被。（栽培园地：KIB）

Ulmus bergmanniana var. lasiophylla 蜀榆

Ulmus castaneifolia Hemsl. 多脉榆

落叶乔木。叶片长椭圆形、长圆状卵形至倒卵状椭圆形，背面密被长柔毛，边缘具重锯齿，侧脉每边 16~35 条。簇状聚伞花序；翅果长圆状倒卵形、倒三角

Ulmus castaneifolia 多脉榆

状倒卵形或倒卵形，长 1.5~3.3cm，果梗短于花被。（栽培园地：SCBG, KIB, LSBG, GXIB）

Ulmus changii Cheng var. **kunmingensis** (Cheng) Cheng et L. K. Fu 昆明榆

落叶乔木。叶片卵形或卵状椭圆形，背面无毛，脉腋处具簇生毛，边缘常具单锯齿。花常散生于新枝基部或近基部苞片的腋部。翅果长圆形或椭圆状长圆形，长 1.5~3.5cm，果梗稍短于花被或近等长，密生短毛。（栽培园地：XTBG）

Ulmus chenmoui Cheng 琅玡榆

落叶乔木。叶片宽倒卵形至长圆状椭圆形，叶两面密生硬毛，沿脉较密，边缘具重锯齿。簇状聚伞花序生于去年枝上；翅果窄倒卵形、长圆状倒卵形或宽倒卵形，长 1.5~2.5cm，果梗长 1~2mm，被短毛。（栽培园地：WHIOB, CNBG, GXIB）

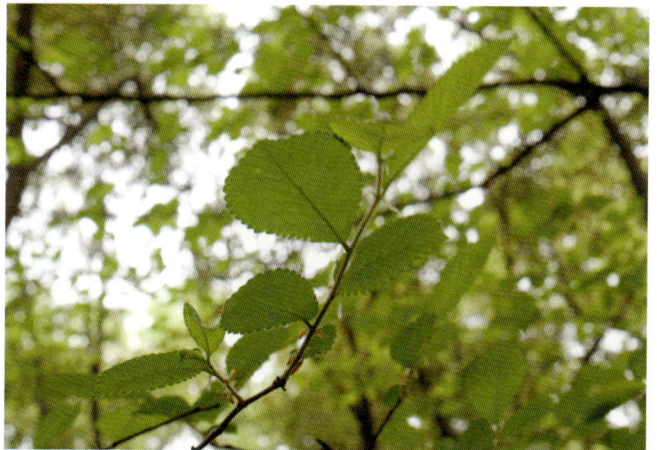

Ulmus chenmoui 琅玡榆

Ulmus davidiana Planch. var. **japonica** (Rehd.) Nakai 春榆

落叶乔木或灌木状。叶片倒卵形或倒卵状椭圆形，顶端尾状渐尖或渐尖，边缘具重锯齿。簇状聚伞花序；

翅果倒卵形或近倒卵形，长 10~19mm，果翅无毛。（栽培园地：WHIOB, IAE）

Ulmus densa Litw. 圆冠榆

落叶乔木。叶片卵形，幼时被密毛，后渐脱落，脉腋具簇生毛，边缘具钝的重锯齿或兼有单锯齿。簇状聚伞花序生于去年枝上；翅果长圆状倒卵形、长圆形或长圆状椭圆形，长 10~16mm，果梗短于花被，长约 1mm，无毛。（栽培园地：XJB）

Ulmus elongata L. K. Fu et C. S. Ding 长序榆

落叶乔木。叶片椭圆形或披针状椭圆形，边缘具重锯齿，锯齿顶端尖而内曲，外侧具 2~5 小齿。花春季开放，总状聚伞花序；花序轴长而下垂，花梗长达花被数倍；翅果两面及边缘具毛，或两面具疏毛而边缘密生睫毛。（栽培园地：SCBG, WHIOB, CNBG）

Ulmus elongata 长序榆

Ulmus gaussenii Cheng 醉翁榆

落叶乔木。幼枝及一、二年生枝条均密被柔毛。叶片长圆状倒卵形、椭圆形或菱状椭圆形，顶端钝、渐尖或具短尖，边缘常具单锯齿。翅果圆形或倒卵状圆形，两侧对称。（栽培园地：WHIOB, CNBG）

Ulmus gaussenii 醉翁榆

Ulmus glabra Huds. 光叶榆

落叶乔木。叶片倒卵形，长 6~17cm，宽 3~12cm，顶端尾尖，基部两侧不对称，叶面粗糙，边缘具锯齿；叶柄极短。花两性，先于叶开放，无花瓣。翅果长 20mm，宽 15mm；种子圆形，直径约 6mm。（栽培园地：IBCAS）

Ulmus laciniata (Trautv.) Mayr. 裂叶榆

落叶乔木。叶片倒卵形、倒三角状至倒卵状长圆形，顶端常 3~7 裂，不裂之叶顶端具尾状尖头，边缘具深的重锯齿。簇状聚伞花序生于去年枝上。翅果椭圆形或长圆状椭圆形，长 1.5~2cm，果梗短于花被，无毛。（栽培园地：IBCAS, XJB）

Ulmus laevis Pall. 欧洲白榆

落叶乔木。叶片倒卵状宽椭圆形或椭圆形，中上部较宽，顶端短急尖，基部偏斜，边缘具重锯齿，叶面被毛或仅主侧脉近基部具疏毛。花序常具 20~30 花朵；花被筒扁；花梗长 6~20mm；果梗长达 30mm。（栽培园地：XJB, CNBG）

Ulmus lamellosa T. Wang et S. L. Chang ex L. K. Fu 脱皮榆

落叶小乔木。叶片倒卵形，顶端尾尖或骤凸，边缘兼具单锯齿与重锯齿。花在春季开放，与叶同时抽出。翅果常散生于新枝近基部，圆形至近圆形，两面及边缘具密毛，近对称或微偏斜，子房柄较短。（栽培园地：IBCAS）

Ulmus lanceifolia Roxb. 常绿榆

常绿乔木。叶片披针形、卵状披针形或长圆状披针形，边缘具钝而整齐的单锯齿。簇状聚伞花序常具 3~11 朵花；花被上部杯状，下部急缩成管状，花被片裂至杯状花被的近中部，花梗细长，常为花被的 2~3 倍。翅果无毛，偏斜。（栽培园地：SCBG, XTBG）

Ulmus lanceifolia 常绿榆

Ulmus macrocarpa Hance 大果榆

灌木或落叶乔木。叶片宽倒卵形、倒卵状圆形或倒卵形，顶端常短尾状或骤凸，边缘常具重锯齿。翅果宽倒卵状圆形、近圆形或宽椭圆形，基部偏斜或近对称。（栽培园地：IBCAS, WHIOB, KIB, XJB, CNBG, IAE）

Ulmus macrocarpa 大果榆

Ulmus parvifolia Jacq. 榔榆

落叶乔木。叶片披针状卵形或窄椭圆形。花秋季开放。聚伞花序具 3~6 朵花，花被上部杯状，下部管状，花被片 4 片，花梗极短，被疏毛。翅果椭圆形或卵状椭圆形，长 10~13mm。（栽培园地：SCBG, IBCAS, WHIOB, KIB, CNBG, SZBG, GXIB, XMBG）

Ulmus parvifolia 榔榆

Ulmus pumila L. 榆树

落叶乔木或灌木。叶片椭圆状卵形至卵状披针形，叶面无毛，背面幼时具短柔毛，后脱落或脉腋具簇生毛，边缘具重锯齿或单锯齿。花先叶开放，簇生于去年枝的叶腋。翅果近圆形，长 1.2~2cm，果梗短于花被，被短柔毛。（栽培园地：SCBG, IBCAS, WHIOB, XTBG, XJB, CNBG, GXIB, IAE）

Ulmus pumila 榆树

Ulmus szechuanica Fang 红果榆

落叶乔木。叶片倒卵形至椭圆状卵形，边缘具重锯

Ulmus szechuanica 红果榆（图 1）

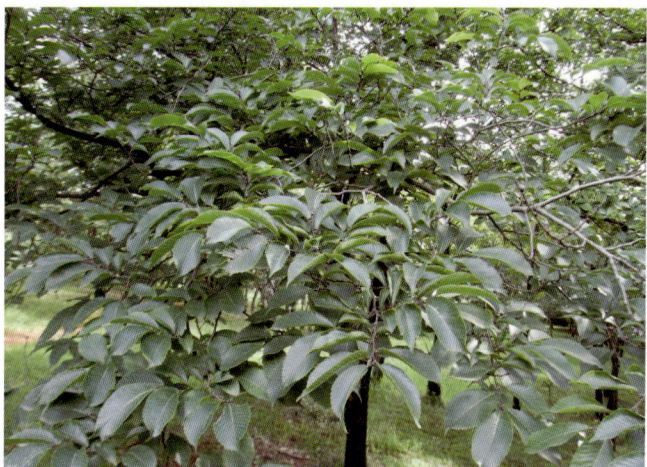

Ulmus szechuanica 红果榆（图 2）

齿。簇状聚伞花序生于去年枝上。翅果近圆形或倒卵状圆形，长11~16mm，果柄短于花被，长1~2mm，具短柔毛。（栽培园地：KIB，CNBG）

Ulmus tonkinensis Gagnep. **越南榆**

常绿小乔木。叶片卵状披针形、椭圆状披针形或卵形。花冬季开放，聚伞花序具3~7朵花，花被上部杯状，下部管状，花被片5片，花梗长于花被，无毛或近无毛。翅果近圆形、宽长圆形或倒卵状圆形，长12~23mm。（栽培园地：SCBG）

Zelkova schneideriana 大叶榉树（图1）

Zelkova schneideriana 大叶榉树（图2）

IBCAS, WHIOB, KIB, XTBG, LSBG, CNBG, GXIB）

Zelkova serrata (Thunb.) Makino **榉树**

乔木。当年生枝紫褐色或棕褐色，疏被短柔毛，后脱落。叶片卵形、椭圆形或卵状披针形，两面光滑无毛，或仅背面沿脉疏生柔毛，或叶面疏生短糙毛。核果几无梗，淡绿色，斜卵状圆锥形，网肋明显，直径2.5~3.5mm。（栽培园地：SCBG, IBCAS, KIB, LSBG, CNBG, GXIB）

Ulmus tonkinensis 越南榆

Zelkova 榉属

该属共计2种，在8个园中有种植

Zelkova schneideriana Hand.-Mazz. **大叶榉树**

乔木。当年生枝灰色或灰褐色，密生灰白色柔毛。叶片卵形至椭圆状披针形，叶面被糙毛，叶背密生柔毛。雄花1~3朵簇生于叶腋，雌花或两性花常单生于小枝上部叶腋。核果斜卵状圆锥形。（栽培园地：SCBG，

Zelkova serrata 榉树

Umbelliferae 伞形科

该科共计 144 种，在 11 个园中有种植

一年生至多年生草本，很少是矮小的灌木（在热带与亚热带地区）。根通常直生，肉质而粗，有时为圆锥形或有分枝自根颈斜出，很少根成束、圆柱形或棒形。茎直立或葡匐上升，通常圆形，稍有棱和槽，或有钝棱，空心或有髓。叶互生，叶片通常分裂或多裂，一回掌状分裂或一至四回羽状分裂的复叶，或一至二回三出式羽状分裂的复叶，很少为单叶；叶柄的基部有叶鞘，通常无托叶，稀为膜质。花小，两性或杂性，成顶生或腋生的复伞形花序或单伞形花序，很少为头状花序；伞形花序的基部有总苞片，全缘、齿裂、很少羽状分裂；小伞形花序的基部有小总苞片，全缘或很少羽状分裂；花萼与子房贴生，萼齿 5 或无；花瓣 5，在花蕾时呈覆瓦状或镊合状排列，基部窄狭，有时成爪或内卷成小囊，顶端钝圆或有内折的小舌片或顶端延长如细线；雄蕊 5，与花瓣互生。子房下位，2 室，每室有 1 个倒悬的胚珠，顶部有盘状或短圆锥状的花柱基；花柱 2，直立或外曲，柱头头状。果在大多数情况下是干果，通常裂成两个分生果，又称双悬果。

Anethum 莳萝属

该属共计 1 种，在 3 个园中有种植

Anethum graveolens L. 莳萝

一年生草本，稀二年生，全株无毛，具强烈香味。茎单一，直立。基生叶叶柄长 4~6cm，叶片宽卵形。复伞形花序常呈二歧式分枝；花瓣黄色，花柱基圆锥形至垫状。分生果卵状椭圆形。（栽培园地：WHIOB, LSBG, CNBG）

Angelica 当归属

该属共计 15 种，在 7 个园中有种植

Angelica apaensis Shan et Yuan 阿坝当归

多年生草本。茎粗壮，中空，表面红棕色，有纵沟纹，被有白色短柔毛。叶有柄；茎上部叶渐简化，叶柄无，仅具宽阔叶鞘，叶片较小。无总苞片；伞辐 28~65；小伞形花序有花 25~50；小总苞片 4~8，线形。（栽培园地：SCBG）

Angelica archangelica L. 欧白芷

多年生大型草本植物。根圆柱形，具分枝，外表黄褐色至褐色，具浓烈气味。茎直立，带紫色。复伞形花序，总苞片阔卵状披针形，黄白色。（栽培园地：KIB）

Angelica biserrata (Shan et Yuan) Yuan et Shan 重齿当归

多年生高大草本。茎高 1~2m，粗至 1.5cm。伞辐 10~25，伞形花序的花多在 35 朵以下；小总苞片 5~10，阔披针形，顶端有长尖；分生果棱槽中有油管 2~3，合生面油管 2~6。（栽培园地：WHIOB, LSBG, CNBG）

Angelica cartilaginomarginata (Makino) Nakai var. foliosa Yuan et Shan 骨缘当归

本变种的叶片常三出式二回羽状分裂，二回羽片

Angelica archangelica 欧白芷

有裂片 5~7，长圆形，长 5~6.5cm，宽 2~3cm，边缘多 2~3 深裂。（栽培园地：CNBG）

Angelica cartilaginomarginata (Makino) Nakai 长鞘当归

叶片卵形或卵状披针形，一回羽状全裂，具羽片 3~9 对，裂片阔形或卵状披针形，长 4~9cm，宽

0.8~2.5cm；茎上部叶常简化为长叶鞘，仅顶端有分裂的小叶片。复伞形花序直径 3~8cm，无总苞片。果椭圆形至卵圆形。（栽培园地：CNBG）

Angelica dahurica (Fisch) Benth. et Hook. f. var. **formosana** (de Boiss.) Yen 台湾当归

多年生高大草本。茎高 1~2.5m，粗 3~8cm。基生叶二至三回三出式羽状分裂。小总苞片线状披针形；子房及果有毛。分生果棱槽中油管1，合生面油管2。（栽培园地：KIB）

Angelica dahurica (Fisch.) Benth. et Hook. f. 白芷

多年生高大草本，高 1~2.5m。有浓烈气味。基生叶一回羽状分裂，茎上部叶二至三回羽状分裂。果长圆形至卵圆形，黄棕色，无毛，背棱扁，厚而钝圆，近海绵质。（栽培园地：IBCAS, WHIOB, LSBG, CNBG）

Angelica dahurica 白芷（图1）

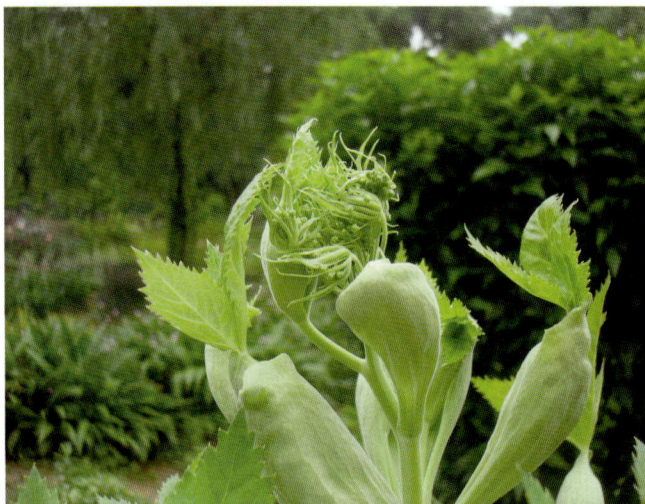
Angelica dahurica 白芷（图2）

Angelica decursiva (Miq.) Franch. et Sav. 紫花前胡
多年生草本，具强烈气味。茎高 1~2m，常紫色，

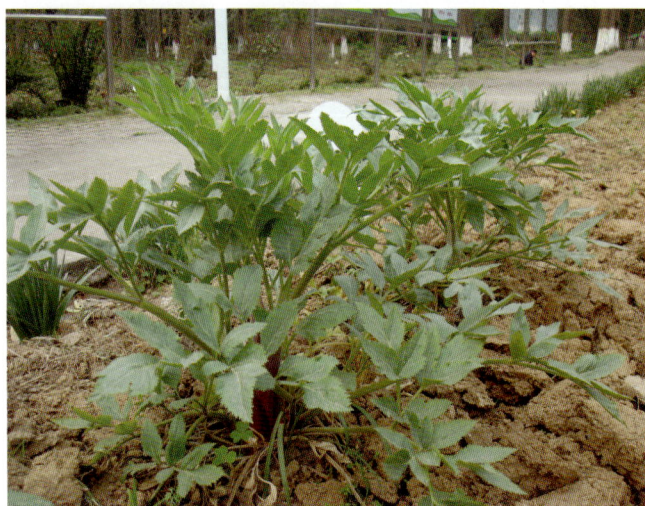
Angelica decursiva 紫花前胡

根生叶和茎生叶具长柄。叶片三角形至卵圆形，坚纸质。花深紫色，萼齿明显，线状锥形或三角状锥形。果长圆形至卵状圆形，侧棱有较厚的狭翅，与果近等宽。（栽培园地：SCBG, WHIOB, KIB, LSBG, CNBG）

Angelica gigas Nakai 朝鲜当归
多年生高大草本。根颈粗短；茎粗壮，中空，紫色，直径 1.5~5cm，无毛，具纵深沟纹。叶片近三角形。复伞形花序近球形，花序梗、伞辐和花柄均有短糙毛；总苞片1至数片，膨大成囊状，深紫色，花蕾期包裹着花序，呈球形。果卵圆形，幼时紫红色，成熟后黄褐色。（栽培园地：XTBG）

Angelica laxifoliata Diels 疏叶当归
多年生草本，微具香气。茎高 30~90(~150)cm。基生叶及茎生叶均为二回三出式羽状分裂，叶末回裂片披针形至宽披针形，长 2.5~4cm，宽 1~2cm，边缘有细密锯齿。小总苞片 6~10，长披针形，有缘毛。果卵圆形，背棱和中棱线形。（栽培园地：SCBG, WHIOB, CNBG）

Angelica maowenensis Yuan et Shan 茂汶当归
多年生草本。根圆柱形，单一，稀分枝。茎粗壮，直径约 1cm，圆筒形，下部深紫色，具较深的纵直沟纹及较密的粗短白毛。复伞形花序顶生或侧生，伞辐 40~60(~80)，密被短柔毛；总苞片线状披针形，厚膜质；花白色。果椭圆形，黄棕色。（栽培园地：CNBG）

Angelica polymorpha Maxim. 拐芹
多年生草本。茎单一，细长，中空，有浅沟纹，光滑无毛或有稀疏的短糙毛。叶二至三回三出式羽状分裂，叶片卵形至三角状卵形。复伞形花序直径 4~10cm，花序梗、伞辐和花柄密生短糙毛；花瓣匙形至倒卵形，白色，无毛，渐尖，顶端内曲；花柱短，常反卷。（栽培园地：WHIOB, LSBG, CNBG）

Angelica polymorpha 拐芹

Angelica pseudoselinum de Boiss. **管鞘当归**

多年生草本。根单一。末回裂片长圆形至长圆状披针形，基部下延，边缘有内曲的锯齿，齿端有暗褐色短尖头。果卵圆形，长 4~5mm，宽 3~4mm，油管深褐色，呈明显的条状。（栽培园地：SCBG）

Angelica sinensis (Oliv.) Diels. **当归**

多年生草本，高 0.4~1m。根圆柱状，分枝，有多

Angelica sinensis 当归（图 1）

Angelica sinensis 当归（图 2）

数肉质须根，黄棕色，有浓郁香气。复伞形花序，花瓣长卵形，顶端狭尖，内折；花柱短，花柱基圆锥形。果椭圆形至卵形，棱槽内有油管 1，合生面油管 2 或缺失。（栽培园地：SCBG, KIB, CNBG）

Angelica tianmuensis Z. H. Pan et T. D. Zhuang **天目当归**

多年生草本。茎圆柱形，上部节处被短柔毛。中、上部叶渐小，叶鞘渐膨大。复伞形花序顶生和侧生，总苞片 1，小总苞片 5~7，萼齿不发育，花瓣白色。果狭长圆形，背棱肥厚隆起，侧棱具狭翅。（栽培园地：CNBG）

Anthriscus 峨参属

该属共计 1 种，在 1 个园中有种植

Anthriscus sylvestris (L.) Hoffm. **峨参**

二年生或多年生草本。茎较粗壮，高 0.6~1.5m，多分枝，近无毛或下部有细柔毛。花白色，常带绿色或黄色；花柱较花柱基长 2 倍。果长卵形至线状长圆形，光滑或疏生小瘤点，顶端渐狭成喙状。（栽培园地：CNBG）

Apium 芹属

该属共计 1 种，在 2 个园中有种植

Apium graveolens L. **芹菜**

二年生或多年生草本，具强烈香气。茎直立，光滑，具少数分枝，并有棱角和直槽。复伞形花序顶生或与叶对生。分生果圆形或长椭圆形，果棱尖锐；每棱槽内有油管 1，合生面油管 2，胚乳腹面平直。（栽培园地：SCBG, LSBG）

Apium graveolens 芹菜

Cyclospermum 细叶旱芹属

该属共计 1 种，在 1 个园中有种植

Cyclospermum leptophyllum (Persoon) Sprague 细叶旱芹

一年生草本。茎多分枝，光滑。根生叶有柄；叶片长圆形至长圆状卵形；茎生叶常三出式羽状多裂。无总苞片和小总苞片；伞辐 2~3(~5)。果球形，分生果的棱 5 条，圆钝，心皮柄顶端 2 浅裂。（栽培园地：XMBG）

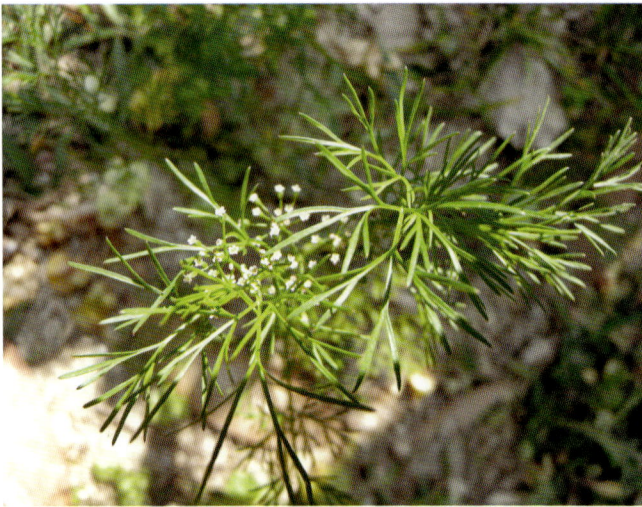

Cyclospermum leptophyllum 细叶旱芹

Archangelica 古当归属

该属共计 1 种，在 1 个园中有种植

Archangelica decurrens Ledeb. 下延叶古当归

多年生草本。根粗壮。茎中空，具细纵棱，光滑无毛。叶片宽三角状卵形。复伞形花序近圆球形；总苞片 4~7，披针形，被短毛；花白色；花瓣阔卵形。果椭圆形，果棱均突起，厚翅状，侧棱比果体狭，油管极多，连成环状。（栽培园地：XJB）

Bupleurum 柴胡属

该属共计 13 种，在 9 个园中有种植

Bupleurum angustissimum (Franch.) Kitagawa 线叶柴胡

多年生草本。根细圆锥形，表面红棕色。总苞通常缺乏或仅 1，钻形，长 2~3mm；小总苞片 5，线状披针形，顶端尖锐，具 3 条脉；花瓣黄色；花柄长约 1mm。果椭圆形，果棱显著，线形。（栽培园地：CNBG）

Bupleurum chinense DC. 北柴胡

多年生草本。茎单一或具分枝，表面具细纵槽纹，

实心。基生叶倒披针形或狭椭圆形；茎中部叶倒披针形或广线状披针形，叶片表面鲜绿色，背面淡绿色，常被白霜。复伞形花序很多，花序梗细；花瓣鲜黄色。果广椭圆形，棕色，每棱槽油管 3，稀 4，合生面 4。（栽培园地：IBCAS, WHIOB, XTBG, CNBG, GXIB）

Bupleurum commelynoideum de Boiss. 紫花鸭跖柴胡

多年生草本。茎丛生，基部叶细长，线形；茎中部叶卵状披针形，下半部扩大。总苞片 1~2 常早落，小伞形花序美丽，小总苞片 7~9；花瓣背面紫色，花柱基碟形，深紫色，很显著。果成熟时棕红色，短圆柱形。（栽培园地：SCBG）

Bupleurum dielsianum Wolff 太白柴胡

多年生纤细草本。茎单生，直立。叶片薄纸质，背面绿白色；叶片狭线形，基生叶叶柄与叶片相等或较短，茎生叶的柄短，向上渐无柄。伞形花序较疏松，花序梗细长；小总苞片 5~6，很小，狭披针形，花柱基比子房宽超过 1 倍。果椭圆形，（栽培园地：WHIOB）

Bupleurum euphorbioides Nakai 大苞柴胡

一至二年生草本。根细长。茎多单生。茎上部叶基部常近心形抱茎。总苞片 2~5，不等大，顶生花序的总苞片大而显著；伞辐长而弯曲；小总苞片通常 5~7；花柱基紫色，肥厚，超过子房。果广卵形。（栽培园地：XJB）

Bupleurum exaltatum Marsh.-Bieb. 新疆柴胡

多年生草本。根颈粗壮，多分枝，木质化。基生叶密集丛生，茎生叶线状锥形，上部叶尖锥形。小总苞片 5，线状披针形，常短于或等于果柄。果每棱槽中油管 1，合生面 2。（栽培园地：XJB）

Bupleurum longicaule Wall. ex DC. var. **amplexicaule** C. Y. Wu ex Shan et Li 抱茎柴胡

一、二年生草本。茎具细纵条纹，空心。叶稀疏，

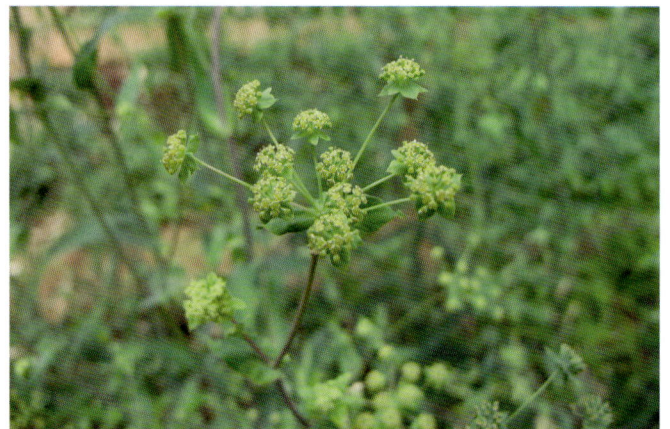

Bupleurum longicaule var. **amplexicaule** 抱茎柴胡

茎下部叶片线形，基部抱茎；茎中部叶片长披针形，顶端渐尖，基部圆形或心形，抱茎。总苞片1~4，与上部叶同形而小；小总苞片5，质薄，卵形或广卵形。果红棕色，卵圆形。（栽培园地：KIB）

Bupleurum longiradiatum Turcz. 大叶柴胡

多年生高大草本。叶片大形，卵形或狭卵形，茎上部叶渐小，卵形或广披针形，基部心形，抱茎；叶柄常带紫色；总苞片1~5，开展，黄绿色；小总苞片5~6，等大；花柱基黄色，特肥厚，直径超过子房，花柱很长。果暗褐色，被白粉，长圆状椭圆形。（栽培园地：WHIOB, CNBG）

Bupleurum longiradiatum Turcz. f. australe Shan et Y. Li 南方大叶柴胡

本变型的植株较高大粗壮；茎中部以上的叶片呈披针形或狭倒卵形，基部渐窄呈楔形或圆楔形，稀心状耳形；花柄较粗短，花时长3~4mm，果时可延长至6~8mm，花瓣黄色，中脉带紫色。果长圆形，长5.5~7mm，宽约2mm。（栽培园地：SCBG, LSBG）

Bupleurum marginatum Wall. ex DC. 竹叶柴胡

多年生高大草本。茎高25~120cm，绿色，硬挺，实心。叶片鲜绿色，下部叶与中部叶同形，长披针形或线形。复伞形花序很多，顶生花序往往短于侧生花序；总苞片2~5，很小，不等大；小总苞片5，披针形；花瓣浅黄色。果长圆形。（栽培园地：WHIOB, KIB, CNBG）

Bupleurum marginatum 竹叶柴胡

Bupleurum scorzonerifolium Willd. 红柴胡

多年生草本。主根发达，深红棕色。叶片细线形，基生叶下部略收缩成叶柄。总苞片1~3，极细小，针形，常早落；小总苞片5，紧贴小伞，线状披针形；花瓣黄色。果广椭圆形，深褐色，棱浅褐色，粗钝凸出。（栽培园地：CNBG）

Bupleurum sibiricum Vest. var. jeholense (Nakai) Chu 雾灵柴胡

多年生草本。数茎成丛生状，叶片较宽，卵状披针形。小总苞片5，黄绿色，7脉，披针形或卵状披针形，长于花和果。（栽培园地：CNBG）

Bupleurum yinchowense Shan et Y. Li 银州柴胡

多年生草本。茎基部节间短。叶片小，薄纸质，基生叶常早落；中部茎生叶倒披针形。总苞片无或1~2，针形；小总苞片5，线形，小；花小，直径0.8~1.1mm。果广卵形，深褐色，棱在嫩果时明显，翼状，成熟后细线形。（栽培园地：CNBG）

Carum 葛缕子属

该属共计2种，在2个园中有种植

Carum buriaticum Turcz. 田葛缕子

多年生草本。根圆柱形。茎常单生，自茎中、下部以上分枝。茎上部叶常二回羽状分裂，末回裂片细线形。伞辐9~15，小总苞片5~8，披针形；小伞形花序有花10~30，无萼齿，花瓣白色。果长卵形，每棱槽内油管1。（栽培园地：CNBG）

Carum carvi L. 葛缕子

多年生草本。茎常单生。基生叶及茎下部叶的叶柄与叶片近等长，茎中、上部叶与基生叶同形。无总苞片，稀1~4，线形；伞辐3~10，无小总苞片或偶有1~3；小伞形花序有花4~15。果长卵形，成熟后黄褐色，果棱明显。（栽培园地：KIB）

Carum carvi 葛缕子

Centella 积雪草属

该属共计1种，在7个园中有种植

Centella asiatica (L.) Urban 积雪草

多年生草本。茎匍匐，细长，节上生根。叶片膜质

Centella asiatica 积雪草（图1）

Centella asiatica 积雪草（图2）

至草质，圆形、肾形或马蹄形，边缘具钝锯齿，基部阔心形。伞形花序梗2~4个，聚生于叶腋；苞片常2；花瓣卵形，紫红色或乳白色。果两侧扁压，圆球形。（栽培园地：SCBG, WHIOB, KIB, XTBG, CNBG, SZBG, GXIB）

Chaerophyllum 细叶芹属

该属共计1种，在1个园中有种植

Chaerophyllum villosum Wall. ex DC. 细叶芹

一年生草本。茎常具外折的长硬毛。基生叶早落或宿存。伞辐2~5；小总苞片2~6，线形；小伞形花序有花9~13；花瓣白色，淡黄色或淡蓝紫色，倒卵形。双悬果线状长圆形，顶端渐尖呈喙状，果棱5条。（栽培园地：WHIOB）

Chamaesium 矮泽芹属

该属共计1种，在1个园中有种植

Chamaesium paradoxum H. Wolff 矮泽芹

二年生草本。主根圆锥形。茎单生，直立，有分枝，中空，基部常残留紫黑色的叶鞘。叶片长圆形。复伞形花序顶生或腋生，花瓣倒卵形，顶端浑圆，基部稍窄。果长圆形，基部略呈心形。（栽培园地：CNBG）

Changium 明党参属

该属共计1种，在1个园中有种植

Changium smyrnioides H. Wolff 明党参

多年生草本。主根纺锤形或长索形。茎直立，侧枝常互生。茎上部叶缩小呈鳞片状或鞘状。伞辐4~10；小总苞片少数；小伞形花序有花8~20，花蕾时略呈淡紫红色，开放后呈白色；花瓣长圆形或卵状披针形。果圆卵形至卵状长圆形，果棱不明显，胚乳腹面深凹，油管多数。（栽培园地：CNBG）

Chuanminshen 川明参属

该属共计1种，在1个园中有种植

Chuanminshen violaceum Sheh et Shan 川明参

多年生草本。根圆柱形。茎直立。基生叶多数，呈莲座状，具长柄；茎上部叶很少，具长柄。无总苞片或仅有1~2，线形，伞辐4~8；小总苞片无或有1~3；花瓣长椭圆形，小舌片细长内曲。分生果卵形或长卵形。（栽培园地：CNBG）

Cicuta 毒芹属

该属共计1种，在2个园中有种植

Cicuta virosa L. 毒芹

多年生粗壮草本。茎单生，直立，圆筒形，中空。叶片三角形或三角状披针形。伞辐6~25，近等长；小总苞片多数，线状披针形；小伞形花序有花15~35；花瓣白色，倒卵形或近圆形。分生果近卵圆形，主棱阔，胚乳腹面微凹。（栽培园地：IBCAS, XJB）

Cnidium 蛇床属

该属共计1种，在4个园中有种植

Cnidium monnieri (L.) Cuss. 蛇床

一年生草本。茎直立或斜上，多分枝，中空，表面具深条棱，粗糙。下部叶具短柄，叶鞘短宽，边缘膜质，上部叶柄全部鞘状。总苞片6~10，线形至线状披针形；伞辐8~20(~30)；小总苞片多数；小伞形花序具花15~20；花瓣白色；分生果长圆状，横剖面近五角形。（栽培园地：SCBG, XTBG, LSBG, CNBG）

Conioselinum 山芎属

该属共计 1 种，在 1 个园中有种植

Conioselinum chinense (L.) Britton 山芎

多年生草本。茎直立，上部分枝，圆柱形，具细条纹。茎生叶具柄；叶片卵形至三角状卵形。总苞片 1~2；伞辐 10~13，略不等长；小总苞片 5~8，线形。分生果长圆形，合生面油管 4。（栽培园地：CNBG）

Conium 毒参属

该属共计 1 种，在 1 个园中有种植

Conium maculatum L. 毒参

二年生草本。茎中空，多分枝。叶片二回羽状分裂，基生叶有长柄，茎生叶仅有叶鞘。总苞片 4~6，卵状披针形，下垂；伞辐 10~20，不等长；小总苞片 5~6，卵形，基部合生。果近卵圆形或卵形。（栽培园地：XJB）

Coriandrum 芫荽属

该属共计 1 种，在 6 个园中有种植

Coriandrum sativum L. 芫荽

一年生或二年生，具强烈气味的草本。根纺锤形。茎圆柱形，直立，多分枝。叶片一或二回羽状全裂。伞辐 2~8；小总苞片 2~5，线形，全缘；小伞形花序有孕花 3~9，花白色或带淡紫色。果圆球形，背面主棱及相邻的次棱明显。（栽培园地：SCBG, WHIOB, XTBG, XJB, LSBG, CNBG）

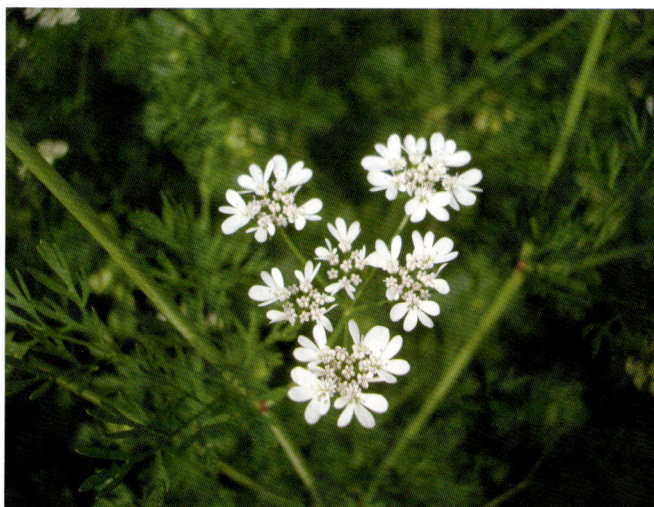

Coriandrum sativum 芫荽（图 2）

Cryptotaenia 鸭儿芹属

该属共计 1 种，在 5 个园中有种植

Cryptotaenia japonica Hassk. 鸭儿芹

多年生草本。茎直立，光滑，有分枝。小叶片卵状披针形至窄披针形，边缘有不规则的尖锐重锯齿，两

Cryptotaenia japonica 鸭儿芹（图 1）

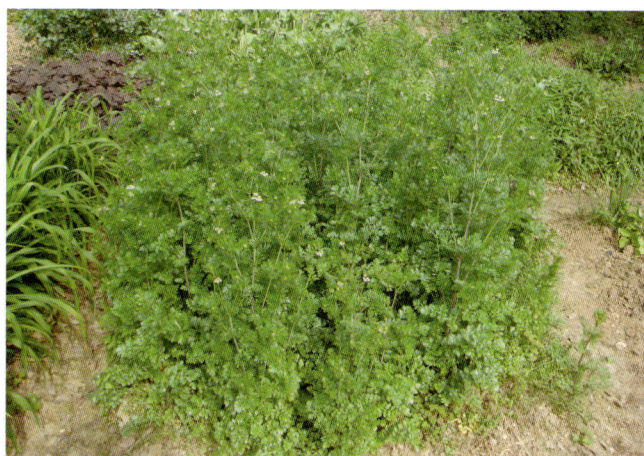

Coriandrum sativum 芫荽（图 1）

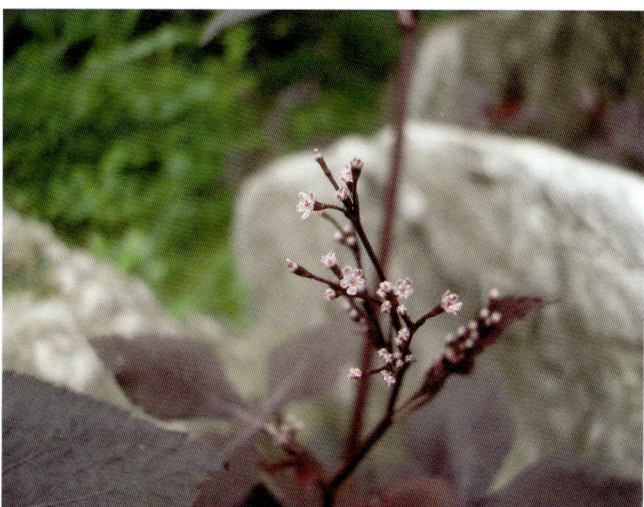

Cryptotaenia japonica 鸭儿芹（图 2）

Heracleum oreocharis H. Wolff 山地独活

多年生草本。茎圆柱形，有纵沟纹，中空。基生叶具长柄，茎上部叶渐简化。总苞片常早脱落；伞辐20~25；小伞形花序直径1~2cm；小总苞片线形，多数；花瓣白色，二型。（栽培园地：CNBG）

Heracleum rapula Franch. 鹤庆独活

多年生草本。茎圆筒形，有沟纹或棱，茎下部叶三出式羽状分裂，裂片有柄；茎上部叶逐渐简化。总苞片缺；伞辐18~25；小总苞片4~6，线形，短于花柄。果倒卵状圆形。（栽培园地：KIB）

Heracleum souliei de Boiss. 康定独活

多年生草本。茎直立，有纵沟槽及沟纹，被有白色长茸毛。基生叶有长柄；茎生叶与基生叶相似，叶柄短；茎上部的叶柄具膨大的叶鞘。无总苞片；伞辐30~35，被有细毛；小伞形花序有花20余朵；小总苞片线形，少数。果椭圆形。（栽培园地：CNBG）

Hydrocotyle 天胡荽属

该属共计11种，在10个园中有种植

Hydrocotyle calcicola Y. H. Li 石山天胡荽

多年生草本。茎纤细，拉长和爬行。叶柄长0.7~3cm，无毛；托叶小，近肾形，膜质，不规则浅裂；叶片圆形至肾形。小总苞片披针形；花瓣白色。果球形，无毛，常覆盖着紫色的污渍。（栽培园地：XTBG）

Hydrocotyle chinensis (Dunn) Craib 中华天胡荽

多年生匍匐草本，除托叶、苞片、花柄无毛外，其余均被疏或密而反曲的柔毛，茎节着土后易生须根。叶片薄，圆肾形；托叶膜质，卵圆形或阔卵形。伞形花序单生于节上，腋生或与叶对生，花序梗常长过叶柄；小伞形花序有花25~50。果近圆形，黄色或紫红色。（栽培园地：XTBG, SZBG）

Hydrocotyle chinensis 中华天胡荽

Hydrocotyle himalaica P. K. Mukh. 喜马拉雅天胡荽

多年生匍匐草本，茎、叶柄与花序梗密被柔毛与暗紫棕色毛。叶片圆形或肾形，浅5~7裂。伞形花序密集生于节上，花序梗常长过叶柄；花瓣白色、黄色或紫红色。果球形，褐色至紫红色。（栽培园地：WHIOB, XTBG）

Hydrocotyle leucocephala Cham. et Schltdl. 香香草

多年生匍匐草本。叶片肉质，近圆形或肾形。花序生于茎的叶腋处，花序梗长于叶柄，伞形花序有花18~26，密生成球形的头状花序；果扁圆形，基部心形，光滑，成熟后常呈黄褐色。（栽培园地：WHIOB）

Hydrocotyle nepalensis Hook. 红马蹄草

多年生草本。茎匍匐。叶片膜质至硬膜质，圆形或肾形。伞形花序数个簇生于茎端叶腋，花序梗短于叶柄；小伞形花序有花20~60，常密集成球形的头状花序；花瓣卵形，白色或乳白色。果基部心形，两侧扁压，成熟后常呈黄褐色或紫黑色。（栽培园地：SCBG, WHIOB, KIB, XTBG, GXIB）

Hydrocotyle nepalensis 红马蹄草

Hydrocotyle pseudoconferta Masam. 密伞天胡荽

多年生匍匐草本。叶片硬膜质至纸质，肾形或圆肾形。小伞形花序有少至多数花，花无柄或有极短的柄；花瓣卵形，淡绿色至白色，有透明黄色腺点。果基部心形，中棱及背棱在果熟干燥时明显地凸起。（栽培园地：XTBG）

Hydrocotyle sibthorpioides Lam. 天胡荽

多年生草本，有气味。茎细长而匍匐。叶片膜质至草质，圆形或肾圆形。伞形花序与叶对生，单生于节上；小总苞片卵形至卵状披针形；小伞形花序有花5~8，花无柄或有极短的柄，花瓣卵形，绿白色，有腺点。果略呈心形，幼时表面草黄色，成熟时有紫色斑点。（栽培园地：SCBG, WHIOB, XTBG, LSBG, CNBG, SZBG, GXIB）

Hydrocotyle sibthorpioides 天胡荽

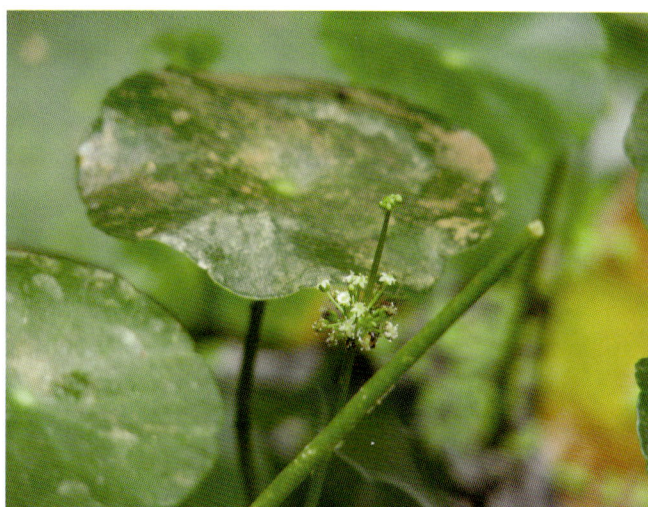

Hydrocotyle vulgaris 香菇草（图1）

Hydrocotyle sibthorpioides Lam. var. **batrachium** (Hance) Hand.-Mazz. ex Shan 破铜钱

　　本变种与原变种的区别为：叶片较小，3~5深裂几达基部，侧面裂片间有一侧或两侧仅裂达基部1/3处，裂片均呈楔形。（栽培园地：LSBG, CNBG, SZBG）

Hydrocotyle verticillata Thunb. 轮生香菇草

　　多年生水生草本，与香菇草 Hydrocotyle vulgaris 很相似，茎细长而匍匐；轮伞花序。（栽培园地：IBCAS, WHIOB, SZBG）

Hydrocotyle vulgaris 香菇草（图2）

成熟时紫褐色或黄褐色，有紫色斑点。（栽培园地：XTBG）

Levisticum 欧当归属

该属共计1种，在3个园中有种植

Levisticum officinale Koch. 欧当归

　　多年生草本，全株有香气。根茎肥大。茎直立，光滑无毛。基生叶和茎下部叶二至三回羽状分裂，有长柄。总苞片7~11，小总苞片8~11，均为宽披针形至线状披针形；小伞形花序近圆球形，花黄绿色。分生果椭圆形，黄褐色。（栽培园地：IBCAS, WHIOB, XTBG）

Libanotis 岩风属

该属共计2种，在2个园中有种植

Libanotis buchtormensis (Fisch.) DC. 岩风

　　多年生亚灌木状草本。茎单一或数茎丛生。基生叶

Hydrocotyle verticillata 轮生香菇草

Hydrocotyle vulgaris L. 香菇草

　　多年生挺水或湿生草本；株高5~15cm。茎顶端呈褐色。沉水叶具长柄，圆盾形，直径2~4cm，缘波状，草绿色。花两性；伞形花序；小花白粉色。（栽培园地：SCBG, IBCAS, WHIOB, XTBG, GXIB, XMBG）

Hydrocotyle wilfordii Maxim. 肾叶天胡荽

　　多年生草本。茎直立或匍匐，高15~45cm。叶片膜质至草质，圆形或肾圆形。小总苞片膜质，细小，具紫色斑点；花瓣卵形，白色至淡黄色。果幼时草绿色，

多数丛生，叶片长圆形或长圆状卵形。复伞形花序多分枝，伞辐30~50；小伞形花序有花25~40；小总苞片8~15(~20)，线形或线状披针形；花瓣白色，近圆形。分生果椭圆形，果棱尖锐突起，密生短粗毛。（栽培园地：WHIOB）

Libanotis iliensis (Lipsky) Korovin 伊犁岩风

多年生草本。茎圆柱形，有显著条纹突起，并有浅纵沟槽。叶片阔三角状卵形。总苞片5~10，伞辐10~15(~20)，小总苞片5~10，卵状披针形；花瓣白色，长圆形。分生果长圆形或椭圆形，密生柔毛，横剖面略呈五角形。（栽培园地：XJB）

Ligusticum 藁本属

该属共计10种，在7个园中有种植

Ligusticum capillaceum H. Wolff 细苞藁本

多年生草本，全株被白色糙毛。叶基生。伞辐(4~)10~20，小总苞片与总苞片同形，裂片线形，常具白毛；花瓣白色或紫红色，倒卵形，具内折小尖头。幼果两侧扁压；背棱槽内油管1~2，侧棱槽内油管2~3，合生面油管4~6。（栽培园地：CNBG）

Ligusticum sinense cv. Chuanxiong S. H. Qiu et al. 川芎

多年生草本。根具浓烈香气。茎直立，上部多分枝，

Ligusticum sinense cv. Chuanxiong 川芎

下部茎节膨大呈盘状。叶片卵状三角形。总苞片3~6；伞辐7~24；小总苞片4~8；花瓣白色，倒卵形至心形。幼果两侧扁压，背棱槽内油管1~5，合生面油管6~8。（栽培园地：WHIOB, KIB, XTBG）

Ligusticum gyirongense Shan et H. T. Chang 吉隆藁本

多年生草本。根颈密被纤维状枯萎叶鞘。茎直立，具纵沟纹。茎生叶少，且渐简化。复伞形花序果期直径达5cm；总苞片5，伞辐12，长2~2.5cm；小总苞片5~8，与总苞片同形；花瓣倒卵形，白色。分生果长圆状卵形，每棱槽油管1~2，合生面油管2~4。（栽培园地：CNBG）

Ligusticum hispidum (Franch.) Wolff 毛藁本

多年生草本，全株被白色长毛。叶片长圆状披针形，末回裂片线形，具小尖头。花序梗常极短缩；伞辐(8~)12~22；小总苞片多数；花瓣白色，卵形，顶端具内折小尖头。分生果背腹扁压；背棱槽内油管1，侧棱槽内油管2，合生面油管4。（栽培园地：CNBG）

Ligusticum jeholense (Nakai et Kitag.) Nakai et Kitag. 辽藁本

多年生草本。根茎较短。叶具柄，基生叶柄长可达19cm；叶片宽卵形。总苞片2；伞辐8~16；小总苞片8~10；花瓣白色，长圆状倒卵形。分生果背腹扁压，椭圆形。（栽培园地：IBCAS, XTBG, CNBG）

Ligusticum oliverianum (de Boiss.) Shan 膜苞藁本

多年生草本。根颈被有纤维状残留叶鞘。茎多条簇生，直立或斜上。基生叶及茎下部叶具长柄。总苞片5~10；伞辐6~13，长1~2cm；小总苞片5~10；花瓣白色，长圆状倒卵形。分生果背腹扁压，长圆形至长圆状卵形；每棱槽内油管1，合生面油管4。（栽培园地：SCBG）

Ligusticum sikiangense Hiroe 川滇藁本

多年生草本。叶片披针形，茎生叶少。总苞片2~3，伞辐5~8(~10)，小总苞片5~7；花瓣阔倒卵形。分生果阔卵形，果棱明显突起成窄翅。（栽培园地：CNBG）

Ligusticum sinense Oliv. 藁本

多年生草本。根茎发达，具膨大的结节。叶片宽三角形。总苞片5~6(~10)，伞辐15~30，小总苞片5~8；花白色，花瓣倒卵形。分生果幼嫩时宽卵形，成熟时长圆状卵形。（栽培园地：WHIOB, LSBG, CNBG）

Ligusticum tachiroei (Franch. et Sav.) Hiroe et Constance 岩茴香

多年生草本。茎较纤细，常呈"之"字形弯曲。基

生叶具长柄，叶片卵形。总苞片2~7，伞辐6~10，小总苞片5~8；花瓣白色，长卵形至卵形。分生果卵状长圆形，主棱突出。（栽培园地：CNBG）

Ligusticum tenuissimum (Nakai) Kitagawa **细叶藁本**

多年生草本。根分叉，有浓烈香气。茎下部叶柄长可达20cm。总苞片1~2，伞辐10~18，小总苞片5~8；花瓣白色，倒卵形。分生果椭圆形，背棱突起，侧棱扩大成翅。（栽培园地：LSBG, CNBG）

Nothosmyrnium 白苞芹属

该属共计2种，在3个园中有种植

Nothosmyrnium japonicum Miq. **白苞芹**

多年生草本。茎直立，分枝，有纵纹。叶片卵状长圆形。总苞片3~4，伞辐7~15，小总苞片2~5；花白色，花柄线形。果球状卵形，基部略呈心形，果棱线形；油管多数。（栽培园地：LSBG, CNBG）

Nothosmyrnium japonicum 白苞芹

Nothosmyrnium japonicum Miq. var. **sutchuensis** de Boiss. **川白苞芹**

本变种与原变种的区别为：叶裂片为披针形或披针状椭圆形，边缘有不规则的深裂齿。（栽培园地：WHIOB, CNBG）

Notopterygium 羌活属

该属共计1种，在1个园中有种植

Notopterygium franchetii de Boiss. **宽叶羌活**

多年生草本。有发达的根茎。叶片大，长圆状卵形至卵状披针形，边缘有粗锯齿，脉上及叶缘有微毛。总苞片1~3，伞辐10~17(~23)，小总苞片4~5，花瓣淡黄色，倒卵形。分生果近圆形，背棱、中棱及侧棱均

扩展成翅；油管明显。（栽培园地：CNBG）

Oenanthe 水芹属

该属共计6种，在6个园中有种植

Oenanthe benghalensis (Roxb.) Kurz. **短辐水芹**

多年生草本，全体无毛。叶片三角形，末回裂片卵形至菱状披针形。无总苞片；伞辐4~10，较短；小总苞片披针形；小伞形花序有花8~15，花瓣白色，倒卵形。果椭圆形或筒状长圆形，分生果的横剖面半圆形。（栽培园地：SCBG, XTBG）

Oenanthe thomsonii C. B. Clarke **多裂叶水芹**

多年生草本。叶片三角形或长圆形，3~4(~5)回羽状分裂。末回裂片线形。无总苞片。伞辐4~12。小总苞片线形。幼果近球形。（栽培园地：WHIOB）

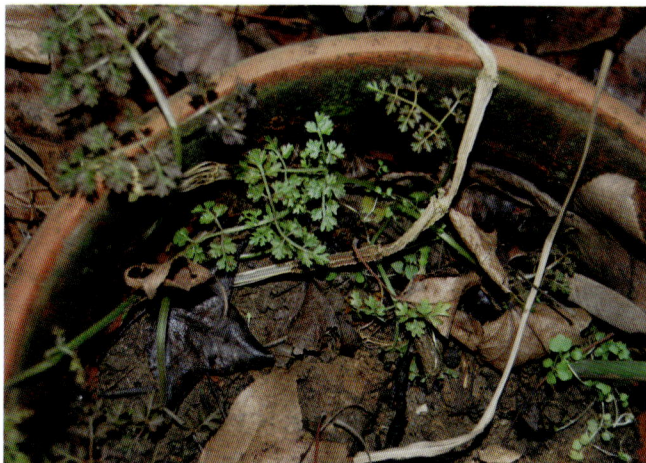

Oenanthe thomsonii 多裂叶水芹

Oenanthe hookeri C. B. Clarke **高山水芹**

多年生草本，光滑。叶片常简化呈线形至狭卵状三角形。总苞片1或无，伞辐4~8，小总苞片3~5，线形；花瓣白色，倒卵形。果卵形或近圆形，分生果横剖面半圆形。（栽培园地：WHIOB）

Oenanthe javanica (Blume) DC. **水芹**

多年生草本。基生叶有柄；叶片三角形，边缘有牙齿或圆齿状锯齿。无总苞片或偶有1；伞辐6~16(~30)，小总苞片2~8，线形；花瓣白色，倒卵形。果近于四角状椭圆形或筒状长圆形，分生果横剖面近于五边状的半圆形。（栽培园地：SCBG, IBCAS, WHIOB, XTBG, LSBG, CNBG）

Oenanthe javanica (Blume) ssp. **rosthornii** (Diels) Pu **卵叶水芹**

多年生草本，粗壮。茎下部匍匐，有棱，被柔毛。叶片广三角形或卵形。无总苞片；伞辐10~24，小总

Oenanthe javanica 水芹（图1）

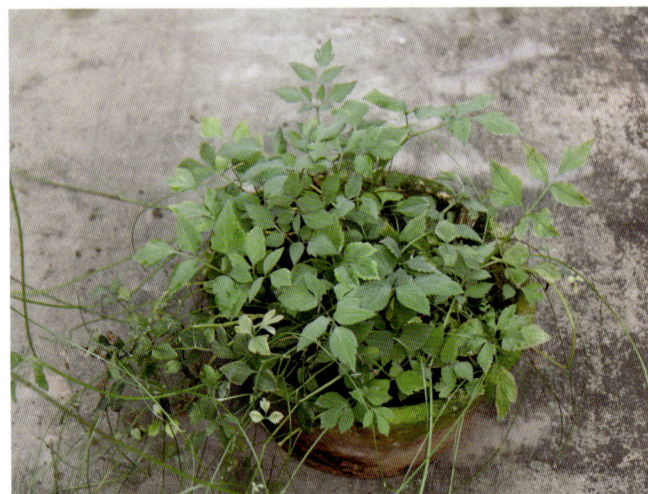

Oenanthe javanica 水芹（图2）

苞片披针形，花瓣白色，倒卵形。果椭圆形或长圆形，分生果横剖面半圆形。（栽培园地：WHIOB）

Oenanthe linearis Wall. ex DC. 线叶水芹

多年生草本。茎直立。叶有柄，叶片广卵形或长三角形。总苞片1或无，伞辐3~12，小总苞片少数，线形；花瓣白色，倒卵形。果近四方状椭圆形或球形。（栽培园地：SCBG, IBCAS, WHIOB, LSBG, XTBG）

Osmorhiza 香根芹属

该属共计1种，在2个园中有种植

Osmorhiza aristata (Thunb.) Rydberg 香根芹

多年生草本。主根圆锥形，具香气。基生叶片阔三角形或近圆形。总苞片1~4，伞辐3~5，小总苞片4~5，线形；小伞形花序有孕育花1~6，花瓣倒卵圆形。果线形或棍棒状，果棱有刺毛，基部的刺毛较密。（栽培园地：LSBG, CNBG）

Ostericum 山芹属

该属共计3种，在5个园中有种植

Ostericum citriodorum (Hance) Yuan et Shan 隔山香

多年生草本，全株光滑无毛。基生叶及茎生叶均为二至三回羽状分裂，叶柄长5~30cm，基部略膨大成短三角形的鞘，稍抱茎，长0.5~1.5cm。花白色，萼齿明显，三角状卵形；花瓣倒卵形，顶端内折。（栽培园地：SCBG, LSBG, GXIB）

Ostericum citriodorum 隔山香

Ostericum grosseserratum (Maxim.) Kitag. 大齿山芹

多年草本；除花序下稍有短糙毛外，其余无毛。叶有柄；叶片广三角形，薄膜质；最上部叶简化为带小叶的线状披针形叶鞘。总苞片4~6，伞辐6~14，小总苞片5~10；花白色；萼齿三角状卵形。分生果广椭圆形。（栽培园地：WHIOB, CNBG）

Ostericum viridiflorum (Turcz.) Kitag. 绿花山芹

多年生草本。茎表皮常带紫红色，具纵深沟纹。叶片近三角形。总苞片2~3，伞辐10~18，小总苞片3~9；花瓣绿色，卵形。分生果倒卵形至长圆形，基部凹入，金黄色，背棱线形，突出，侧棱翅状，与果体近等宽。（栽培园地：CNBG）

Pastinaca 欧防风属

该属共计 1 种，在 1 个园中有种植

Pastinaca sativa L. 欧防风

二年生草本，常光滑无毛。叶片长圆形或卵形；茎生叶有明显开展的叶鞘。总苞片常缺少；伞辐 10~30，无小总苞片；花瓣黄色，卵圆形。分生果卵圆形至倒卵形，背棱和中棱明显，侧棱有翅。（栽培园地：WHIOB）

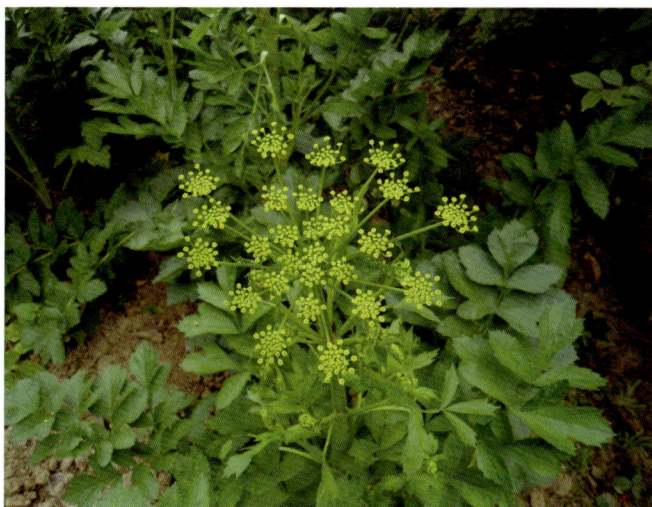

Pastinaca sativa 欧防风

Petroselinum 欧芹属

该属共计 1 种，在 2 个园中有种植

Petroselinum crispum (Mill.) Hill 欧芹

二年生草本，光滑。叶片深绿色，表面光亮。总苞片 1~2；伞形花序有伞辐 10~25(~30)；小伞花序有花 20，小总苞片 6~8，线形或线状钻形；花瓣长0.5~0.7mm。果卵形，灰棕色。（栽培园地：IBCAS，WHIOB）

Peucedanum 前胡属

该属共计 10 种，在 5 个园中有种植

Peucedanum baicalense (Redous) Koch. 兴安前胡

多年生草本。茎单一，圆柱形，光滑无毛。叶片长圆形。总苞片 1~3，伞辐 10~15，小总苞片 6~8，花瓣倒心形，白色。分生果椭圆形，背棱及中棱线形突起，侧棱狭翅状。（栽培园地：CNBG）

Peucedanum dielsianum Fedde ex H. Wolff 竹节前胡

多年生草本。根下端表皮灰褐色，有明显节痕。基生叶数片，具长柄，叶片广三角状卵形。无总苞片或偶有 1~2，伞辐 12~26，小总苞片 2~4，花瓣长圆形，弯曲，小舌片细长内折，白色。分生果长椭圆形。（栽培园地：CNBG）

Peucedanum henryi Wolff 鄂西前胡

多年生草本。根长纺锤形，基生叶小，叶柄与叶片近等长。无总苞片和小总苞片；伞辐 5~6，小伞形花序有花近 20 朵；花瓣长圆形，非常弯曲，淡黄色至黄绿色。果椭圆形，背部十分扁压。（栽培园地：WHIOB）

Peucedanum japonicum Thunb. 滨海前胡

多年生粗壮草本，常呈蜿蜒状。茎圆柱形，曲折，具粗条纹显著突起，光滑无毛。总苞片 2~3 或缺如，伞辐 15~30，小总苞片 8~10；花瓣紫色，少为白色，卵形至倒卵形。分生果长圆状卵形至椭圆形。（栽培园地：CNBG, KIB）

Peucedanum japonicum 滨海前胡（图 1）

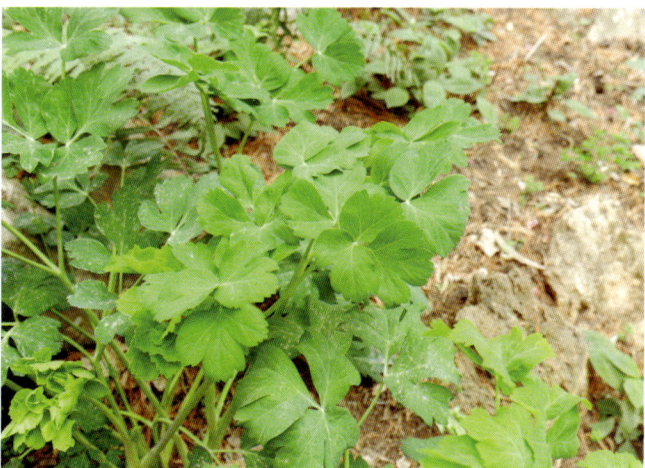

Peucedanum japonicum 滨海前胡（图 2）

Peucedanum mashanense Shan et Sheh 马山前胡

多年生草本。基生叶多数，具柄；叶片三角状卵形或阔三角状卵形。无总苞片；伞辐 9~18，小总苞片

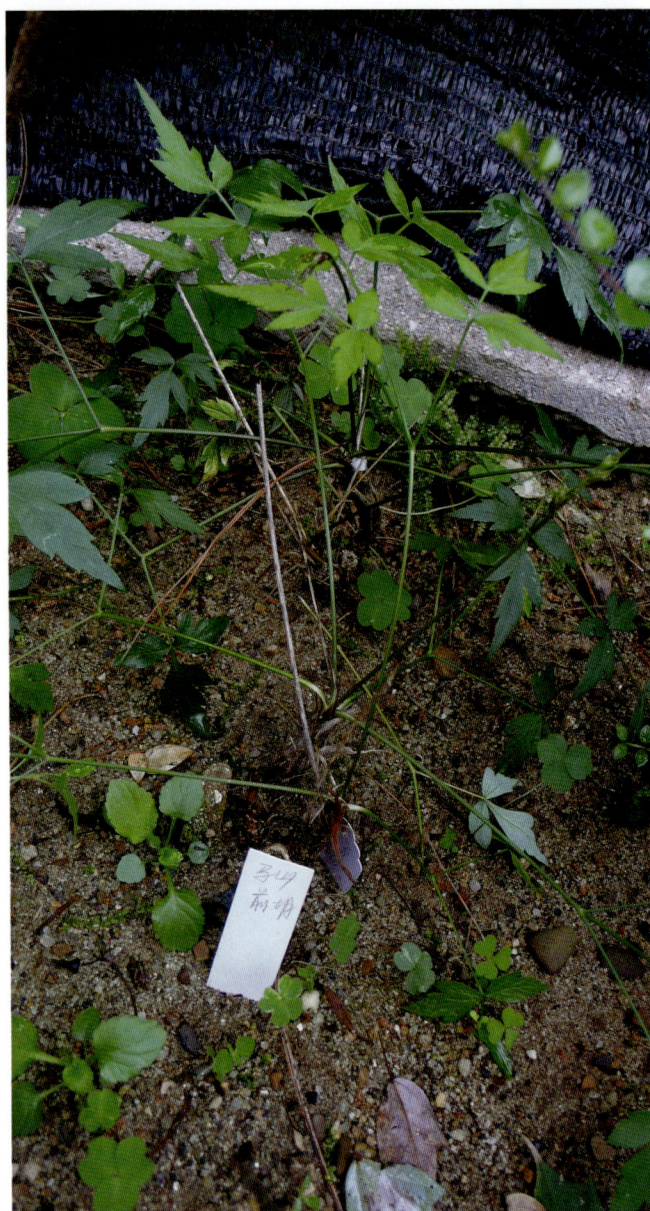

Peucedanum mashanense 马山前胡

4~5；花瓣长卵形，白色。分生果椭圆形，棕褐色。（栽培园地：GXIB）

Peucedanum medicum Dunn 华中前胡

多年生草本。茎光滑无毛。叶具长柄，基部有宽阔叶鞘；叶片广三角状卵形。伞形花序很大，直径7~15cm；总苞大早脱落；伞辐15~30或更多；小总苞片多数，线状披针形；花瓣白色；果椭圆形。（栽培园地：WHIOB）

Peucedanum praeruptorum Dunn 白花前胡

多年生草本。茎圆柱形，下部无毛，上部分枝多有短毛。叶片宽卵形或三角状卵形。总苞片无或1至数片，伞辐6~15，小总苞片8~12，小伞形花序有花15~20；花瓣卵形，小舌片内曲，白色。果卵圆形，棕色，有稀疏短毛。（栽培园地：SCBG, WHIOB, KIB, CNBG）

Peucedanum terebinthaceum (Fisch.) Ledeb. 石防风

多年生草本。基生叶有长柄，叶片椭圆形至三角状卵形。伞辐8~20，总苞片无或1~2，小总苞片6~10；花瓣白色，具淡黄色中脉。分生果椭圆形或卵状椭圆形。（栽培园地：KIB）

Peucedanum turgeniifolium H. Wolff 长前胡

多年生草本。叶片卵圆形，边缘具粗锯齿。伞辐5~12(~20)，小总苞片8~12；花瓣近圆形，白色。分生果卵状椭圆形，有稀疏短柔毛，背棱和中棱线形突起，侧棱呈狭翅状。（栽培园地：CNBG）

Peucedanum wawrae (H. Wolff) Su 泰山前胡

多年生草本。基生叶具柄，叶片三角状扁圆形。总苞片1~3或缺如，伞辐6~8，小总苞片4~6；花瓣白色。分生果卵圆形至长圆形，有绒毛。（栽培园地：CNBG）

Pimpinella 茴芹属

该属共计8种，在3个园中有种植

Pimpinella candolleana Wight et Arn. 杏叶防风

多年生草本。基生叶4~10，有柄；叶片不分裂，心形。常无总苞片，伞辐(6~)10~25，小总苞片1~6；花瓣白色，间或微带红色，倒心形。果卵球形，基部心形，有瘤状突起，果棱线形。（栽培园地：XTBG）

Pimpinella diversifolia DC. 异叶茴芹

多年生草本。叶片异形，基生叶有长柄。无总苞片或1~5，伞辐6~15(~30)，小总苞片1~8；花瓣倒卵形，白色。幼果卵形，有毛，成熟的果卵球形，果棱线形。（栽培园地：WHIOB, XTBG, CNBG）

Pimpinella diversifolia 异叶茴芹

Pimpinella fargesii de Boiss. 城口茴芹

多年生草本。直根或须根。基生叶有柄，茎中、下部叶与基生叶同形。常无总苞片或偶见 1，伞辐 (7~)15~25，小总苞片 1~5；花瓣卵形、倒卵形，白色。果卵球形，基部心形，微被柔毛，果棱不明显。（栽培园地：WHIOB）

Pimpinella komarovii (Kitag) Shan et Pu 辽翼茴芹

多年生草本。基生叶和茎下部叶有柄，叶片三角形。无总苞片；伞辐 9~15，小总苞片 1~3；花瓣卵形或倒卵形，白色。果卵形，无毛，果棱不明显。（栽培园地：CNBG）

Pimpinella rhomboidea Diels 菱叶茴芹

多年生草本。基生叶少，茎中、下部叶与基生叶同形。总苞片无或 1~5，伞辐 10~25，小总苞片 2~5；花瓣长圆形，白色，果成熟后花柱向两侧弯曲，长约为果长的 1/2。果柄长 3~5mm；果卵球形，基部心形。（栽培园地：WHIOB）

Pimpinella rockii H. Wolff 丽江茴芹

多年生草本。茎细柔。基生叶有细长的叶柄；叶片不分裂，心形或近圆形；茎中、下部叶与基生叶同形。总苞片 1~2，伞辐 6~15，小总苞片 1~4；花瓣阔倒卵形，白色微带紫色。幼果卵形，密被毛，果棱线形。（栽培园地：XTBG）

Pimpinella smithii H. Wolff 直立茴芹

多年生草本。基生叶和茎下部叶有柄。无总苞片或偶见 1，伞辐 5~25，小总苞片 2~8；花瓣卵形、阔卵形，白色。果柄极不等长，果卵球形，果棱线形，有稀疏的短柔毛。（栽培园地：CNBG）

Pimpinella yunnanensis (Franch.) H. Wolff 云南茴芹

多年生草本。茎常单生，纤细，分枝少。基生叶 3~9；叶片不分裂，心状披针形或近于长三角形。无总苞片或 1~4，伞辐 8~20，小总苞片 1~10；花瓣卵形，阔卵形，白色。果卵球形，基部心形，有毛，果棱线形。（栽培园地：XTBG）

Pleurospermum 棱子芹属

该属共计 3 种，在 3 个园中有种植

Pleurospermum astrantioideum (de. Boiss.) K. T. Fu et Y. C. Ho 雅江棱子芹

多年生草本，常带紫红色。茎显著短缩，基生叶与茎生叶同形。生于短缩茎顶端的复伞形花序有伞辐 15~25，总苞片叶状；小总苞片倒卵形。花密集；花瓣白色，或白色略带绿色，倒披针形至狭倒披针形。果卵形，果棱呈不规则的三角形齿牙。（栽培园地：CNBG）

Pleurospermum wilsonii de Boiss. 粗茎棱子芹

多年生草本。茎圆柱状，淡紫色。叶片长圆形或长圆状披针形。总苞片 5~8，伞辐 7~15，小总苞片 5~8；花多数；花瓣白色或淡黄绿色，宽卵圆形。果长圆形，暗绿色，果棱呈较宽的波状褶皱。（栽培园地：SCBG）

Pleurospermum rivulorum (Diels) Hiroe 心叶棱子芹

多年生草本。根粗壮，有浓的当归香味。基生叶长可达 30cm，叶柄长 7~8cm；总苞片 3~4，伞辐 15~20，小总苞片 6~8；花瓣绿白色，倒心形。果长圆形，暗褐色，果棱有狭翅。（栽培园地：KIB）

Pternopetalum 囊瓣芹属

该属共计 3 种，在 3 个园中有种植

Pternopetalum davidii Franch. 囊瓣芹

多年生草本。茎中部以上一般只有 1 片叶。基生叶有长柄，叶柄纤细；茎生叶无柄或有短柄。无总苞片；伞辐 6~25，小总苞片 2~3；花瓣白色，长倒卵形。果圆卵形，果棱上具丝状细齿。（栽培园地：WHIOB）

Pternopetalum nudicaule (de Boiss.) Hand.-Mazz. 裸茎囊瓣芹

多年生草本。茎光滑。叶全部基生，叶柄细长，基部有褐色宽膜质叶鞘。复伞形花序无总苞片；伞辐 10~30，小总苞片 2~3；花瓣白色，长倒卵形，基部狭窄，顶端凹缺内折。果长卵形。（栽培园地：WHIOB）

Pternopetalum trichomanifolium (Franch.) Hand.-Mazz. 膜蕨囊瓣芹

多年生草本。叶几乎全部基生，有长柄；叶片菱形。无总苞片；伞辐 6~40，小总苞片 2~4；花瓣白色，倒

Pternopetalum trichomanifolium 膜蕨囊瓣芹（图1）

Pternopetalum trichomanifolium 膜蕨囊瓣芹（图2）

卵形。果狭长卵形。（栽培园地：SCBG, SZBG）

Sanicula 变豆菜属

该属共计 4 种，在 5 个园中有种植

Sanicula chinensis Bunge 变豆菜

多年生草本。基生叶少数，茎生叶逐渐变小，有柄

Sanicula chinensis 变豆菜（图1）

Sanicula chinensis 变豆菜（图2）

或近无柄。花序二至三回叉式分枝，总苞片叶状，常3深裂；伞形花序2~3；小总苞片8~10，花瓣白色或绿白色，倒卵形至长倒卵形。果圆卵形，顶端萼齿成喙状突出，皮刺直立，顶端钩状，基部膨大。（栽培园地：SCBG, WHIOB, LSBG, CNBG）

Sanicula giraldii H. Wolff 首阳变豆菜

多年生草本。基生叶多数，肾圆形或圆心形；茎生叶掌状分裂，裂片倒卵形或卵状披针形。总苞片叶状、对生，小总苞片细小；花瓣白色或绿白色、宽倒卵形。果卵形至宽卵形，表面具钩状皮刺，皮刺金黄色或紫红色。（栽培园地：CNBG）

Sanicula lamelligera Hance 薄片变豆菜

多年生矮小草本。基生叶圆心形或近五角形；最上部的茎生叶小。总苞片细小，伞辐3~7，小总苞片4~5；花瓣白色、粉红色或淡蓝紫色，倒卵形。果长卵形或卵形，成熟后成短而直的皮刺，刺决不成钩状；分生果的横剖面呈圆形。（栽培园地：GXIB）

Sanicula orthacantha S. Moore 直刺变豆菜

多年生草本。基生叶少至多数，圆心形或心状五角形；茎生叶略小于基生叶。总苞片3~5，伞形花序3~8；小总苞片约5；花瓣白色、淡蓝色或紫红色，倒卵形。果卵形，外面有直而短的皮刺，皮刺不呈钩状。（栽培园地：SCBG, WHIOB, LSBG, CNBG）

Sanicula orthacantha 直刺变豆菜

Saposhnikovia 防风属

该属共计 1 种，在 5 个园中有种植

Saposhnikovia divaricata (Turcz.) Schischk 防风

多年生草本。根头处被有纤维状叶残基及明显的环纹。茎单生。基生叶丛生，叶片卵形或长圆形，茎

Saposhnikovia divaricata 防风

生叶与基生叶相似，但较小，顶生叶简化。无总苞片，伞辐 5~7；小总苞片 4~6；花瓣倒卵形，白色。双悬果狭圆形或椭圆形。（栽培园地：IBCAS, WHIOB, KIB, XTBG, CNBG）

Seseli 西风芹属

该属共计 1 种，在 1 个园中有种植

Seseli mairei Wolff 竹叶西风芹

多年生草本。茎常单一，光滑无毛。基生叶 2 至

Seseli mairei 竹叶西风芹

多数，叶柄常很长；上部叶片线形。总苞片无或少，伞辐 5~7，小总苞片 6~10；花瓣黄色或淡黄色，形状多样。分生果卵状长圆形，略带紫色，横剖面略呈五边形。（栽培园地：KIB）

Sium 泽芹属

该属共计 2 种，在 3 个园中有种植

Sium medium Fisch. et Mey. 中亚泽芹

多年生草本，光滑。基生叶或较下部叶的叶柄长 6~15cm，具叶鞘，抱茎；叶片长圆形或卵形。总苞片 8~9，伞辐 15~23，小总苞片 9~10；花白色。果卵形；分生果横剖面近五边形。（栽培园地：SCBG, WHIOB）

Sium suave Walt. 泽芹

多年生草本，光滑。有成束的纺锤状根和须根。叶片长圆形至卵形；上部的茎生叶较小。总苞片 6~10，伞辐 (8~)10~20；花白色。果卵形，分生果的果棱肥厚，近翅状。（栽培园地：IBCAS, WHIOB）

Tongoloa 东俄芹属

该属共计 3 种，在 3 个园中有种植

Tongoloa silaifolia (de Boiss.) Wolff 城口东俄芹

多年生草本。基生叶和下部的茎生叶有柄，叶片阔披针形。伞辐 8~22，小总苞片无或 1~5；花瓣紫红色，长倒卵形。分生果圆心形或阔卵形，合生面收缩。（栽培园地：WHIOB）

Tongoloa stewardii Wolff 牯岭东俄芹

多年生草本。基生叶柄长 10~38cm，叶片阔三角形。

Tongoloa stewardii 牯岭东俄芹

总苞片 1~3，伞辐 11~15，小总苞片 3~6；花瓣白色，卵圆形至倒卵形。果圆心形，主棱 5 条，胚乳腹面微凹。（栽培园地：SCBG, LSBG）

Tongoloa tenuifolia Wolff 细叶东俄芹

多年生草本。基生叶少数，叶片阔三角形或三角状菱形。无总苞片和小总苞片；伞辐 6~11；花瓣通常白色，有时带有淡红色，倒卵圆形。幼果阔卵形，主棱明显，次棱不显著，分生果横剖面近五角形。（栽培园地：WHIOB）

Torilis 窃衣属

该属共计 2 种，在 4 个园中有种植

Torilis japonica (Houtt.) DC. 小窃衣

一年或多年生草本。茎有纵条纹及刺毛。叶片长卵形。总苞片 3~6，伞辐 4~12，小总苞片 5~8；花瓣白色、紫红色或蓝紫色，倒圆卵形。果圆卵形，常具内弯或呈钩状的皮刺。（栽培园地：WHIOB, KIB, LSBG）

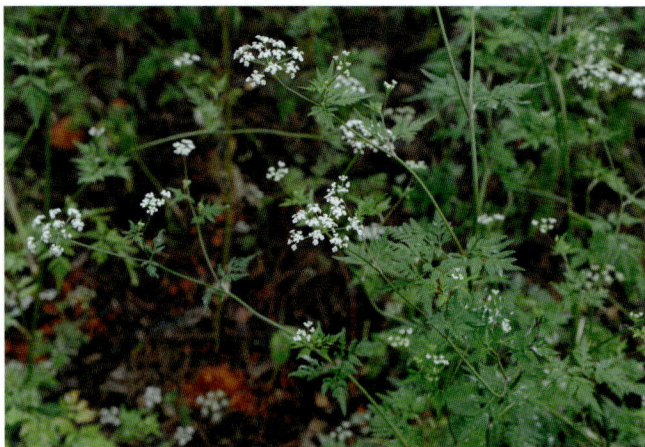

Torilis japonica 小窃衣

Torilis scabra (Thunb.) DC. 窃衣

一年或多年生草本。总苞片常无，稀有 1 钻形或线形的苞片；伞辐 2~4(~5)，粗壮，有纵棱及向上紧贴的粗毛。果长圆形。（栽培园地：LSBG, GXIB）

Torilis scabra 窃衣

Trachyspermum 糙果芹属

该属共计 1 种，在 1 个园中有种植

Trachyspermum roxburghianum (DC.) H. Wolff 滇南糙果芹

一年生草本。叶柄细长，叶片卵形，上部叶片变小，线状或披针状。总苞片和小苞片少数，伞辐 4~12，小伞形花序有花 12~20。果卵球形，具浓密微粗毛或后脱落。（栽培园地：XTBG）

Turgenia 刺果芹属

该属共计 1 种，在 1 个园中有种植

Turgenia latifolia (L.) Hoffm. 刺果芹

一年生草本。茎密被短柔毛和开展的灰白色刺毛。叶片长圆形。总苞片 (3~)4~5，伞辐 2~5，小总苞片常 5，小伞形花序有花 3~4，两性花的 1 个花瓣特大，倒肾形。果卵形。（栽培园地：WHIOB）

Urticaceae 荨麻科

该科共计 165 种，在 11 个园中有种植

草本、亚灌木或灌木，稀乔木或攀援藤本，有时有刺毛；钟乳体点状、杆状或条状，在叶或有时在茎和花被的表皮细胞内隆起。茎常富含纤维，有时肉质。叶互生或对生，单叶；托叶存在，稀缺。花极小，单性，稀两性，风媒传粉，花被单层，稀 2 层；花序雌雄同株或异株，若同株时常为单性，有时两性，由若干小的团伞花序排成聚伞状、圆锥状、总状、伞房状、穗状、串珠式穗状、头状，有时花序轴上端发育成球状、杯状或盘状多少肉质的花序托，稀退化成单花。雄花：花被片 4~5，有时 3 或 2，稀 1，覆瓦状排列或镊合状排列；雄蕊与花被片同数，花药 2 室；胚珠 1，直立。果为瘦果，有时为肉质核果状，常包被于宿存的花被内。

Archiboehmeria 舌柱麻属

该属共计 1 种，在 2 个园中有种植

Archiboehmeria atrata (Gagnep.) C. J. Chen 舌柱麻

灌木或半灌木。叶片膜质或近膜质，卵形至披针形。雄花具长梗或短梗，卵状椭圆形；雌花无梗，花被稍带绿色；柱头舌状，其内密生曲柔毛。瘦果卵形，淡绿色，具疣状突起。（栽培园地：SCBG, GXIB）

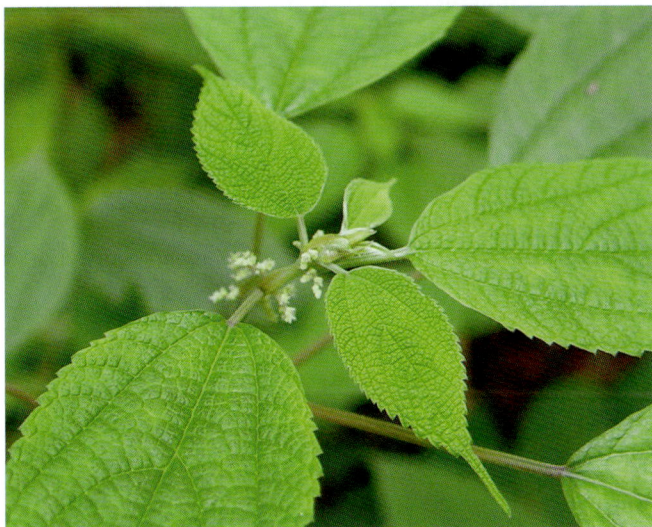

Archiboehmeria atrata 舌柱麻

Boehmeria 苎麻属

该属共计 22 种，在 9 个园中有种植

Boehmeria clidemioides Miq. var. **diffusa** (Wedd.) Hand.-Mazz. 序叶苎麻

多年生草本或亚灌木。茎常多分枝。叶互生，或有时茎下部少数叶对生。穗状花序顶端有叶。（栽培园地：WHIOB, XTBG, LSBG）

Boehmeria densiglomerata W. T. Wang 密球苎麻

多年生草本。叶片心形或圆卵形，宽 5.2~8cm，背面伏毛稍密。雌穗状花序长达 5cm，团伞花序互相邻接。瘦果卵球形或狭倒卵球形，长 1~1.2mm，光滑。（栽培园地：XTBG）

Boehmeria dolichostachya W. T. Wang 长序苎麻

亚灌木。茎上部密被糙伏毛。叶对生；叶片基部心形或近心形，边缘具粗牙齿（牙齿长达 7~9mm）。雌花的花被狭菱形，长约 0.8mm，果期宽菱状倒卵形，长约 1.4mm，顶端具 2 小齿，外面上部疏被短糙伏毛。瘦果与果期花被同形，长约 1.2mm，光滑。（栽培园地：GXIB）

Boehmeria dolichostachya 长序苎麻

Boehmeria formosana Hayata 海岛苎麻

多年生草本或亚灌木。叶片长圆状卵形、长圆形或披针形，边缘在基部之上具多数牙齿。果期呈菱状倒卵形至宽菱形。瘦果近球形，直径约 1mm。（栽培园地：WHIOB）

Boehmeria gracilis C. H. Wright 细野麻

亚灌木或多年生草本；茎和分枝疏被短伏毛。叶边缘在基部之上有牙齿，两面疏被短伏毛，叶背面近无毛。果期呈菱状倒卵形，瘦果卵球形，长约 1.2mm，基部有短柄。（栽培园地：WHIOB, LSBG）

Boehmeria formosana 海岛苎麻

Boehmeria hamiltoniana Wedd. 细序苎麻

灌木；小枝无毛。叶片狭卵形或长圆形，边缘有不明显小浅钝齿。两性花序或雌花序不分枝，纤细，长达 26cm；果期稍增大；柱头与花被近等长。（栽培园地：XTBG）

Boehmeria japonica (L.) Miq. 野线麻

亚灌木或多年生草本。茎高 0.7~1.5m，茎上部或分支密被糙伏毛。叶对生，叶片坚纸质，近圆形、圆形至卵形，基部宽楔形、近圆形或截形，先端长渐尖或不明显 3 骤尖，边缘疏生不整齐的粗锯齿，上部常有重锯齿，上面粗糙，生短糙伏毛，下面沿脉网生短柔毛；叶柄长 6~8cm；托叶披针形。花单性，雌雄同株，穗状花序腋生；雌花簇位于雄花簇上方；花细小，绿色，雄花花萼 4 裂，雄蕊 2~4；雌花簇密集。瘦果细小，长倒卵形，有白毛，多数聚集成球状。（栽培园地：SCBG, WHIOB, XTBG, LSBG）

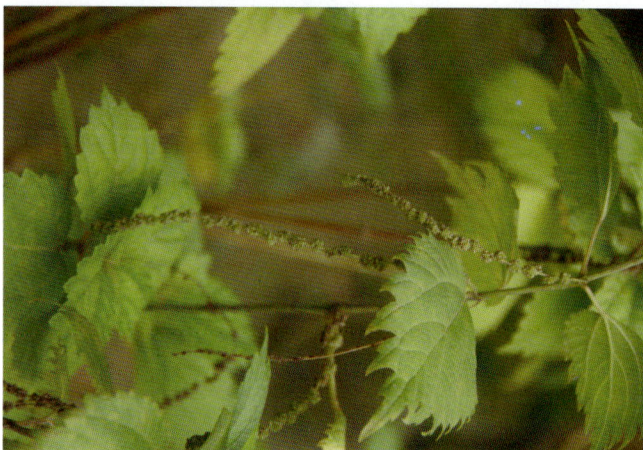

Boehmeria japonica 野线麻

Boehmeria macrophylla Hornem. 水苎麻

亚灌木或多年生草本。茎上部有疏或稍密的短伏毛。叶片卵形或椭圆状卵形，顶端长骤尖或渐尖，基部圆形或浅心形，叶面稍粗糙，叶柄长 0.8~8cm。雌花被纺

锤形或椭圆形，长约 1mm，顶端有 2 小齿，外面上部有短毛。（栽培园地：SCBG, XTBG）

Boehmeria macrophylla Hornem. var. canescens (Wedd.) Long 灰绿苎麻

本变种的叶片长达 20cm，顶端短骤尖，背面多少呈灰绿色；叶柄长达 10cm。雌花序在近基部分枝，枝向上直展。（栽培园地：XTBG）

Boehmeria macrophylla Hornem. var. scabrella (Roxb.) Long 糙叶水苎麻

本变种的叶片较小，长 4.5~7cm，宽 2~4cm，叶面粗糙，脉网下陷，呈泡状，背面脉网明显隆起；叶柄较短，长达 4cm；花序常不分枝，或有较少分枝。（栽培园地：SCBG, XTBG）

Boehmeria malabarica Wedd. 腋球苎麻

灌木；当年生枝密被开展和近贴伏的短柔毛。叶基部边缘在基部之上具多数尖或钝的小牙齿，叶面稍粗糙，有短伏毛；叶柄密被开展和近贴伏的短柔毛。雌花花被狭椭圆形，外面密被柔毛。（栽培园地：XTBG）

Boehmeria malabarica Wedd. var. leioclada W. T. Wang 光枝苎麻

本变种的当年生小枝及叶柄无毛或上部具疏伏毛；叶面无毛；花雌雄异株；小坚果褐色，狭倒卵形，长约 1.2mm，光滑。（栽培园地：XTBG）

Boehmeria nivea (L.) Gaudich. 苎麻

亚灌木或灌木；茎上部与叶柄均密被开展的长硬毛和近开展和贴伏的短糙毛。叶面稍粗糙，疏被短伏毛，背面密被雪白色毡毛；托叶分生，钻状披针形。果期菱状倒披针形，瘦果近球形，基部突缩成细柄。（栽培园地：SCBG, WHIOB, KIB, XTBG, LSBG, CNBG, GXIB, XMBG）

Boehmeria nivea 苎麻（图 1）

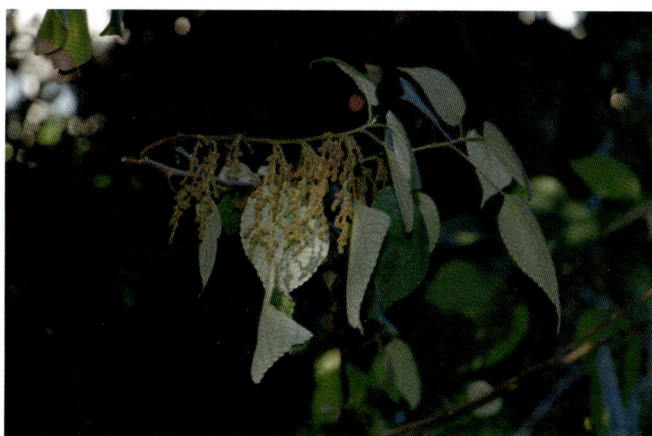

Boehmeria nivea 苎麻（图 2）

Boehmeria nivea (L.) Gaudich. var. tenacissima (Gaudich.) Miq. 青叶苎麻

本变种与原变种的区别为：茎和叶柄密或疏被短伏毛；叶片多为卵形或椭圆状卵形，顶端长渐尖，基部多为圆形或宽楔形，常较小，背面疏被短伏毛，绿色，或有薄层白色毡毛；托叶基部合生。（栽培园地：SCBG, LSBG, GXIB）

Boehmeria penduliflora Wedd. 长叶苎麻

灌木。叶片披针形或条状披针形，长 14~25cm，无毛或有疏短毛，很快变无毛。雌穗状花序长 6~32cm；雌花被长 1.6~2.2mm，顶部圆形。瘦果本身椭圆球形或卵球形，周围具翅。（栽培园地：WHIOB）

Boehmeria pilosiuscula (Blume) Hassk. 疏毛苎麻

亚灌木或多年生草本。叶片斜椭圆形或椭圆状卵形，叶面稍粗糙，疏被短伏毛，背面沿脉网有短柔毛。穗状花序长 0.8~2cm，团伞花序互相邻接，顶部团伞花序雄性，其他的雌性；柱头与花被近等长。瘦果倒卵球形。（栽培园地：XTBG）

Boehmeria polystachya Wedd. 歧序苎麻

灌木。小枝近方形，无毛或上部有疏伏毛。叶片宽卵形、圆卵形或卵形，叶面有稀疏短糙伏毛，背面无毛。圆锥花序或只含雌团伞花序或同时有雄的和雌的团伞花序，长达 8cm，分枝近平展，有短毛；瘦果菱状倒卵球形。（栽培园地：XTBG）

Boehmeria siamensis Craib 束序苎麻

灌木。芽卵形或狭卵形。叶片狭卵形、椭圆形或狭椭圆形；叶柄长 0.2~1cm。穗状花序 2~4 条腋生，团伞花序互相邻接，苞片长 2.5~3.5mm；雌花被纺锤形，果期呈菱状狭倒卵形或仍为纺锤形。瘦果卵球形。（栽培园地：SCBG, XTBG）

Boehmeria spicata (Thunb.) Thunb. 小赤麻

多年生草本或亚灌木。叶片卵状菱形或卵状宽菱形，边缘每侧在基部之上有 4~7 个大牙齿（上部牙齿常狭三角形）。穗状花序不分枝；雌花被近狭椭圆形，齿不明显，外面有短柔毛，果期呈菱状倒卵形或宽菱形。（栽培园地：WHIOB, LSBG）

Boehmeria tomentosa Wedd. 密毛苎麻

灌木；当年生枝密被淡褐黄色绒毛。叶片近圆形、圆卵形或宽卵形，叶面多少密被短伏毛，背面幼时密被短绒毛。退化雌蕊近柱形，长约 0.8mm。雌花被纺锤形或椭圆形，果期时长达 1.5~2mm，外面在中部之上密被柔毛；柱头与花被近等长。（栽培园地：WHIOB）

Boehmeria tricuspis (Hance) Makino 悬铃木叶苎麻

亚灌木或多年生草本。叶片扁五角形或扁圆卵形，顶部近截形，基部截形或浅心形。花序为圆锥花序，有时雌花序为不分枝的穗状花序；雌花被椭圆形，外面有密柔毛，果期呈楔形至倒卵状菱形；柱头长 1~1.6mm。（栽培园地：SCBG, IBCAS, WHIOB, LSBG, CNBG）

Boehmeria tricuspis 悬铃叶苎麻

Boehmeria zollingeriana Wedd. 帚序苎麻

灌木；枝条常蔓生，无毛。叶片卵形或宽卵形。雄团伞花序生当年枝下部叶腋，雌团伞花序生当年枝上部叶腋，并多数组成分枝或不分枝的长穗状花序，雄

花无毛，雌花被狭椭圆形或纺锤形。瘦果斜宽椭圆球形，光滑。（栽培园地：WHIOB, XTBG）

Chamabainia 微柱麻属

该属共计 1 种，在 1 个园中有种植

Chamabainia cuspidata Wight 微柱麻

多年生草本。叶对生；菱状卵形或卵形。团伞花序单性，雄花序的苞片卵形、三角形至披针形。雄花花梗长达 3mm；雌花被椭圆形或倒卵形，果期菱状宽倒卵形或倒卵形，周围有狭翅。瘦果近椭圆球形，暗褐色，稍带光泽。（栽培园地：WHIOB）

Debregeasia 水麻属

该属共计 4 种，在 5 个园中有种植

Debregeasia longifolia (Burm. f.) Wedd. 长叶水麻

小乔木或灌木；小枝与叶柄密被伸展的灰色或褐色的微粗毛。叶片长圆状或倒卵状披针形，在脉上密生灰色或褐色粗毛。花序生当年生枝、上年生枝和老枝的叶腋，序轴上密被伸展的短柔毛；花被薄膜质，倒卵珠形。瘦果葫芦状，下半部紧缩成柄，宿存花被与果贴生。（栽培园地：WHIOB, KIB, XTBG）

Debregeasia longifolia 长叶水麻

Debregeasia orientalis C. J. Chen 水麻

灌木；小枝与叶柄被贴生的短柔毛。叶片较狭，长圆状狭披针形或条状披针形，叶背面只在脉网内被毡毛，细脉可见；托叶长圆状披针形，顶端 2 浅裂。果序常二至三回二歧分枝，多少具梗，长 1~1.5cm。瘦果下部渐变狭或具短柄。（栽培园地：SCBG, KIB, XTBG）

Debregeasia saeneb (Forssk.) Hepper et Wood 柳叶水麻

大灌木或小乔木；小枝与叶柄被雪白色毡毛和疏生

Debregeasia orientalis 水麻

Debregeasia saeneb 柳叶水麻

伸展的粗毛；叶背面被厚的雪白色毡毛，常覆盖着全部叶脉。花序雌雄异株，生上年生枝和老枝的叶腋，果序二歧分枝或近不分枝，无梗。瘦果下部突然变狭成 1 长柄。（栽培园地：KIB）

Debregeasia squamata King ex Hook. f. 鳞茎水麻

落叶矮灌木。皮刺肉质，弯生，长 2~5mm，红色，

Debregeasia squamata 鳞茎水麻（图 1）

Debregeasia squamata 鳞茎水麻（图2）

Dendrocnide amplissima 树火麻

贴生稀疏的短柔毛。叶片卵形或心形，侧脉常3对。花序生当年生枝和老枝上，长1~2cm；花被薄膜质，合生成梨形，顶端4齿。瘦果浆果状，橙红色，干时变铁锈色，梨形，具短柄。（栽培园地：SCBG, XTBG, GXIB）

Dendrocnide 火麻树属

该属共计4种，在4个园中有种植

Dendrocnide amplissima (Blume) Chew 树火麻

乔木。花序、叶具刺毛。叶片卵形至卵状心形，顶端渐尖至钝尖；叶柄长而粗壮，带紫色。（栽培园地：XTBG）

Dendrocnide basirotunda (C. Y. Wu) Chew 圆基火麻树

小乔木。叶片宽卵圆形或宽椭圆形，基部圆形呈浅心，侧脉5~8对。花序雌雄异株，圆锥状，长约超过叶柄；雄花5基数。瘦果圆卵形，长约2.5cm。（栽培园地：XTBG）

Dendrocnide sinuata (Blume) Chew 全缘火麻树

常绿灌木或小乔木。叶片形状多变，椭圆形、长圆形或倒卵状披针形，基部常楔形，有时圆形或深心形，边缘全缘、波状、波状圆齿或不整齐的浅牙齿。雄花

Dendrocnide sinuata 全缘火麻树

4 基数。瘦果梨形，鲜时淡绿色，干时变紫黑色。（栽培园地：XTBG, GXIB）

Dendrocnide urentissima (Gagnep.) Chew 火麻树

乔木。树皮灰白色。叶片大，生于枝的顶端，心形，侧脉 5~7 对。花序生小枝近顶部叶腋；雄花序具短梗，雌花序轴和花枝上密生短柔毛和刺毛，常具极小的红色腺点。瘦果近圆形，成熟时变黑红色，两面有明显的疣点。（栽培园地：SCBG, WHIOB, XTBG, GXIB）

Dendrocnide urentissima 火麻树

Elatostema 楼梯草属

该属共计 40 种，在 7 个园中有种植

Elatostema acuminatum (Poir.) Brongn. 渐尖楼梯草

亚灌木。叶片斜狭椭圆形或长圆形，侧脉在狭侧约 3 条。雄花序近无梗；雌花具短梗，花被片 3 片，狭披针形，长约 0.4mm。瘦果椭圆球形，具 7~9 条纵肋。（栽培园地：SCBG, XTBG）

Elatostema asterocephalum W. T. Wang 星序楼梯草

多年生小草本。叶无柄或具极短柄，无毛；叶片斜椭圆形或斜狭倒卵形。雄花序单生茎顶叶腋，苞片 2 片，雄花被片 4~5 片，狭长圆形，苞片狭三角形或条状披针形；雌花被不明显，子房长约 0.2mm，柱头与子房近等长。（栽培园地：GXIB）

Elatostema backeri H. Schroter 滇黔楼梯草

多年生草本。叶具极短柄；叶片斜狭椭圆形，边缘自基部之上至顶端密具锯齿，钟乳体明显。雄花序腋生，苞片约 5 片，长方状倒卵形；雄花花梗扁，长约 2mm，花被片 5 片，狭椭圆形，外面顶部具疏柔毛，顶端之下有长约 0.5mm 的角状突起；雄蕊 5 枚。（栽培园地：WHIOB）

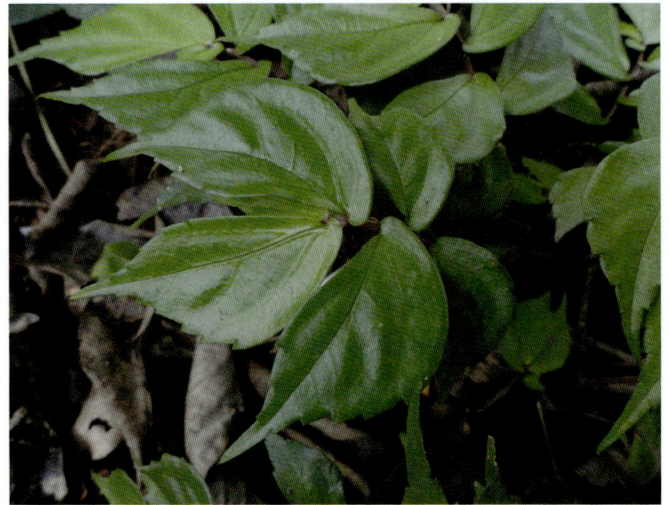

Elatostema asterocephalum 星序楼梯草

Elatostema baiseense W. T. Wang 百色楼梯草

小亚灌木。叶柄极短；叶片斜卵形，边缘自基部之上至顶端具 3~5 枚粗锯齿，钟乳体明显。（栽培园地：GXIB）

Elatostema baiseense 百色楼梯草

Elatostema balansae Gagnep. 华南楼梯草

多年生草本。叶片斜椭圆形至长圆形，钟乳体常明显，极密。雄花序单生叶腋，具短梗；苞片 6 片，小苞片密集，白色；雄花多数，花蕾小。雌花序 1~2 个腋生。瘦果椭圆球形或椭圆状卵球形，长 0.5~0.6mm。（栽培园地：SCBG）

Elatostema binatum W. T. Wang et Y. G. Wei 对序楼梯草

多年生草本。叶具短柄，无毛，叶片斜倒卵形或斜椭圆形，钟乳体极密，杆状；托叶披针状条形。雄花序成对腋生，具短梗，花序托近方形，长度及宽度均 6.5mm，苞片无；雄花多数，密集，无毛；花被片 4 片，椭圆形；雄蕊 4 枚，花药椭圆球形。（栽培园地：GXIB）

Elatostema coriaceifolium W. T. Wang 革叶楼梯草

多年生草本。茎侧扁，具棱，稍带红色。叶柄极短或不明显；叶片革质，斜倒卵形，边缘近顶端具 1~3 枚疏锯齿，钟乳体明显。雄花序腋生。（栽培园地：GXIB）

Elatostema coriaceifolium 革叶楼梯草

Elatostema cuneatum Wight 稀齿楼梯草

多年生矮小草本。茎仅高 2.5~5cm。叶片斜菱状倒卵形，钟乳体稀疏，长 0.3~0.5mm；茎中部之下有退化叶（长 3~5mm）。雌花序无梗，有多数花；花序托圆形；小苞片多数，密集，匙状条形。瘦果卵球形。（栽培园地：XTBG）

Elatostema dissectum Wedd. 盘托楼梯草

多年生草本。叶无柄或近无柄，无毛，叶片斜长圆形或长圆状披针形，钟乳体明显。雄花序有长梗，长 1.5~8cm；花序托椭圆形或近长方形；雄花被片 4 片，船状长圆形。雌花序无梗或具短梗，具多数花；雌花近无梗或有长梗，花被片不明显。瘦果狭卵球形。（栽培园地：XTBG）

Elatostema edule C. B. Rob. 海南楼梯草

多年生草本。茎无毛。叶具短柄或近无柄；叶片斜

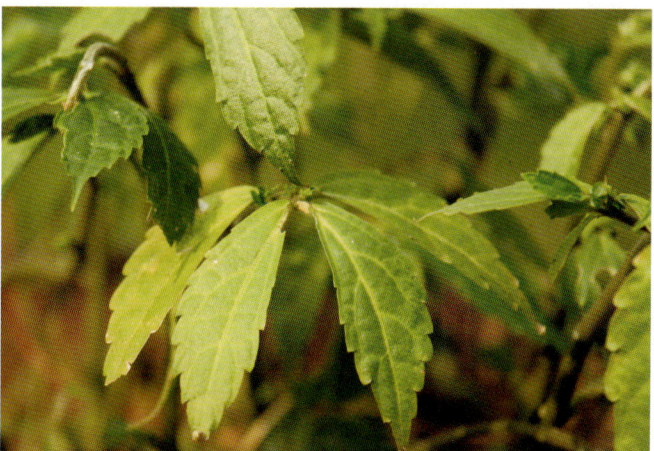

Elatostema edule 海南楼梯草

椭圆形，钟乳体密而明显。花序雌雄异株。雌花序常成对腋生，有短梗；苞片不明显；小苞片多数，密集，匙形或匙状条形，顶部有短柔毛。瘦果宽椭圆球形，约具 8 条纵肋。（栽培园地：SCBG）

Elatostema gyrocephalum W. T. Wang et Y. G. Wei 圆序楼梯草

多年生草本。叶具短柄，叶片斜椭圆形或斜长圆形，钟乳体稍密，杆状；托叶条状披针形或条形。雌花序成对腋生，无梗，近圆形，苞片数个，三角形。瘦果暗紫色，近长圆形，具 4 条不明显纵肋。（栽培园地：GXIB）

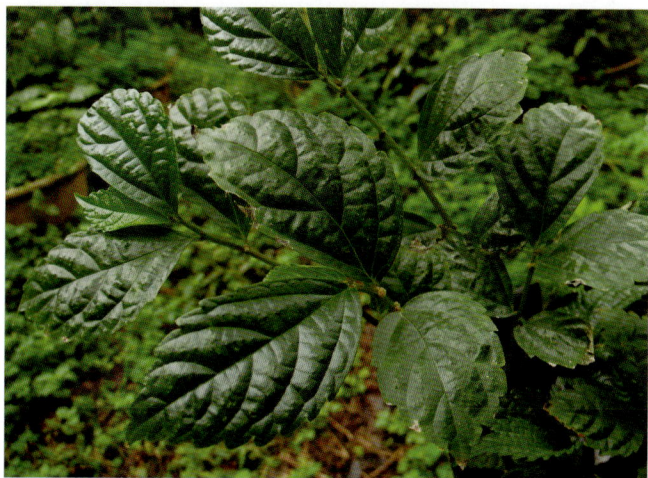

Elatostema gyrocephalum 圆序楼梯草

Elatostema hechiense W. T. Wang et Y. G. Wei 河池楼梯草

多年生草本。叶具短柄或无柄，叶片斜长圆形或斜椭圆形，钟乳体密或稍密；托叶膜质，披针状条形。雌花序单生叶腋，有短梗，苞片约 6 片，三角形；小苞片多数，条形。瘦果椭圆状球形，具 6 条纵肋。（栽培园地：GXIB）

Elatostema huanjiangense W. T. Wang et Y. G. Wei 环江楼梯草

多年生草本。叶具短柄，叶片斜椭圆形或长圆状椭圆形，钟乳体密集，不明显；叶柄粗壮，托叶早落。雌花序成对腋生，具极短梗，花序梗粗壮，苞片三角形，小苞片密集，条形。幼瘦果长圆形，顶端有小柱头。（栽培园地：GXIB）

Elatostema integrifolium (D. Don) Wedd. 全缘楼梯草

多年生草本或亚灌木。叶片斜长椭圆形、斜倒披针形或斜椭圆形，钟乳体明显，密。雄花序无梗，雄花有梗，花被片 4 片。雌花序具极短梗。瘦果椭圆球形，约有 8 条纵肋。（栽培园地：XTBG）

Elatostema integrifolium (D. Don) Wedd. var. **tomentosum** Hook. f. 朴叶楼梯草

本变种和原变种的区别为：茎及小枝，有时叶背面，

Elatostema huanjiangensis 环江楼梯草

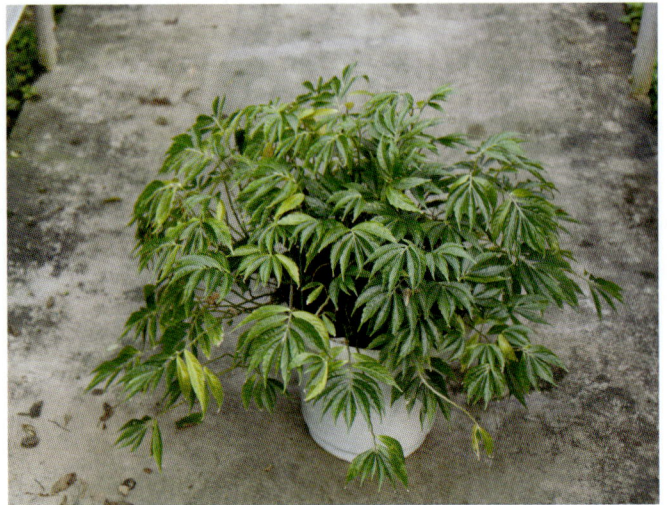

Elatostema lineolatum 狭叶楼梯草

被近贴伏或贴伏的糙毛。（栽培园地：XTBG）

Elatostema involucratum Franch. et Sav. 楼梯草

多年生草本。茎肉质，无毛，稀上部有疏柔毛。叶无柄或近无柄；叶片斜倒披针状长圆形或斜长圆形，钟乳体明显，密。雄花序有梗，花序托不明显。雌序具极短梗，小苞片条形，有睫毛。瘦果卵球形，有少数不明显纵肋。（栽培园地：SCBG, WHIOB, XTBG, LSBG）

Elatostema laevissimum W. T. Wang 光叶楼梯草

亚灌木。叶无柄或短柄；叶片斜狭椭圆形，钟乳体缺；托叶狭三角形，早落。雄花序常簇生，具短梗；苞片正三角形或卵形；雄花花被片4片，椭圆状狭倒卵形。雌花序无梗或具短梗；花序托极小。瘦果卵球形，约有5条纵肋。（栽培园地：WHIOB）

Elatostema lasiocephalum W. T. Wang 毛序楼梯草

多年生草本。茎上部被开展的柔毛。叶无柄，叶片斜狭椭圆形，边缘有牙齿，表面被糙伏毛，背面被贴伏的短柔毛，钟乳体稍稀疏。雄花序单个腋生，具细长梗；雄花具梗；花被片3~4片，椭圆形。雌花序无梗，单生叶腋。瘦果褐色，狭卵球形，有10条细纵肋。（栽培园地：WHIOB）

Elatostema lineolatum Wight 狭叶楼梯草

亚灌木。茎多分枝；密被贴伏或开展的短糙毛。叶无柄或具极短柄；叶片斜倒卵状长圆形或斜长圆形，钟乳体稍明显或不明显，密；托叶小。雄花序有多数密集的花；花序托小；雄花被片4片，狭椭圆形。雌花被不明显。瘦果椭圆球形，约具7条纵肋。（栽培园地：SCBG, WHIOB, KIB, GXIB）

Elatostema macintyrei Dunn 多序楼梯草

亚灌木。茎常分枝，无毛或上部疏被短柔毛，钟乳

体极密。叶片斜椭圆形或斜椭圆状倒卵形，两面无毛，钟乳体极明显，极密。雄花序数个腋生，有梗。雌花序5~9个簇生，有梗。瘦果椭圆球形，约有10条纵肋。（栽培园地：WHIOB, XTBG）

Elatostema mashanense W. T. Wang et Y. G. Wei, ined. 马山楼梯草

多年生草本。茎细，密被向上展的短糙伏毛。叶无柄或具短柄，叶片椭圆形或狭倒卵形，边缘在基部之上具小牙齿或圆齿，钟乳体极密。雌花序单生叶腋，小苞片多数，极密，匙状条形或条形。雌花花被不明显，子房狭椭圆球形，画笔状柱头与子房等长。（栽培园地：GXIB）

Elatostema mashanense 马山楼梯草

Elatostema megacephalum W. T. Wang 巨序楼梯草

多年生草本。茎无毛，钟乳体密集。叶片斜椭圆形，尖头下部边缘有疏齿，半离基三出脉，侧脉每侧约5条；叶柄长1.5~12mm，无毛；托叶披针形或宽披针形，无毛。花序雌雄异株，单生叶腋；雄花序有梗，花序梗长5~7mm，无毛；花序托近圆形，椭圆形或长圆形，

长 13~23mm。（栽培园地：XTBG）

Elatostema menglunense W. T. Wang et G. D. Tao 勐仑楼梯草

多年生草本。茎下部被贴伏反曲短柔毛，叶面被糙伏毛，背面脉上具柔毛，托叶较小，多呈披针形。雄花序托较小，苞片具长 5.5~6mm 的角状长突起。（栽培园地：XTBG）

Elatostema microcarpun W. T. Wang et Y. G. Wei 小果楼梯草

多年生小草本。叶无柄或具极短柄，叶片斜倒卵形或斜椭圆形，钟乳体极密。雌花序单生叶脉，具短梗，花序托宽长圆形，苞片约 8 片，三角形。瘦果狭卵球形，具 6 条纵肋。（栽培园地：GXIB）

Elatostema monandrum (D. Don) H. Hara 异叶楼梯草

多年生矮小草本。茎下部具白色疏柔毛。叶片斜楔形、斜椭圆形或斜披针形，钟乳体明显，较稀疏。雄花序近无梗，苞片约 2 片，卵形；小苞片披针形至条形；花被片 4 片，淡紫色。雌花序有多数密集的花。瘦果有梗，狭长椭圆球形或纺锤形。（栽培园地：XTBG）

Elatostema monandrum (D. Don) H. Hara var. **ciliatum** (Hook. f.) Murti 锈毛楼梯草

本变种与原变种的区别为：茎密被锈色小软鳞片；茎上部叶与下部叶近等大或稍长，叶较小，长 1~1.5cm，叶仅沿叶缘处有钟乳体。（栽培园地：XTBG）

Elatostema obtusidentatum W. T. Wang 钝齿楼梯草

亚灌木。叶无柄或具极短柄，叶片斜狭长圆形或长圆状倒披针形，钟乳体明显，密；托叶钻形。雄花序具梗，单生叶腋，花密集分枝顶端；苞片条状披针形。雄花蕾 4 基数，花被片外面有短突起。（栽培园地：GXIB）

Elatostema parvum (Blume) Miq. 小叶楼梯草

多年生草本。茎下部常卧地生根，密被反曲的糙毛。叶片斜倒卵形、斜倒披针形或斜长圆形，钟乳体多少明显，密。雄花序无梗，近球形，苞片 2~4 片，卵形；花被片 5 片，椭圆形。雌花序无梗，宽椭圆形，有多数密集的花。瘦果狭卵球形。（栽培园地：XTBG）

Elatostema petelotii Gagnep. 樟叶楼梯草

多年生草本。茎无毛。叶片斜椭圆形，钟乳体稍明显，密；叶柄长 1~4mm。雄花序有长梗；雌花序有长梗或近无梗，有多数花；小苞片多数，密集，披针形、匙形或匙状条形；雌花的子房椭圆形，光滑。（栽培

园地：WHIOB）

Elatostema pycnodontum W. T. Wang 密齿楼梯草

多年生草本。茎无毛。叶片斜长圆状披针形或斜狭菱形，边缘自基部之上至顶端具锐锯齿，钟乳体明显或稍明显，较密。雄花序单生茎或分枝顶部叶腋；雄花被片 5 片，疏被柔毛；雄蕊 5 枚。雌花序有多数密集的花。瘦果椭圆状卵球形。（栽培园地：WHIOB）

Elatostema ramosum W. T. Wang var. **villosum** W. T. Wang 密毛多枝楼梯草

多年生草本。分枝多而直，上部具稍密的长柔毛。叶边缘上部每侧有 1~2 枚齿，叶面具短伏毛，背面散生长柔毛，钟乳体较大，长 0.3~0.8mm。瘦果狭卵球形，长约 0.6mm，有 8 条纵肋。（栽培园地：GXIB）

Elatostema ramosum var. **villosum** 密毛多枝楼梯草

Elatostema rupestre (Buch.-Ham.) Wedd. 石生楼梯草

多年生草本。茎有数条纵棱，上部密被短糙毛，下部毛稀疏。叶片斜长椭圆形或倒卵状长椭圆形，钟乳体密而明显。雌花序具极短梗；花序托近长方形或椭圆形；小苞片多数，密集，匙形或狭条形，上部具短毛。瘦果卵球形，约有 8 条纵肋。（栽培园地：WHIOB, KIB, XTBG）

Elatostema salvinioides W. T. Wang 迭叶楼梯草

多年生草本。茎具明显的钟乳体。叶片斜长圆形或狭椭圆形，钟乳体只沿边缘及中脉分布，较明显。雄花序单生叶腋，约有 3 朵花。雌花序单生叶腋，无梗；子房椭圆形，画笔头状柱头白色。幼果椭圆球形，具不明显纵肋。（栽培园地：XTBG）

Elatostema stewardii Merr. 庐山楼梯草

多年生草本。茎常具球形或卵球形珠芽。叶片斜椭圆状倒卵形、斜椭圆形或斜长圆形，钟乳体密而明显。雄花苞片 6 片，外方 2 枚较大，宽卵形；雄花被片 5 片。雌花苞片多数，三角形，密被短柔毛，较大的具角状突起。瘦果卵球形，纵肋不明显。（栽培园地：

Elatostema stewardii 庐山楼梯草

LSBG, CNBG）

Elatostema sublineare W. T. Wang **条叶楼梯草**

多年生草本。茎被开展的白色长柔毛和锈色圆形小鳞片。叶片斜倒披针形或斜条状倒披针形，钟乳体密而明显。雄花序具稍长梗，花序托不明显；苞片6片，

Elatostema sublineare 条叶楼梯草（图1）

Elatostema sublineare 条叶楼梯草（图2）

雄花被片4~5片，椭圆形。雌花序有短梗或近无梗，有多数密集的花。瘦果椭圆状卵球形，约有8条纵肋。（栽培园地：WHIOB, GXIB）

Elatostema tenuicaudatum W. T. Wang **细尾楼梯草**

亚灌木。叶无柄；叶片斜长圆形或斜倒披针状长圆形，钟乳体极小，密而明显。雄花序无梗，近球形；苞片数个，宽披针形，雄花被片4片，椭圆形。雌花序无梗，近球形或椭圆形，有密集的花；雌花被片约3片。瘦果椭圆球形，有6条纵肋。（栽培园地：KIB）

Elatostema tenuifolium W. T. Wang **薄叶楼梯草**

多年生草本。茎上部疏被短柔毛。叶片斜长圆形，钟乳体密而明显。雄花序单生叶腋；苞片不存在；小苞片密集，白色。雌花序单生茎上部叶腋；苞片极小，不明显。瘦果卵球形，约有3条纵肋，有少数小瘤状突起。（栽培园地：WHIOB）

Elatostema tianeense W. T. Wang et Y. G. Wei **天峨楼梯草**

多年生草本。茎淡绿白色，肉质。叶片斜狭长圆形或斜倒披针形，钟乳体不明显，稍密。雌花序单生下部叶腋，有梗；苞片约22片。瘦果狭椭圆球形，有6条纵肋。（栽培园地：GXIB）

Elatostema trichocarpum Hand.-Mazz. **疣果楼梯草**

多年生草本。叶片斜椭圆状卵形或斜椭圆形，钟乳体不明显；托叶钻形。花序单生叶腋。雄花序无梗；苞片约12片，长圆状三角形；雄花被片4片，椭圆形。雌花有多数密集的花；苞片10余个；雌花被片约3片。瘦果狭卵球形，具数条不明显的纵肋和不明显的小突起。（栽培园地：WHIOB）

Elatostema yaoshanense W. T. Wang **瑶山楼梯草**

小草本。叶无柄；叶片斜狭椭圆形或菱状斜椭圆形，钟乳体明显，稍密。雄花序具梗，无毛；苞片2片，船形；雄花具梗，无毛，花被片4片，椭圆形。雌花序无梗。瘦果近长圆形，约有10条纵肋。（栽培园地：GXIB）

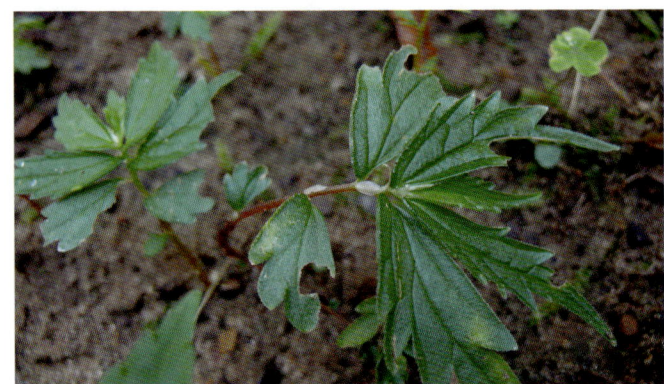

Elatostema yaoshanense 瑶山楼梯草

Girardinia 蝎子草属

该属共计 1 种，在 2 个园中有种植

Girardinia diversifolia (Link.) Friis **大蝎子草**

多年生高大草本。茎生刺毛和细糙毛或伸展的柔毛。叶片宽卵形、扁圆形或五角形；叶柄长 3~15cm；托叶大，长圆状卵形。雌花序生上部叶腋，雄花序生下部叶腋；雄花被片 4 片，卵形；雌花被片大的一枚舟形。瘦果近心形，成熟时变棕黑色，表面有粗疣点。（栽培园地：WHIOB, XTBG）

Gonostegia 糯米团属

该属共计 1 种，在 7 个园中有种植

Gonostegia hirta (Bl.) Miq. **糯米团**

多年生草本。茎蔓生、铺地或渐升。叶对生；叶片宽披针形至狭披针形、狭卵形；托叶钻形。团伞花序腋生；苞片三角形。雄花被片 5 片，雌花被片菱状狭卵形。瘦果卵球形，白色或黑色，具光泽。（栽培园地：SCBG, WHIOB, KIB, XTBG, LSBG, CNBG, GXIB）

Gonostegia hirta 糯米团（图 2）

Laportea 艾麻属

该属共计 5 种，在 3 个园中有种植

Laportea bulbifera (Siebold et Zucc.) Wedd. **珠芽艾麻**

多年生草本。茎在上部常呈"之"字形弯曲，具 5 条纵棱；珠芽 1~3 个，常生于不生长花序的叶腋。叶片卵形至披针形，钟乳体细点状。雄花序生茎顶部以下的叶腋；雌花序生茎顶部或近顶部叶腋。瘦果圆状倒卵形或近半圆形，光滑，具紫褐色细斑点。（栽培园地：WHIOB, LSBG）

Laportea bulbifera (Siebold et Zucc.) Wedd. ssp. **dielsii** (Pamp.) C. J. Chen **螫麻**

本亚种的雌花被片侧生 2 枚在果时显著增大，倒卵状圆形，稍偏斜，与果近等长，外面具几根刺毛和短硬毛。（栽培园地：WHIOB）

Laportea cuspidata (Wedd.) Friis **艾麻**

多年生草本。茎在上部呈"之"字形，具 5 条纵棱。叶片卵形、椭圆形或近圆形，钟乳体细点状。雄花序圆锥状，生雌花序之下部叶腋；雌花序长穗状，生于茎梢叶腋。雌花被片 4 片。瘦果卵形，歪斜，双凸透镜状，绿褐色，光滑。（栽培园地：WHIOB）

Laportea interrupta (L.) Chew **红小麻**

一年生草本。叶片卵形至心形，钟乳体杆状，叶柄纤细，长 3~9cm；雄花具梗，在芽时倒梨形。雌花被片 4 片。瘦果三角形，扁平，边缘有狭的膜质翅，在两面近边缘有 1 圈明显隆起的呈三角形的脊，其内洼陷，具数枚粗疣状突起。（栽培园地：WHIOB）

Laportea violacea Gagnep. **麻风草**

灌木或半灌木。叶片宽卵形或近心形，钟乳体细点

Gonostegia hirta 糯米团（图 1）

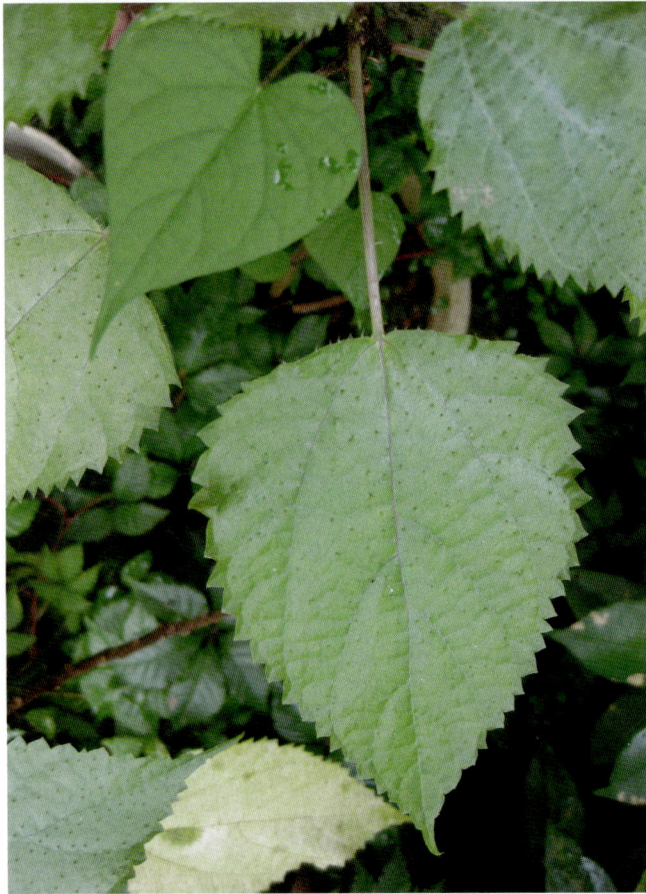

Laportea violacea 麻风草

状，两面密布；托叶三角状卵形。花序狭圆锥状，雄的生雌花序的下部叶腋，雌的生近顶部叶腋。瘦果倒卵形，两面有疣状突起；花梗在果时膨大成倒圆卵形的膜质翅。（栽培园地：GXIB）

Maoutia 水丝麻属

该属共计 1 种，在 1 个园中有种植

Maoutia puya (Hook.) Wedd. 三元麻

灌木。小枝被伸展的褐色或褐灰色粗毛。叶片椭圆形或卵形，钟乳体点状；托叶 2 深裂，裂片条状披针形。花序聚伞状，成对腋生；苞片三角状卵形或披针形。瘦果卵状三角形，有 3 棱，外面疏生短伏毛。（栽培园地：XTBG）

Nanocnide 花点草属

该属共计 2 种，在 5 个园中有种植

Nanocnide japonica Bl. 花点草

多年生小草本。叶片三角状卵形或近扇形，钟乳体短杆状；茎下部的叶柄较长；托叶膜质，宽卵形。雄花序为多回二歧聚伞花序，雄花具梗，紫红色；雌花

序密集成团伞花序，雌花被绿色，倒卵状船形。瘦果卵形，黄褐色，具疣点状突起。（栽培园地：WHIOB，LSBG，CNBG）

Nanocnide lobata Wedd. 毛花点草

一年生或多年生草本。叶片膜质，宽卵形至三角状卵形，两面散生短杆状钟乳体；叶柄在茎下部的长过叶片，茎上部的短于叶片。雄花序常生于枝的上部叶腋；雌花序由多数花组成团聚伞花序。雄花淡绿色；花被片绿色。瘦果卵形，压扁，褐色，有疣点状突起。（栽培园地：SCBG，LSBG，GXIB）

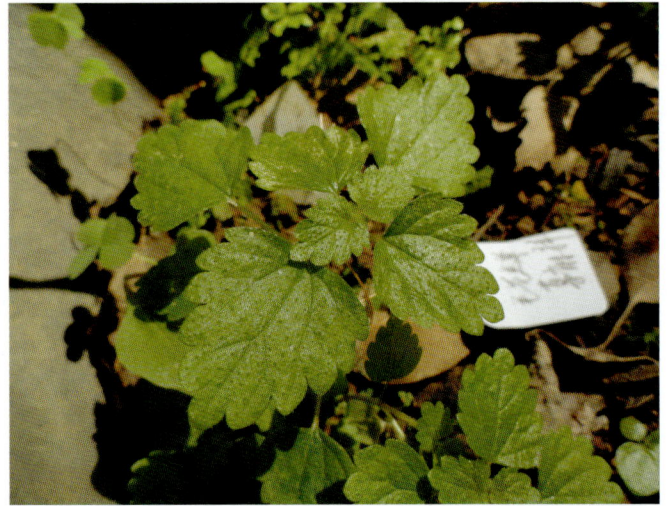

Nanocnide lobata 毛花点草

Oreocnide 紫麻属

该属共计 8 种，在 4 个园中有种植

Oreocnide frutescens (Thunb.) Miq. 紫麻

灌木稀小乔木。叶片卵形、狭卵形，稀倒卵形；叶柄长 1~7cm，被粗毛。雄花被片 3 片，长圆状卵形；

Oreocnide frutescens 紫麻（图 1）

Oreocnide frutescens 紫麻（图 2）

Oreocnide frutescens 紫麻（图 3）

Oreocnide frutescens 紫麻（图 4）

雌花无梗，长 1mm。瘦果卵球状，两侧稍压扁，宿存花被变深褐色。（栽培园地：SCBG, WHIOB, XTBG）

Oreocnide frutescens (Thunb.) Miq. ssp. **occidentalis** C. J. Chen 滇藏紫麻

　　本亚种与原亚种的区别为：本亚种为小乔木，高 3~8m；叶背面淡绿色，仅生短伏毛和短柔毛，常无白色毡毛；雌花序具短梗，长 3~7mm。（栽培园地：

XTBG）

Oreocnide kwangsiensis Hand.-Mazz. 广西紫麻

　　灌木。叶片坚纸质，狭椭圆形至椭圆状披针形；托叶披针形。雄花无梗，花被片 3 片，裂片卵形；雌花圆锥状。果核果状，圆锥形，两侧有明显的棱，基部截形，从底面观为四瓣梅花形；肉质花托壳斗状，肥厚，围以果的中下部。（栽培园地：SCBG, GXIB）

Oreocnide kwangsiensis 广西紫麻

Oreocnide obovata (C. H. Wright) Merr. 倒卵叶紫麻

　　直立灌木或攀援状灌木。枝灰褐色，被粗毛和短柔毛，后渐脱落。叶片倒卵形或狭倒卵形，稀倒披针形。花序二至三回二歧分枝，花序梗上被短粗毛。雄花被片 3 片，稀 2 片，卵形。雌花卵形。瘦果卵形，稍压扁，肉质"花托"盘状，生于果的基部。（栽培园地：WHIOB）

Oreocnide obovata (C. H. Wright) Merr. var. **paradoxa** (Gagnep.) C. J. Chen 凹尖紫麻

　　本变种的小枝、叶柄和叶背面脉上疏生粗毛和较密

Oreocnide obovata var. paradoxa 凹尖紫麻（图 1）

Oreocnide obovata var. **paradoxa** 凹尖紫麻（图 2）

的短柔毛；叶顶端有较深的凹缺或倒心形，具凸尖头，基部钝圆，稀宽楔形，最下一对侧脉自叶上部伸出；花序长 0.5~1.2cm。（栽培园地：WHIOB）

Oreocnide rubescens (Bl.) Miq. 红紫麻

　　常绿小乔木或灌木。叶片坚纸质，长圆形或倒卵状披针形；托叶披针形。雄花近无梗；花被片 4 片；雌花长约 1mm。果核果状，绿色，干时变黑色，圆锥状，外面贴生微糙毛，内果皮稍骨质，肉质“花托”盘状，生于果的基部。（栽培园地：XTBG, GXIB）

Oreocnide rubescens 红紫麻

Oreocnide serrulata C. J. Chen 细齿紫麻

　　灌木。小枝被锈色茸毛。叶片披针形、狭卵形或长圆状披针形，各级脉均明显凹陷使脉网呈泡状，背面淡绿色，脉紫红色；托叶披针形。雄花具短梗，紫红色，花被片 3 片；雌花无梗。瘦果卵球形，大而厚，壳斗状，成熟时几乎全部或大部分包围着果，两侧有棱。（栽培园地：WHIOB）

Oreocnide tonkinensis (Gagnep.) Merr. et Chun 越南紫麻

　　灌木。叶片狭卵形、狭椭圆状卵形或长圆状披针形；

Oreocnide tonkinensis 越南紫麻

叶柄长 0.5~7cm，密被柔毛；托叶披针状条形。雄花被片 3 片，宽卵形；雌花长近 1mm。瘦果卵形，稍压扁，肉质“花托”盘状，生于果的基部。（栽培园地：SCBG）

Pellionia 赤车属

该属共计 13 种，在 7 个园中有种植

Pellionia brachyceras W. T. Wang 短角赤车

　　多年生草本。叶具极短柄；叶片斜长圆形或斜狭椭圆形，钟乳体密，稍明显，纺锤形，稀点状；托叶钻形。雄花序腋生，苞片披针状条形。雄花被片 5 片，椭圆状船形；雌花序腋生，具密集的花；雌花被片 5 片，条状船形。瘦果椭圆状卵球形，光滑。（栽培园地：GXIB）

Pellionia brachyceras 短角赤车

Pellionia caulialata S. Y. Liu 翅茎赤车

　　多年生草本。叶片具短柄，斜倒卵形或椭圆形，钟乳体稀疏。雌花密集；花被片 5 片；子房椭圆形，长约 0.4mm。瘦果卵状椭圆形，具瘤状小突起。（栽培

Pellionia caulialata 翅茎赤车

Pellionia heteroloba 异被赤车

园地：GXIB）

Pellionia grijsii Hance 华南赤车

多年生草本。叶片斜长椭圆形、斜长圆状倒披针形或斜椭圆形，托叶钻形。雄花序有长梗，直径 0.5~5.5cm；苞片钻形或狭条形。雄花被片 5 片，椭圆形。雌花序有梗或无梗，有密集的花；苞片狭条形。雌花被片 5 片。瘦果椭圆球形，有小瘤状突起。（栽培园地：SCBG）

Pellionia grijsii 华南赤车

Pellionia heteroloba Wedd. 异被赤车

多年生草本。茎无毛或被长 0.1mm 的小毛。叶互生；叶片斜长圆形、斜披针形或倒披针形，钟乳体不明显。雄花序有长梗，雄花被片 5 片，椭圆形；雌花被片 4~5 片。瘦果狭椭圆球形，有小瘤状突起。（栽培园地：SCBG, WHIOB, XTBG）

Pellionia heyneana (Wall.) Wedd. 全缘赤车

多年生草本或亚灌木。叶互生，有柄；叶片斜椭圆形或斜椭圆状卵形或倒卵形，钟乳体稍明显，密。雄花序梗与花序分枝均密被短毛；雄花被片 5 片，椭圆形；雌花序有短梗，有多数密集的花。瘦果卵球形

或狭卵球形，有小瘤状突起。（栽培园地：WHIOB, XTBG）

Pellionia leiocarpa W. T. Wang 光果赤车

多年生草本。叶片斜狭长圆形，钟乳体密，明显；托叶披针状狭条形或钻形。雄花序有密集的花；雌花序腋生，具短梗；苞片狭披针形或近钻形。雌花被片 5 片，不等大。瘦果扁，宽卵球形，基部突缩成极短柄，近光滑，无瘤状突起。（栽培园地：GXIB）

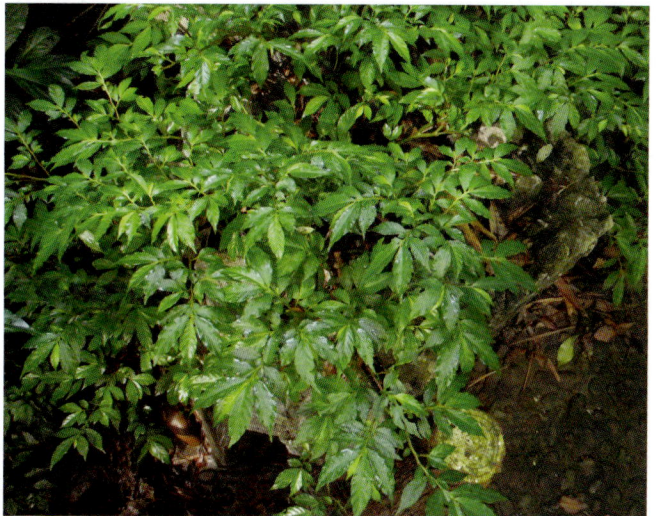

Pellionia leiocarpa 光果赤车

Pellionia longipedunculata W. T. Wang 长梗赤车

多年生草本。叶具极短柄；叶片斜长椭圆形，钟乳体稀疏，不明显。雄花序生上部叶腋，具长梗，有密集的多数花；雄花被片 5 片，宽椭圆形；雄蕊 5 枚；退化雌蕊近三角形。（栽培园地：WHIOB, LSBG, GXIB）

Pellionia paucidentata (H. Schroet.) S. S. Chien 滇南赤车

多年生草本。叶互生；叶片斜长椭圆形或斜倒披针

Pellionia longipedunculata 长梗赤车

形，钟乳体明显，密。雄花序有长梗；苞片条形或狭三角形；雄花被片 4~5 片，椭圆形；雌花序无梗或有梗，有多数密集的花；雌花被片 5 片。瘦果椭圆球形，有小瘤状突起。（栽培园地：XTBG）

Pellionia radicans (Siebold et Zucc.) Wedd. **赤车**

多年生草本。叶片斜狭菱状卵形或披针形，钟乳体

Pellionia radicans 赤车（图 1）

Pellionia radicans 赤车（图 3）

Pellionia radicans 赤车（图 4）

稍明显或不明显，密或稀疏；托叶钻形。雄花序为稀疏的聚伞花序；苞片狭条形或钻形。雄花被片 5 片，椭圆形。雌花序通常有短梗，有多数密集的花；雌花被片 5 片。瘦果近椭圆球形，具小瘤状突起。（栽培园地：SCBG, WHIOB, KIB, XTBG, LSBG）

Pellionia repens (Lour.) Merr. **吐烟花**

多年生草本。叶片斜长椭圆形或斜倒卵形，钟乳体明显，密；托叶三角形。雄花序有长梗，苞片三角形。雄花被片 5 片。雌花序无梗，有多数密集的花；苞片条状披针形。雌花被片 5 片。瘦果有小瘤状突起。（栽

Pellionia radicans 赤车（图 2）

无梗或有梗，有多数密集的花；苞片条形；雌花被片4~5片。瘦果近椭圆球形，有小瘤状突起。（栽培园地：SCBG, WHIOB, XTBG, LSBG）

Pellionia tsoongii (Merr.) Merr. 长柄赤车

多年生草本。叶互生，有长柄；叶片斜椭圆形或斜长圆状倒卵形，钟乳体明显，密；托叶三角形。雄花被片5片，近椭圆形；雌花被片5片。瘦果卵球形，有小瘤状突起。（栽培园地：XTBG）

Pellionia viridis C. H. Wright 绿赤车

多年生草本或亚灌木。叶互生，无毛；叶片稍斜，狭长圆形或披针形，钟乳体明显，密。雄花序为聚伞花序；苞片三角形或条状披针形；雄花被片5片。雌花序近球形，有多数密集的花；雌花被片5片。瘦果狭卵球形，有小瘤状突起。（栽培园地：SCBG）

Pellionia repens 吐烟花（图1）

Pellionia repens 吐烟花（图2）

培园地：SCBG, WHIOB, XTBG, CNBG）

Pellionia scabra Benth. 蔓赤车

亚灌木。叶片斜狭菱状倒披针形或斜狭长圆形，钟乳体不明显或稍明显，密。雄花为稀疏的聚伞花序；苞片条状披针形；雄花被片5片，椭圆形。雌花序近

Pellionia scabra 蔓赤车

Pellionia viridis 绿赤车

Pilea 冷水花属

该属共计46种，在10个园中有种植

Pilea angulata (Bl.) Bl. 圆瓣冷水花

草本，无毛。叶片草质，卵状椭圆形、卵形或长圆状披针形，钟乳体纺锤状条形；托叶大，带绿色。花雌雄异株；花序聚伞圆锥状，雄花密集生于花枝上；雌花序常疏散。雄花被片带绿色，4裂。瘦果圆卵形，顶端歪斜。（栽培园地：SCBG, WHIOB）

Pilea angulata (Bl.) Bl. ssp. **latiuscula** C. J. Chen 华中冷水花

本亚种的叶片卵形或圆卵形，托叶褐色，长圆形。雄花较小，红色，花被片外面近顶端几乎无短角状突起；宿存的雌花被片长仅及果的1/4。（栽培园地：WHIOB）

Pilea basicordata W. T. Wang 基心叶冷水花

矮小灌木或亚灌木。节密集，叶痕明显。叶片长圆状卵形，钟乳体纺锤形。雌雄同株；花序聚伞圆锥状；苞片三角状卵形；雄花梨形，花被片4片；雌花具短梗，花被片4片，卵状长圆形。瘦果长圆状卵形，凸透镜状，表面有糠皮状皱纹，成熟时变橙色。（栽培园地：SCBG, WHIOB, GXIB）

Pilea basicordata 基心叶冷水花（图1）

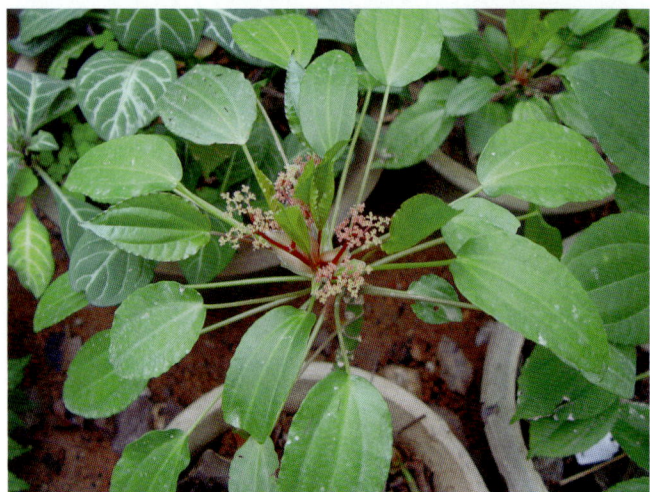

Pilea basicordata 基心叶冷水花（图2）

Pilea bracteosa Wedd. 多苞冷水花

多年生草本。同对的叶不等大，有时稍偏斜，叶片卵形或近椭圆形，钟乳体小，条形。花序聚伞圆锥状，雄花被片4片；雌花无梗，花被片3片。瘦果卵形，扁，顶端歪斜，在两面有1圈稍隆起的棕褐色环纹，宿存花被背生的1枚船形，长及果的2/3。（栽培园地：XTBG）

Pilea cadierei Gagn. et Guill. 花叶冷水花

多年生草本；或半灌木，具匍匐根茎。叶多汁，干时变纸质，倒卵形，深绿色，钟乳体梭形。雄花序头状，雄花倒梨形；花被片4片；雄蕊4枚；退化雌蕊圆锥形，不明显。雌花被片4片，近等长，略短于子房。（栽培园地：SCBG, IBCAS, WHIOB, KIB, XTBG, LSBG, SZBG, GXIB, XMBG）

Pilea cadierei 花叶冷水花（图1）

Pilea cadierei 花叶冷水花（图2）

Pilea cavaleriei Lévl. ssp. **crenata** C. J. Chen 圆齿石油菜

草本，无毛。叶片宽卵形、菱状卵形或近圆形，顶端圆形，边缘具钝圆齿；叶柄纤细，长5~20mm；托叶小，三角形，长约1mm，宿存。雌雄同株；聚伞花序常密集成近头状，雄花序梗纤细，长1~2cm，雄花淡黄色，花被片4片。瘦果卵形，稍扁，顶端稍歪斜。（栽培园地：GXIB）

Pilea cavaleriei ssp. **crenata** 圆齿石油菜

Pilea cordifolia Hook. f. 歪叶冷水花

草本。叶片常歪斜，卵形或椭圆形，边缘自基部至顶端有稍钝的锯齿，钟乳体细小条形，不明显。花序聚伞圆锥状，雄的生上部叶腋，具长梗，雌的生下部叶腋，较短；雄花小，雌花被片3片。瘦果卵形，扁，顶端歪斜，光滑。（栽培园地：XTBG）

Pilea cordistipulata C. J. Chen 心托冷水花

多年生草本。茎带红色，密被短毛。叶片倒卵状长圆形或卵状长圆形，钟乳体仅在下面稍明显，梭形。雄花序聚伞圆锥状，雌花序多回二歧聚伞状。雄花具梗，花被片4片；雌花小，近无梗，花被片3片。瘦果小，偏斜，圆卵形，凸透镜状，成熟时有细疣点。（栽培园地：GXIB）

Pilea cordistipulata 心托冷水花（图1）

Pilea cordistipulata 心托冷水花（图2）

Pilea depressa Bl. 玲珑冷水花

矮小草本。叶片倒卵形或近圆形，顶端圆形或平截，边缘具钝圆齿，叶面具光泽，仅中脉稍明显，下凹；叶柄短。花序腋生，花小，白色。（栽培园地：SCBG，IBCAS）

Pilea dolichocarpa C. J. Chen 瘤果冷水花

多年生草本或半灌木。茎下部木质化。叶片卵形至

Pilea depressa 玲珑冷水花

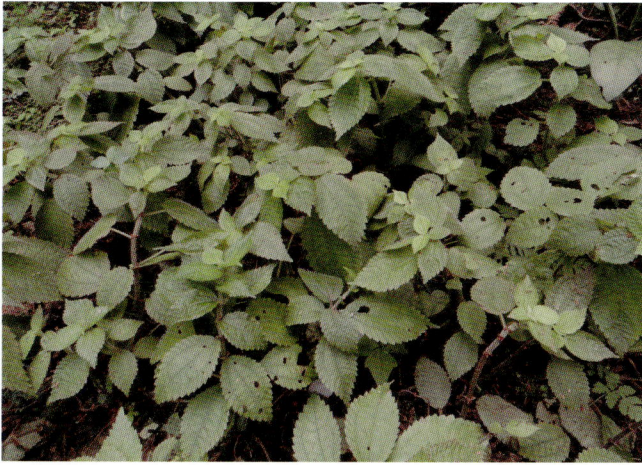

Pilea dolichocarpa 瘤果冷水花

披针形，钟乳体小，细梭形；叶柄纤细。花序聚伞状；苞片三角状卵形，雄花具短梗，花被片4片；雌花具短梗，花被片4片。瘦果长圆形，成熟时黄褐色，表面密布粗的瘤状或近脑纹状隆起。（栽培园地：KIB）

Pilea glaberrima (Bl.) Bl. 点乳冷水花

近攀援草本或亚灌木。叶片卵形、椭圆形或椭圆状披针形，钟乳体极小，点状或与杆状的混生，或短杆状。花序聚伞圆锥状，雄花序长不过叶柄，雌花序更短；雄花无梗，花被片与雄蕊4枚；雌花小，花被片3片。瘦果圆卵形，稍扁，略偏斜，成熟时红褐色，有细疣点。（栽培园地：WHIOB）

Pilea peperomioides 镜面草（图2）

Pilea plataniflora 石筋草（图1）

Pilea peploides (Gaudich.) Hook. et Arn. **矮冷水花**

一年生矮小草本，常丛生。叶片菱状圆形，钟乳体条形。聚伞花序密集成头状，雄花具梗，淡黄色；花被片4片，卵形；雌花具短梗，淡绿色，花被片2片。瘦果，卵形，成熟时黄褐色，光滑。（栽培园地：SCBG, LSBG, GXIB）

Pilea plataniflora 石筋草（图2）

Pilea peploides 矮冷水花

Pilea plataniflora C. H. Wright **石筋草**

多年生草本，匍匐生。叶片形状、大小变异很大，卵形、椭圆状披针形不等，钟乳体梭形；花序聚伞圆锥状，花序梗长，纤细；雄花带绿黄色或紫红色，花被片4片；雌花带绿色，花被片3片。瘦果卵形，顶端稍歪斜，双凸透镜状，成熟时深褐色，有细疣点。（栽培园地：SCBG, KIB, XTBG）

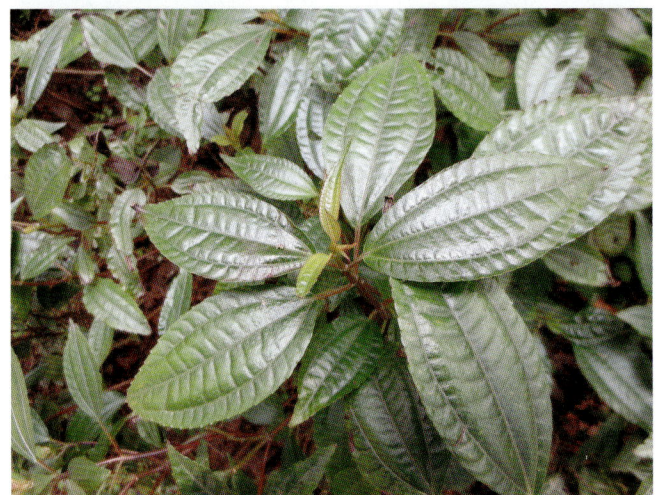

Pilea pseudonotata 假冷水花

Pilea pseudonotata C. J. Chen **假冷水花**

亚灌木。茎高可达2m。叶片卵形或卵状披针形，钟乳体在两面明显，纺锤状条形。花序聚伞总状；雄花序团伞状密集排列于花枝上，雌花序较疏松。瘦果卵形，微偏斜，凸透镜状，成熟时绿褐色，具明显的

刺状突起。（栽培园地：WHIOB, XTBG）

Pilea pumila (L.) A. Gray **透茎冷水花**

一年生草本。叶片菱状卵形或宽卵形，钟乳体条形；托叶卵状长圆形。花雌雄同株并常同序，花序蝎尾状。雄花具短梗或无梗，花被片常2片；雌花花被片3片。瘦果三角状卵形，扁，初时光滑，常有褐色或深棕色

Pilea pumila 透茎冷水花

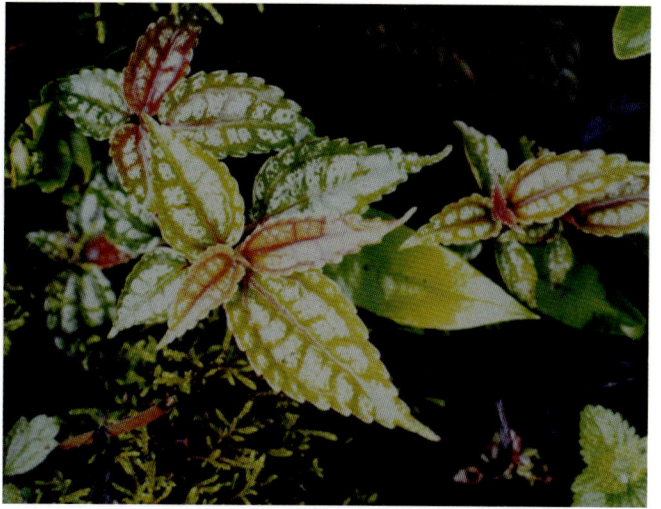

Pilea serpyllacea 墨西哥冷水花

斑点，成熟时色斑多少隆起。（栽培园地：WHIOB，LSBG，CNBG）

Pilea pumila (L.) A. Gray var. obtusifolia C. J. Chen 钝尖冷水花

本变种常为铺散草本。叶片菱状圆形或宽椭圆形，顶端近圆形或钝形，边缘具少数几枚钝圆齿；雌花被片在果时较狭窄，卵状披针形或长圆形，其侧生的 2 枚与果近等长或长为果的 1/2，侧生的 2 枚较中间的 1 枚长 3~4 倍。（栽培园地：WHIOB）

Pilea rubriflora C. H. Wright 红花冷水花

多年生草本或亚灌木，无毛。茎蓝绿色，多少被蜡质，密布钟乳体。叶片长圆状披针形或狭披针形，钟乳体纺锤形。雄聚伞花序紧缩成簇生状。雄花淡黄绿色；花被片 4 片，倒卵状长圆形；小苞片长圆状卵形。（栽培园地：WHIOB）

Pilea scripta (Buch.-Ham. ex D. Don) Wedd. 细齿冷水花

高大草本。叶片椭圆状或长圆状披针形，钟乳体极小。花序具短梗，聚伞圆锥状。雄花小，在芽时长不及 1mm，花被片 4 片；雌花小，花被片 3 片，不等大。瘦果卵形，稍偏斜，成熟时表面常有细疣点，有时具紫色斑。（栽培园地：WHIOB）

Pilea semisessilis Hand.-Mazz. 镰叶冷水花

多年生草本。根状茎匍匐。叶片不对称，常为镰刀状披针形，钟乳体条形；托叶卵状三角形。雄花序与叶近等长；雌花序分枝较少。雄花被片 4 片，雌花被片 3 片。瘦果宽卵形，扁，光滑，初时淡绿色，成熟时变土褐色。（栽培园地：WHIOB）

Pilea serpyllacea (H. B. K.) Liebm 墨西哥冷水花

多年生矮小草本。叶片卵形，顶端长渐尖至尾尖，边缘具浅锯齿，基出 3 脉，叶脉及幼叶略带紫褐色，叶面延脉间具白色斑块。（栽培园地：KIB）

Pilea sinofasciata C. J. Chen 粗齿冷水花

多年生草本。叶片椭圆形、卵形、椭圆状或长圆状披针形；钟乳体蠕虫形，不明显。花序聚伞圆锥状，具短梗。雄花被片 4 片；雌花小，花被片 3 片。瘦果圆卵形，顶端歪斜，成熟时外面常有细疣点，宿存花被片下部合生，宽卵形，长约为果 1/2。（栽培园地：SCBG，WHIOB，XTBG，LSBG）

Pilea subcoriacea (Hand.-Mazz.) C. J. Chen 翅茎冷水花

多年生草本。地下茎横走。叶片倒卵状长圆形，钟乳体极细，不明显。雄花序聚伞圆锥状，具长梗；雌花序多回二歧聚伞状，具短总梗。雄花被片 4 片；雌花小，花被片 3 片。瘦果近圆形或圆卵形，凸透镜状，成熟时表面有细疣点。（栽培园地：XTBG）

Pilea swinglei Merr. 三角形冷水花

多年生草本。叶片宽卵形、近正三角形或狭卵形，钟乳体条形。团伞花序呈头状；雄花序长过叶或稍短于叶，雌花序较短；苞片长圆状披针形。雄花淡绿黄色，花被片 4 片；雌花有短梗，花被片 2 片，稀 3 片。瘦果宽卵形，稍扁。（栽培园地：LSBG）

Pilea symmeria Wedd. Monogr. 喙萼冷水花

多年生草本。叶片卵形、卵状披针形，或长圆状披针形，钟乳体极小，不明显。花序为聚伞圆锥状，雄花花序与叶近等长，雌花花序较短；苞片三角状卵形。雄花被片 4 深裂，带粉红色。雌花被片 3 片。瘦果卵形，顶端偏斜，光滑，有时有不规则的深紫色斑。（栽培园地：XTBG）

Pilea verrucosa Hand.-Mazz. 疣果冷水花

多年生丛生草本。叶片椭圆形、椭圆状披针形、长圆状狭披针形，钟乳体常细小，不明显。花序多回二

Pilea swinglei 三角形冷水花

Pilea verrucosa 疣果冷水花

歧聚伞状。雄花大，具短梗，花被片4片；雌花近无梗，花被片3片。瘦果圆卵形，双凸透镜状，成熟时有细疣状突起。（栽培园地：WHIOB，XTBG，LSBG）

Pilea villicaulis Hand.-Mazz. 毛茎冷水花

多年生草本。叶片长圆状椭圆形，两面有稍稀疏的长柔毛，钟乳体条形；叶柄密被长柔毛。花序二歧聚伞状，密集成簇生状。雄花淡绿色或带白色，花被片4片；雌花被片3片。瘦果圆卵形，双凸透镜状，表面密生粗疣状突起。（栽培园地：XTBG）

Pilea villicaulis Hand.-Mazz. var. **subglabra** C. J. Chen 秃茎冷水花

本变种与原变种的区别为：植株除叶面疏生透明硬毛和背面疏生柔毛外，其余近无毛。（栽培园地：XTBG）

Pilea wightii Wedd. 生根冷水花

多年生草本，具地下匍匐茎。叶片卵形或披针形，钟乳体条形。雄花序具长梗，聚伞圆锥状，雌花序较短。雄花具梗，花被片4片，外面上部有杆状钟乳体，雄蕊4枚；退化雌蕊小，圆锥形或近钻形。瘦果卵形，顶端稍偏斜，光滑，宿存花被不等3裂，中间的1枚最长。（栽培园地：SCBG）

Pilea wightii 生根冷水花

Poikilospermum 锥头麻属

该属共计2种，在2个园中有种植

Poikilospermum lanceolatum (Trécul) Merr. 毛叶锥头麻

攀援灌木。叶片披针形或椭圆形，叶面无毛，背面密被短柔毛或近无毛，钟乳体短杆状或梭形。雄花序三至六回二歧状分枝；雌花序二至三回二歧状分枝。雄花被片4片，白色，干时变深红色。雌花被片4片。宿存花被包裹着果。（栽培园地：XTBG）

Poikilospermum suaveolens (Blume) Merr. **锥头麻**

攀援灌木。叶片宽卵形、椭圆形或倒卵形，钟乳体短杆状或短梭形。雄花序二至三回二歧分枝；雌花序常二叉分枝。雄花无梗，花被片4片。雌花具梗，花被片4片。瘦果长3~5mm；花梗果时增长，约为果的3倍。（栽培园地：WHIOB, XTBG）

Pouzolzia 雾水葛属

该属共计5种，在4个园中有种植

Pouzolzia elegans Wedd. **雅致雾水葛**

小灌木。叶片菱状卵形、宽菱形、菱形，稀狭菱形，两面均被短糙伏毛。雄花被片4片，椭圆形，顶端急尖，无角状尖头；雌花被片狭椭圆形。瘦果椭圆球形或卵球形，灰白色或带淡褐色，具光泽。（栽培园地：XTBG）

Pouzolzia niveotomentosa W. T. Wang **雪毡雾水葛**

小灌木。叶片狭卵形或狭椭圆形，叶面无毛或近无毛，背面密被雪白色毡毛，基出脉3条。雌团伞花序除膜质苞片外还有约6枚分枝的苞片。雄花被片3片，雌花被片纺锤形，外面密被柔毛。瘦果狭卵球形，稍背腹扁，褐色，具光泽。（栽培园地：WHIOB）

Pouzolzia sanguinea (Bl.) Merr. **红雾水葛**

小灌木。叶片狭卵形、椭圆状卵形或卵形，稀长圆形或披针形，顶端短渐尖至长渐尖。雄花被片4片，船状椭圆形；雌花被片宽椭圆形或菱形，外面有稍密的毛。瘦果卵球形，淡黄白色。（栽培园地：WHIOB, XTBG）

Pouzolzia zeylanica (L.) Benn. **雾水葛**

多年生草本。叶全部对生，或茎顶部的对生；叶片卵形或宽卵形，长1.2~3.8cm，侧脉1对。雄花有短梗，

Pouzolzia zeylanica 雾水葛（图2）

花被片4片，狭长圆形或长圆状倒披针形；雌花被片椭圆形或近菱形。瘦果卵球形，淡黄白色，上部褐色，或全部黑色，具光泽。（栽培园地：SCBG, XTBG, GXIB）

Pouzolzia zeylanica (L.) Benn. var. **microphylla** (Wedd.) W. T. Wang **多枝雾水葛**

本变种的植株常铺地，多分枝，末回小枝常多数；叶片小，茎下部叶对生，上部叶互生，分枝的叶常全部互生或下部的对生，叶形变化较大，卵形、狭卵形

Pouzolzia zeylanica 雾水葛（图1）

Pouzolzia zeylanica var. microphylla 多枝雾水葛

至披针形。（栽培园地：XTBG，GXIB）

Procris 藤麻属

该属共计 1 种，在 3 个园中有种植

Procris crenata C. B. Robinson 藤麻

多年生草本。茎肉质，无毛。叶片两侧稍不对称，狭长圆形或长椭圆形，无毛。雄花被片长圆形或卵形；雌花被片约 4 片，船状椭圆形。瘦果褐色，狭卵形，扁，常有多数小条状突起或近光滑。（栽培园地：XTBG，SZBG，GXIB）

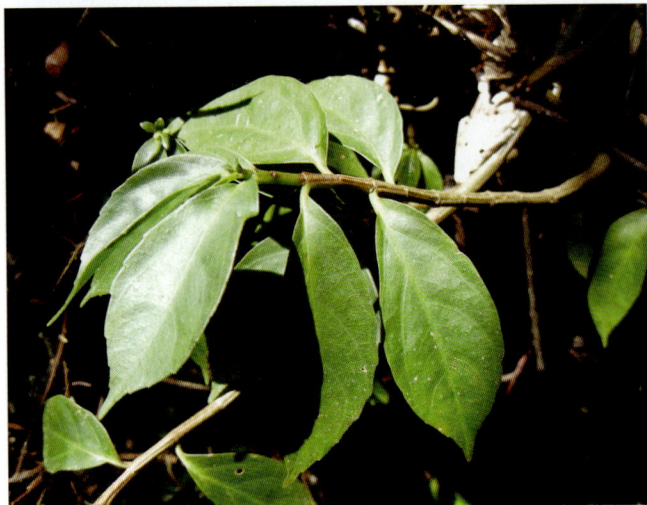

Procris wightiana 藤麻

Soleirolia 金钱麻属

该属共计 1 种，在 1 个园中有种植

Soleirolia soleirolii (Req.) Dandy 金钱麻

多年生矮小草本。茎匍匐。叶片小，圆形或钝圆形，边缘有锯齿状浅裂，中脉稍明显，下凹，边缘稍反折。（栽培园地：SCBG）

Soleirolia soleirolii 金钱麻

Urtica 荨麻属

该属共计 8 种，在 6 个园中有种植

Urtica angustifolia Fisch. ex Hornem. 狭叶荨麻

多年生草本。叶片披针形至披针状条形，稀狭卵形，基出脉 3 条。花序圆锥状；雄花被片 4 片，在近中部合生，裂片卵形；雌花小，近无梗。瘦果卵形或宽卵形，双凸透镜状，近光滑或有不明显的细疣点。（栽培园地：IBCAS）

Urtica atrichocaulis (Hand.-Mazz.) C. J. Chen 小果荨麻

多年生草本。茎纤细。叶片卵形至披针形，顶端锐尖或短渐尖，边缘有牙齿或牙齿状锯齿，稀具重锯齿；钟乳体点状。雄花被片 4 片，雌花小，雌花被片合生至中部，外面几乎无毛。瘦果长约 0.8mm，光滑。（栽培园地：XTBG）

Urtica cannabina L. 麻叶荨麻

多年生草本。叶片五角形，掌状 3 全裂或深裂，裂片再羽状条裂；钟乳体细点状。雄花序圆锥状，雌花序生上部叶腋，常穗状。雄花被片 4 片；雌花被片在下部合生。瘦果狭卵形，顶端锐尖。（栽培园地：XJB）

Urtica dioica L. var. **angustifolia** Ledeb. 尾尖异株荨麻

多年生草本；常具木质化的根状茎；茎、叶柄和叶背面疏生刺毛和微柔毛。叶片披针形，中部骤然变狭，叶的半边呈镰刀形，顶端尾状；茎中部的叶柄比叶片短 1/6~1/5 倍。（栽培园地：KIB）

Urtica fissa E. Pritz. 荨麻

多年生草本。叶片宽卵形、椭圆形、五角形或近圆形，边缘有 5~7 对浅裂片或掌状 3 深裂，边缘有数枚不整齐的牙齿状锯齿。花序分枝较少且短，近于穗状；雌花小。瘦果近圆形，稍双凸透镜状，表面有带褐红

Urtica fissa 荨麻

色的细疣点。（栽培园地：SCBG）

Urtica laetevirens Maxim. **宽叶荨麻**

多年生草本。茎纤细。叶片卵形或披针形，向上渐变狭，两面疏生刺毛和细糙毛，钟乳体常短杆状。雄花序近穗状，纤细。雄花被片 4 片；雌花具短梗。瘦果卵形，双凸透镜状，顶端稍钝，成熟时变灰褐色，多少有疣点。（栽培园地：WHIOB）

Urtica laetevirens 宽叶荨麻（图 1）

Urtica lotabifolia S. S. Ying **裂叶荨麻**

多年生草本，有横走的根状茎。茎自基部多出，高

Urtica laetevirens 宽叶荨麻（图 2）

40~100cm，四棱形，密生刺毛和被微柔毛，分枝少。叶片圆形，具 5~9 枚锐三角形的裂片，裂片边缘具三角状的锯齿。（栽培园地：WHIOB）

Urtica mairei H. Lév. **滇藏荨麻**

多年生草本。叶片宽卵形，稀近心形，裂片近三角形，钟乳体点状，稀短杆状。花序圆锥状，开展，长过叶柄，序轴有刺毛和短柔毛。雄花被片 4 片，合生至中部；退化雌蕊碟状，具柄；雌花几乎无梗。瘦果矩圆状圆形，稍扁，表面有不明显的细疣点。（栽培园地：XTBG）

Valerianaceae 败酱科

该科共计 12 种，在 8 个园中有种植

二年生或多年生草本，极少为亚灌木，有时根茎或茎基部木质化；根茎或根常有陈腐气味、浓烈香气或强烈松脂气味。茎直立，常中空，极少蔓生。叶对生或基生，通常一回奇数羽状分裂，具 1~3 对或 4~5 对侧生裂片，有时二回奇数羽状分裂或不分裂，边缘常具锯齿；基生叶与茎生叶、茎上部叶与下部叶常不同形，无托叶。花序为聚伞花序组成的顶生密集或开展的伞房花序、复伞房花序或圆锥花序，稀为头状花序，具总苞片。花小，两性或极少单性，常稍左右对称；具小苞片；花萼小，萼筒贴生于子房，萼齿小，宿存，果时常稍增大或成羽毛状冠毛；花冠钟状或狭漏斗形，黄色、淡黄色、白色、粉红色或淡紫色，冠筒基部一侧囊肿，有时具长距，裂片 3~5 枚，稍不等形，花蕾时覆瓦状排列；雄蕊 3 枚或 4 枚，有时退化为 1~2 枚，花丝着生于花冠筒基部，花药背着，2 室，内向，纵裂；子房下位，3 室，仅 1 室发育。

Centranthus 距缬草属

该属共计 1 种，在 1 个园中有种植

Centranthus ruber (L.) DC 距缬草

多年生草本。茎基部为木质。叶片椭圆形或披针形，长 5~8cm。聚伞花序，花序密具多花；花小，花冠管长筒状，裂片椭圆状披针形，紫红色至淡粉色。种子具毛簇，能随风扩散。（栽培园地：SCBG）

Centranthus ruber 距缬草

Nardostachys 甘松属

该属共计 1 种，在 1 个园中有种植

Nardostachys jatamansi (D. Don) DC. 匙叶甘松

多年生草本。根状茎粗短，具浓烈气味。茎叶均无毛；叶丛生，基生叶片狭匙形或长倒卵状披针形，茎生叶卵形。花大，花冠紫红色，钟状，苞片卵形；雄蕊 4 枚；子房下位，3 室，其中 1 室发育为倒卵形的瘦果。（栽培园地：KIB）

Patrinia 败酱属

该属共计 6 种，在 8 个园中有种植

Patrinia heterophylla Bunge 异叶败酱

多年生草本。茎直立，被倒生微糙伏毛。茎生叶不分裂或羽状分裂至全裂。花黄色，组成顶生伞房状聚伞花序，被短糙毛或微糙毛；花冠钟形。瘦果长圆形或倒卵形，顶端平截。（栽培园地：WHIOB）

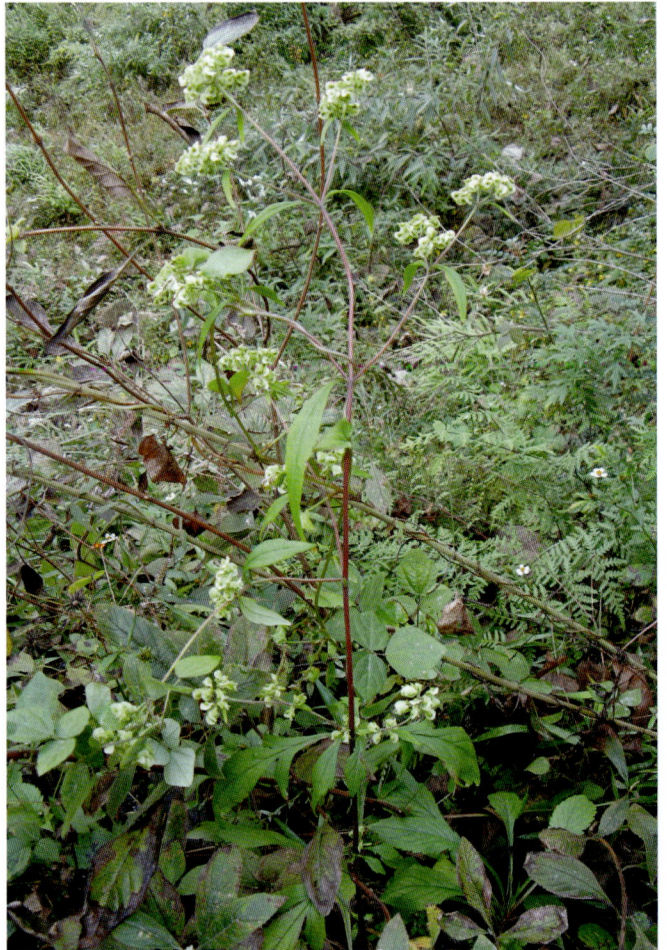

Patrinia heterophylla 异叶败酱

Patrinia heterophylla Bunge ssp. **angustifolia** (Hemsl.) H. J. Wang 窄叶败酱

本亚种和原亚种的区别为：花序最下分枝处总苞叶不分裂，花丝较长，常 3.5mm 以上，子房较长，茎下部和中部叶常不分裂或有时基部仅具 1~2 对裂片。（栽培园地：LSBG, GXIB）

Patrinia punctiflora Hsu et H. J. Wang 斑花败酱

二年生或多年生草本。茎密被倒生粗伏毛。叶片卵形、椭圆形、卵状披针形或长圆状披针形，两面有棕褐色微腺。花冠钟状，淡黄色，稀在同一花序中有淡黄色和白色花；具棕红色或褐色微腺；雄蕊 4 枚。瘦果倒卵状椭圆形，种子扁椭圆形。（栽培园地：LSBG）

Patrinia scabiosaefolia Fisch. ex Trev. 败酱

多年生草本。茎生叶对生，叶片宽卵形至披针形，常羽状深裂或全裂。花序梗上方一侧被开展白色粗糙毛；花冠钟形，黄色。瘦果长圆形，内含 1 椭圆形、扁平种子。（栽培园地：KIB, XTBG, LSBG, CNBG, GXIB, XMBG）

Patrinia scabiosaefolia 败酱

Patrinia speciosa Hand.-Mazz. 秀苞败酱

多年生草本。根状茎细长。叶基生，叶片长圆状倒披针形或卵状椭圆形，羽状深裂；叶柄长 1~2cm，较宽阔，基部扩大成鞘状。花冠黄色，钟状，花冠筒比裂片稍长。瘦果椭圆形或长圆形。（栽培园地：WHIOB）

Patrinia villosa (Thunb.) Juss. 白花败酱

多年生草本。茎生叶常不分裂；叶柄长 1~3cm，上部叶渐近无柄。花序梗密被长粗糙毛或仅 2 纵列粗糙毛；花冠钟形，白色，5 深裂。瘦果倒卵形。（栽培园地：SCBG, WHIOB, KIB, LSBG）

Patrinia villosa 白花败浆（图 1）

Patrinia villosa 白花败浆（图 2）

Valeriana 缬草属

该属共计 4 种，在 6 个园中有种植

Valeriana hardwickii Wall. 长序缬草

高大草本。根状茎短缩，呈块柱状。基生叶多为

Valeriana hardwickii 长序缬草

3~5 对羽状全裂或浅裂，叶柄细长。花小，白色，果序极度延展，在成熟的植株上，常长达 50~70cm。瘦果宽卵形至卵形，常被白色粗毛。（栽培园地：WHIOB）

Valeriana jatamansi Jones 蜘蛛香

草本。根茎粗厚，块柱状，节密，具浓烈香味。基生叶发达，叶片心状圆形至卵状心形，叶柄长为叶片的 2~3 倍。花白色或微红色，杂性。瘦果长卵形，两面被毛。（栽培园地：SCBG, WHIOB, KIB, XTBG）

Valeriana jatamansi 蜘蛛香

Valeriana officinalis L. 缬草

多年生高大草本。根状茎粗短呈头状，须根簇生。茎被粗毛，但不具腺毛。茎生叶卵形至宽卵形，羽状深裂。花冠淡紫红色或白色。瘦果长卵形，光秃或两

Valeriana officinalis 缬草

面被毛。（栽培园地：WHIOB, KIB）

Valeriana officinalis L. var. **latifolia** Miq. 宽叶缬草

本变种与原变种的区别为：叶的裂片较宽，但数量较少，常 5~7 枚；中裂片较大，裂片宽卵形，边缘具锯齿。（栽培园地：WHIOB, LSBG, CNBG）

Verbenaceae 马鞭草科

该科共计 130 种，在 11 个园中有种植

灌木或乔木，有时为藤本，极少数为草本。叶对生，很少轮生或互生，单叶或掌状复叶，很少羽状复叶；无托叶。花序顶生或腋生，多数为聚伞、总状、穗状、伞房状聚伞或圆锥花序；花两性，极少退化为杂性，左右对称或很少辐射对称；花萼宿存，杯状、钟状或管状，稀漏斗状，顶端有 4~5 齿或为截头状，很少有 6~8 齿，通常在果成熟后增大或不增大，或有颜色；花冠管圆柱形，管口裂为二唇形或略不相等的 4~5 裂，很少多裂，裂片通常向外开展，全缘或下唇中间 1 裂片的边缘呈流苏状；雄蕊 4 枚，极少 2 枚或 5~6 枚，着生于花冠管上，花丝分离，花药通常 2 室；花盘通常不显著；子房上位，通常为 2 心皮组成，少为 4 或 5，全缘或微凹或 4 浅裂，极稀深裂，通常 2~4 室，有时为假隔膜分为 4~10 室，每室有 2 胚珠。

Avicennia 海榄雌属

该属共计 1 种，在 1 个园中有种植

Avicennia marina (Forsk.) Vierh. 海榄雌

灌木。小枝四方形，光滑无毛。叶片革质，近无柄，卵形、倒卵形或椭圆形，背面有细短毛。聚伞花序紧

Avicennia marina 海榄雌（图 1）

Avicennia marina 海榄雌（图 2）

密成头状，花小，花冠黄褐色，苞片黑褐色，5 枚，2 层，外层密生绒毛，花萼及花冠裂片外面被绒毛。果近球形，被毛。（栽培园地：SCBG）

Callicarpa 紫珠属

该属共计 30 种，在 10 个园中有种植

Callicarpa americana L. 美国紫珠

灌木。叶片倒卵状披针形，顶端急尖、渐尖具长尾尖，基部楔形，边缘密具细齿。多歧聚伞花序成对腋生，花小而多，淡粉色，雄蕊长为花被的 2~3 倍。果近球形，干时黄棕色。（栽培园地：XTBG）

Callicarpa americana 美国紫珠

Callicarpa arborea Roxb. 木紫珠

乔木；幼枝四棱形，与花序、叶柄都密生黄褐色粉状分枝茸毛。叶片革质，椭圆形或长椭圆形，顶端渐尖，基部楔形、宽楔形或钝圆，全缘，叶面具光泽，背面密生黄褐色星状茸毛，两面无腺点；叶柄粗壮，上面有沟槽。聚伞花序，宽 6~11cm，6~8 次分歧，花冠紫色或淡紫色。果成熟时紫褐色，直径约 2mm。（栽培园地：KIB, XTBG）

Callicarpa arborea 木紫珠

Callicarpa bodinieri Lévl. 紫珠

灌木；小枝、叶柄和花序均被粗糠状星状毛。叶片卵状椭圆形、椭圆形或长椭圆形，叶缘具细锯齿，叶面被短柔毛，背面密被星状柔毛，两面密生暗红色或红色细粒状腺点。聚伞花序，宽 3~4.5cm，4~5 次分歧，花冠紫色，花萼外面、花冠被星状毛和暗红色腺点。果球形，成熟时紫色，无毛。（栽培园地：SCBG，WHIOB，XTBG，LSBG，CNBG）

Callicarpa bodinieri 紫珠（图 1）

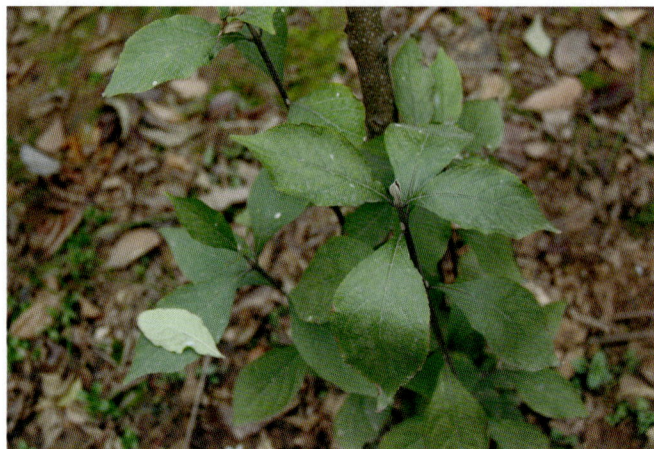

Callicarpa bodinieri 紫珠（图 2）

Callicarpa bodinieri Lévl. var. iteophylla C. Y. Wu 柳叶紫珠

本变种的叶片较小而狭，披针形至倒披针形，基部狭楔形，两面近无毛，具暗红色腺点；花萼、花冠近无毛，有暗红色腺点。（栽培园地：XTBG）

Callicarpa bodinieri var. **iteophylla** 柳叶紫珠

Callicarpa brevipes (Benth.) Hance 短柄紫珠

灌木；嫩枝具黄褐色星状毛，略呈四棱形。叶片披针形或狭披针形，表面无毛，背面有黄色腺点，叶脉上具星状毛，边缘中部以上疏生小齿。聚伞花序，2~3 次分歧，宽约 1.5cm，花冠白色，花序梗纤细，具

Callicarpa brevipes 短柄紫珠

Callicarpa cathayana 华紫珠（图 2）

黄褐色星状毛，花柄无毛，花萼具黄色腺点，萼齿钝三角形或近截头状，花冠无毛。（栽培园地：SCBG, GXIB）

Callicarpa candicans (Burm. f.) Hochr **白毛紫珠**

灌木；小枝四棱形，密生灰白色星状茸毛。叶片卵状椭圆形、宽卵形或椭圆形，边缘锯齿较密，背面密生灰白色星状茸毛。聚伞花序紧密成球形，4~5 次分歧，花冠粉红色或红色，花萼密生灰白色星状厚茸毛，花冠疏生星状毛。果球形，紫黑色。（栽培园地：SCBG, WHIOB）

Callicarpa cathayana H. T. Chang **华紫珠**

灌木；叶片椭圆形或卵形，两面近无毛，具显著的红色腺点，边缘密生细锯齿。聚伞花序，细弱，3~4 次分歧，花冠紫色，花冠及花萼具星状毛和红色腺点，花丝约等长于花冠或花充分开放时略长于花冠。果球形，紫色。（栽培园地：SCBG, WHIOB, XTBG, CNBG）

Callicarpa dichotoma (Lour.) K. Koch **白棠子树**

小灌木。分枝多，小枝被星状毛或近无毛，两叶柄间无横线或毛环。叶片常倒卵形，边缘仅上半部具数个粗锯齿。聚伞花序腋生，细弱，2~3 次分歧，花冠紫色，子房无毛，具黄色腺点。果球形，紫色，直径约 2mm。（栽培园地：SCBG, IBCAS, WHIOB, XTBG, LSBG, CNBG, XMBG）

Callicarpa cathayana 华紫珠（图 1）

Callicarpa dichotoma 白棠子树（图 1）

Callicarpa dichotoma 白棠子树（图 2）

Callicarpa formosana Rolfe 杜虹花

灌木；小枝、叶柄和花序均密被灰黄色星状毛和分枝毛。叶片卵状椭圆形或椭圆形，边缘具细锯齿，叶背面被黄褐色星状毛和细小黄色腺点。聚伞花序，4~5次分歧，花冠紫色或淡紫色，无毛，花萼被灰黄色星状毛，萼齿钝三角形，子房无毛。果近球形，紫色，直径约 2mm。（栽培园地：SCBG, WHIOB, XTBG）

Callicarpa formosana 杜虹花（图 1）

Callicarpa formosana 杜虹花（图 2）

Callicarpa giraldii Hance et Rehd. 老鸦糊

灌木；小枝灰黄色，被星状毛。叶片宽椭圆形至披针状长圆形，边缘具锯齿，叶面微被毛，叶背、花萼、花冠均疏被星状毛。聚伞花序，4~5次分歧，花冠紫色，萼齿钝三角形。果球形，幼果疏被星状毛，成熟时无毛，紫色。（栽培园地：WHIOB, KIB, XTBG, LSBG, CNBG）

Callicarpa giraldii 老鸦糊（图 1）

Callicarpa giraldii 老鸦糊（图 2）

Callicarpa gracilipes Rehd. 湖北紫珠

灌木；小枝圆柱形，与叶柄、花序均被灰褐色星状茸毛。叶片卵形或卵状椭圆形，背面密生厚灰色星状茸毛，毛下隐藏细小黄色腺点，边缘疏生小齿或近全缘。聚伞花序，2~3次分歧，花较少，花萼具星状毛，萼齿钝或近于截头状。果长圆形，淡紫红色，被微毛和黄色腺点。（栽培园地：WHIOB）

Callicarpa integerrima Champ. 全缘叶紫珠

攀援灌木或藤本；小枝棕褐色，圆柱形，嫩枝、叶柄和花序密生黄褐色分枝茸毛。叶片宽卵形、卵形或椭圆形，常钝头，全缘，背面密生灰黄色厚茸毛。聚

Callicarpa integerrima 全缘叶紫珠（图 1）

Callicarpa integerrima 全缘叶紫珠（图 2）

伞花序，7~9 次分歧，花序梗圆柱形，花柄及花萼密被星状毛，花冠紫色，无毛。果近球形，紫色，初被星状毛，后脱落。（栽培园地：SCBG）

Callicarpa japonica Thunb. 日本紫珠

灌木；小枝无毛。叶片常倒卵形，两面通常无毛，边缘上半部有锯齿。聚伞花序，细弱而短小，花较少，2~3 次分歧，花冠白色或淡紫色，无毛，花萼无毛，萼齿钝三角形。果球形。（栽培园地：IBCAS, KIB, LSBG, CNBG）

Callicarpa kochiana Makino 枇杷叶紫珠

灌木；小枝、叶柄与花序密生黄褐色分枝茸毛。叶片长椭圆形、卵状椭圆形或长椭圆状披针形，边缘有锯齿，背面密生黄褐色星状毛和分枝茸毛，侧脉常多于 10 对。聚伞花序，3~5 次分歧；花近无柄，花萼管状，被茸毛，萼齿线形或为锐尖狭长三角形，花冠淡红色或紫红色。果圆球形，几全部包藏于宿存的花萼内。（栽培园地：WHIOB）

Callicarpa kochiana 枇杷叶紫珠（图 1）

Callicarpa kochiana 枇杷叶紫珠（图 2）

Callicarpa kochiana 枇杷叶紫珠（图 3）

Callicarpa kwangtungensis Chun 广东紫珠

灌木；幼枝略被星状毛，常带紫色。叶片披针形或狭椭圆状披针形，两面常无毛，背面密生显著的细小黄色腺点，边缘上半部有细齿。聚伞花序，3~4 次分歧，花多数，花冠白色或带紫红色，子房无毛，有黄色腺点。果球形，直径约 3mm。（栽培园地：LSBG）

Callicarpa loboapiculata Metc. 尖萼紫珠

灌木；小枝、叶柄和花序密生黄褐色开展的长茸毛。叶片椭圆形，顶端渐尖，基部楔形，边缘有浅锯齿，叶片表面的细脉和网脉不下陷。聚伞花序，5~6 次分歧，花序梗粗壮，长 1~1.5cm，萼齿急尖，齿长 0.3~1mm，花冠紫色。果直径约 1.2mm，具黄色腺点，无毛。（栽培园地：SCBG, WHIOB）

Callicarpa longifolia Lamk. 长叶紫珠

灌木；小枝稍四棱形，与花序和叶柄均被黄褐色星状绒毛。叶片长椭圆形，边缘具锯齿，表面无毛，背面具黄褐色星状毛和细小鳞片状黄色腺点。聚伞花序，4~5 次分歧，萼无齿，近截头状，花冠紫色。果干果状，成熟后有星状毛。（栽培园地：SCBG, KIB, XTBG）

Callicarpa longifolia 长叶紫珠

Callicarpa longifolia Lamk. var. lanceolaria (Roxb.) C. B. Clarke 披针叶紫珠

本变种的叶片狭披针形，背面近无毛，密生小黄色腺点。（栽培园地：XTBG）

Callicarpa longipes Dunn 长柄紫珠

灌木；小枝棕褐色，被毛。叶片倒卵状椭圆形至倒卵状披针形，基部心形，叶背面有细小黄色腺点，边缘具三角状的粗锯齿。聚伞花序，3~4 次分歧，被毛，花序梗长 1.5~3cm，萼齿尖锐，齿长 1~2mm，花冠红色，子房无毛。果球形，紫红色。（栽培园地：SCBG）

Callicarpa longipes 长柄紫珠

Callicarpa longissima (Hemsl.) Merr. 尖尾枫

灌木或小乔木；小枝紫褐色，四棱形，小枝于两叶柄之间有毛环。叶片披针形或椭圆状披针形，叶面仅主脉和侧脉有单毛，背面无毛，具细小的黄色腺点，腺点脱落后呈蜂窝状小洼点，边缘有不明显的小齿或全缘。聚伞花序，5~7 次分歧，花小而密集，花淡紫色，花萼无毛，有腺点，萼齿不明显或近截头状。果扁球形，无毛，有细小腺点。（栽培园地：SCBG, WHIOB, GXIB）

Callicarpa luteopunctata H. T. Chang 黄腺紫珠

灌木；小枝、叶柄、花序均密被黄褐色鳞片状星状毛，两叶柄间无横线或毛环。叶片长椭圆形或倒卵状

Callicarpa longissima 尖尾枫（图1）

Callicarpa macrophylla 大叶紫珠（图1）

Callicarpa longissima 尖尾枫（图2）

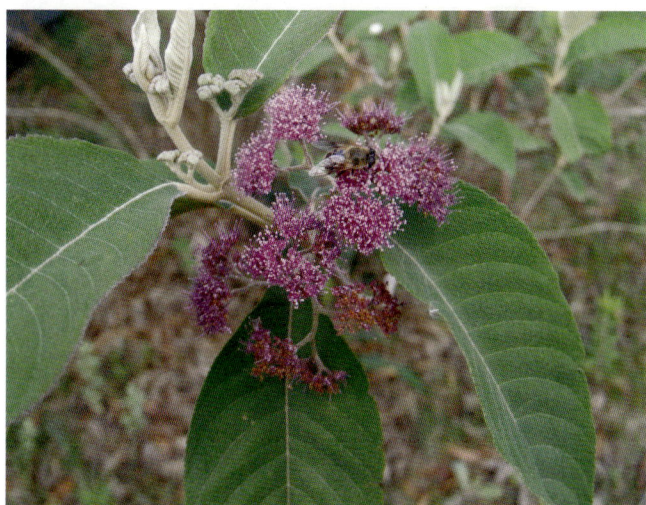

Callicarpa macrophylla 大叶紫珠（图2）

披针形，两面密生细小黄色腺点，近无毛或背面沿脉疏生星状毛，边缘具不规则的锯齿。聚伞花序，常4~5次分歧，花序梗长不超过1cm，常比叶柄短，花冠紫色，无毛。果近球形，具黄色腺点。（栽培园地：WHIOB, XTBG）

Callicarpa macrophylla Vahl 大叶紫珠

灌木；小枝近四方形，密生灰白色粗糠状分枝茸毛，稍具臭味。叶片长椭圆形、卵状椭圆形或长椭圆状披针形，边缘具细锯齿，叶背面和叶柄密生灰白色

分枝茸毛。聚伞花序宽4~8cm，5~7次分歧，花序梗粗壮，长2~3cm，花冠紫色，子房被毛。果球形，有腺点和微毛。（栽培园地：SCBG, WHIOB, KIB, XTBG, GXIB, XMBG）

Callicarpa membranacea H. T. Chang var. **angustata** Rehd. 窄叶紫珠

灌木。叶片纸质，较薄，倒披针形或披针形，两面常无毛，边缘中部以上有锯齿，叶柄长不超过0.5cm。聚伞花序，花冠白色或淡紫色，花序梗长约6mm，

冠，萼齿裂至萼中部以上，雄蕊及花柱均突出花冠外。核果近球形，成熟时蓝黑色。（栽培园地：IBCAS, WHIOB, KIB, XTBG, LSBG, CNBG, SZBG, GXIB）

Clerodendrum canescens Wall. 灰毛大青

灌木，植株密被平展的长柔毛。叶片心形或宽卵形，两面被柔毛。聚伞花序密集成头状，生于枝顶，花白色或淡红色，花萼裂片宽卵形，边缘重叠，外面无盘状腺体。核果近球形，成熟时深蓝色或黑色，藏于红色增大的宿萼内。（栽培园地：SCBG, WHIOB, SZBG, GXIB）

Clerodendrum colebrookianum 腺茉莉

Clerodendrum canescens 灰毛大青（图1）

Clerodendrum cyrtophyllum 大青（图1）

Clerodendrum canescens 灰毛大青（图2）

Clerodendrum colebrookianum Walp. 腺茉莉

灌木或小乔木，植株除叶片外均密被黄褐色微毛。叶片厚纸质，宽卵形或椭圆状心形，全缘，基部三出脉，脉腋有数个盘状腺体。伞房花序4~6枝生于枝顶，花序梗粗状，花白色，稀红色，花萼外面密被短柔毛和少数盘状腺体，花冠管较细长，长1.2~2.5cm。果近球形，蓝绿色。（栽培园地：XTBG）

Clerodendrum cyrtophyllum Turcz. 大青

灌木或小乔木。幼枝被短柔毛，枝黄褐色，髓坚实。叶片厚纸质，椭圆形、长圆形或长圆状披针形，

Clerodendrum cyrtophyllum 大青（图2）

顶端渐尖不呈尾状弯曲，全缘。伞房状聚伞花序，生于枝顶或叶腋，花小，白色，具橘香味，花萼裂片三角状卵形。果球形或倒卵形，绿色至蓝紫色。（栽培园地：SCBG, WHIOB, XTBG, LSBG, CNBG, GXIB）

Clerodendrum fortunatum L. 白花灯笼

灌木；嫩枝密被黄褐色短柔毛。叶片纸质，长椭圆形或倒卵状披针形，全缘，叶柄密被黄褐色短柔毛。聚伞花序，较叶短，腋生，花冠淡红色或白色，花萼红紫色，具 5 棱，膨大形似灯笼，雄蕊 4 枚，与花柱同伸出花冠外。核果近球形，成熟时深蓝绿色。（栽培园地：SCBG, WHIOB, XTBG, SZBG, GXIB）

Clerodendrum fortunatum 白花灯笼（图 1）

Clerodendrum fortunatum 白花灯笼（图 2）

Clerodendrum griffithianum C. B. Clarke 西垂茉莉

灌木；幼枝、叶柄、花序梗、花柄、花萼均被黏性柔毛。叶片纸质，长椭圆形、长椭圆状披针形或椭圆形，顶端尾尖，全缘或上部有波状齿，两面脉上具短柔毛。聚伞花序，花冠白色，花萼紫红色，深 5 裂，裂片长约 1cm，雄蕊 4 枚，与花柱同伸出花冠外。核果球形，成熟时黑色，宿萼增大且略增厚，玫瑰红色，长超过果。（栽培园地：WHIOB, XTBG）

Clerodendrum hainanense Hand.-Mazz. 海南桢桐

灌木。同对叶大小儿相等，叶柄几相等，髓干后不中空，叶片干后淡绿色或翠绿色；叶片倒卵状披针形至狭椭圆形，顶端短尾尖，全缘，两面无毛，背面密被

Clerodendrum griffithianum 西垂茉莉

Clerodendrum hainanense 海南桢桐

淡黄色小腺点。圆锥状聚伞花序，顶生，长 8~14cm，花冠白色，花萼紫红色或淡红色，雄蕊 4 枚，与花柱同伸出花冠外。果球形，成熟时紫色。（栽培园地：SCBG, XTBG）

Clerodendrum henryi C. Pei 南垂茉莉

灌木；小枝无毛，髓疏松，干后中空。叶片纸质，干后变黑色，椭圆状披针形、披针形或椭圆形，全缘，两面几无毛，基脉近三出或近离基三出，侧脉背面隆起。聚伞花序，主轴较短，短圆锥状，顶生或腋生，花冠淡

Clerodendrum henryi 南垂茉莉

Clerodendrum indicum 长管大青

黄色至白色，花萼紫红色，雄蕊4枚，与花柱同伸出花冠外。核果球形，成熟时黑色。（栽培园地：XTBG）

Clerodendrum indicum (L.) O. Ktze. **长管大青**

灌木。小枝4~8棱，同对叶柄之间有1毛环，老时毛渐脱落而有痕迹。叶3~5片轮生，稀对生，叶片厚纸质，长圆状披针形、披针形或长椭圆形，全缘，两面无毛，近无柄。聚伞花序，2~4枝对生或轮生茎上部叶腋或枝顶，花冠白色至淡黄色，花冠管长5~9cm，花萼钟状，革质，淡绿色外。浆果状核果近球形，幼果有2~4深沟。（栽培园地：XTBG）

Clerodendrum inerme (L.) Gaertn. **苦郎树**

攀援灌木。小枝髓坚实。叶片薄革质，卵形、椭圆形至卵状披针形，全缘，两面均具腺点，无毛。聚伞花序，常由3朵花组成，花序梗对生，花冠白色，花萼微5裂，果时几平截，雄蕊4枚，花丝紫红色，与花柱同伸出花冠。核果倒卵形，黄灰色，多汁液，内有4分核，花萼宿存。（栽培园地：SCBG）

Clerodendrum japonicum (Thunb.) Sweet **赪桐**

灌木。小枝四棱形。叶片圆心形，边缘无浅裂的角，背面具锈黄色盾形腺体，叶柄有时长可达27cm，具密集的短柔毛。二歧聚伞花序组成大而开展的圆锥花序，顶生，花冠红色，花萼红色，长1~1.5cm，雄蕊4枚，

Clerodendrum inerme 苦郎树（图1）

与花柱同伸出花冠外。果椭圆状球形，绿色或蓝黑色。（栽培园地：SCBG, WHIOB, KIB, XTBG, CNBG, SZBG, GXIB, XMBG）

Clerodendrum kaichianum Hsu 浙江大青

落叶灌木或小乔木。叶对生，厚纸质，卵形，全缘，基部脉腋常有几个盘状腺体。伞房状聚伞花序，顶生，花序梗粗，无花序主轴，花冠乳白色或淡红色，花冠管较粗短，长 1~1.3cm，花萼外面疏生细毛和腺点，雄蕊 4 枚，与花柱同伸出花冠外。核果蓝绿色，倒卵状球形至球形。（栽培园地：LSBG, GXIB）

Clerodendrum inerme 苦郎树（图 2）

Clerodendrum japonicum 赪桐（图 1）

Clerodendrum kaichianum 浙江大青（图 1）

Clerodendrum kaichianum 浙江大青（图 2）

Clerodendrum kwangtungense Hand.-Mazz. 广东大青

灌木。叶对生，膜质，卵形或长圆形，顶端呈尾状弯曲，全缘，两面几无毛，侧脉基部三出。伞房状聚伞花序，生于枝顶叶腋，直立，密被短柔毛，花冠白色，花冠管长 2~3cm，花萼长 6~7mm，雄蕊 4 枚，雄蕊与花柱同伸出花冠外。核果球形，绿色。（栽培园地：SCBG, XTBG）

Clerodendrum japonicum 赪桐（图 2）

Clerodendrum lindleyi Decne ex Planch. **尖齿臭茉莉**

灌木。幼枝近四棱形，老枝近圆形，被毛。叶片纸质，宽卵形或心形，两面被毛，基部脉腋有数个盘状腺体，边缘有锯齿或波状齿。伞房状聚伞花序，密集，顶生，花冠小，紫红色或淡红色，裂片倒卵形，花萼钟状，密被柔毛和少数盘状腺体。核果近球形，蓝黑色。（栽培园地：WHIOB）

Clerodendrum longilimbum C. Pei **长叶大青**

灌木。小枝略四棱形，无毛。叶对生，膜质，长椭圆形或椭圆形，全缘，两面近无毛，羽状或近离基三出、侧脉及细脉在背面均显著。聚伞花序排列成狭长圆锥状，顶生，下垂，花冠淡黄绿色或白色，花冠管长 1.5~1.8cm，花冠裂片匙形，花萼钟状，长 7~9mm。核果球形，绿色。（栽培园地：XTBG）

Clerodendrum luteopunctatum C. Pei et S. L. Chen **黄腺大青**

灌木；幼枝及花序轴密被锈色短绒毛。小枝具椭圆形乳黄色皮孔。叶互生，纸质，长圆状披针形，叶两面密生黄色腺点，全缘。聚伞花序组成伞房状或短圆锥状，花冠白色，苞片与花萼呈紫色，雄蕊 4 枚，稍伸出花冠。果近球形。（栽培园地：WHIOB）

Clerodendrum mandarinorum Diels **海通**

灌木或乔木，幼枝密被黄褐色绒毛，髓具明显的黄色薄片状横隔。叶片近革质，卵状椭圆形至心形，两面被绒毛，背面尤密，无腺点。伞房状聚伞花序顶生，花序梗以至花柄都密被黄褐色绒毛，花冠白色或偶为淡紫色，具香气，花冠管纤细，长 7~10mm，裂片长圆形，长约 3.5mm，雄蕊及花柱伸出花冠外。核果近球形，蓝黑色。（栽培园地：WHIOB, LSBG, GXIB）

Clerodendrum mandarinorum 海通

Clerodendrum paniculatum L. **圆锥大青**

灌木。小枝四棱形，叶柄之间有 1 圈密的长柔毛。

Clerodendrum paniculatum 圆锥大青

叶互生，叶片宽卵形或宽卵状圆形，边缘 3~7 浅裂呈角状，角尖，背面密被盾状腺体，掌状脉。聚伞花序组成塔形圆锥花序，顶生，花冠红色，高脚杯状，雄蕊与花柱均远伸出花冠外。果球形。（栽培园地：XTBG）

Clerodendrum philippinum Schauer **重瓣臭茉莉**

本种与臭茉莉的主要区别为：雄蕊常瓣化花瓣，使花为重瓣。（栽培园地：SCBG, WHIOB, XTBG, CNBG）

Clerodendrum philippinum 重瓣臭茉莉

Clerodendrum philippinum Schauer var. **simplex** Moldenke **臭茉莉**

灌木；植株全部被毛。伞房状聚伞花序，花多而密集，苞片多，花大，单瓣，花萼长 1.3~2.5cm，萼裂片披针形，长 1~1.6cm，花冠白色或淡红色，花冠管长 2~3cm，裂片椭圆形，长约 1cm。核果近球形，直径 8~10mm，成熟时蓝黑色。（栽培园地：SCBG, XTBG, GXIB）

Clerodendrum quadriloculare (Blanco) Merr. **烟火树**

灌木。叶对生，叶片卵状披针形至长椭圆形，顶端渐尖，叶面深绿色，背面紫红色，边缘疏具浅齿。聚伞花序密集呈头状，花序具多朵花，花冠管细长，紫红色，顶端裂片 5 片，倒卵状披针形，白色或略带粉色。（栽培园地：XTBG, XMBG）

Clerodendrum serratum (L.) Moon 三对节

灌木。小枝四棱形，幼枝密被土黄色短柔毛，节上尤密。叶对生或三叶轮生，叶片厚纸质，倒卵状长圆形或长椭圆形，几无叶柄或具短柄，基部不呈耳状抱茎。聚伞花序组成直立、开展的圆锥花序，顶生，密被黄褐色柔毛，苞片叶状宿存，花萼被短柔毛，花冠淡紫色、蓝色或白色，近二唇形，花冠管较粗，长约 7mm。核果近球形。（栽培园地：KIB, XTBG, GXIB）

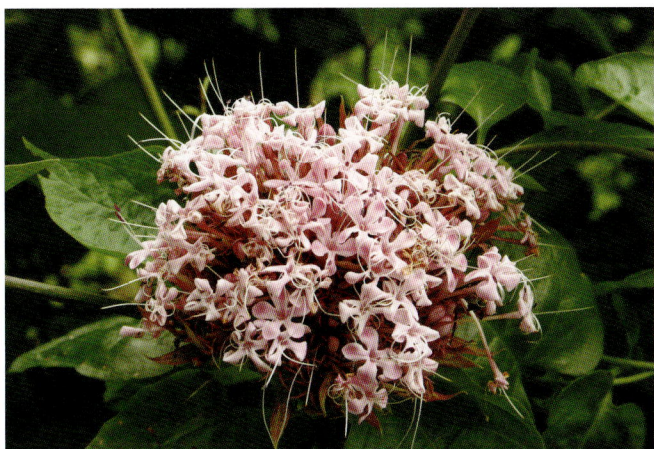

Clerodendrum philippinum var. simplex 臭茉莉（图 1）

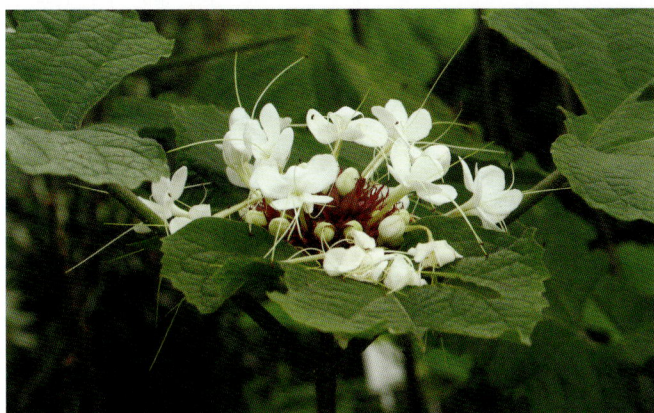

Clerodendrum philippinum var. simplex 臭茉莉（图 2）

Clerodendrum serratum 三对节（图 1）

Clerodendrum quadriloculare 烟火树（图 1）

Clerodendrum quadriloculare 烟火树（图 2）

Clerodendrum serratum 三对节（图 2）

Clerodendrum serratum (L.) Moon var. **amplexifolium** Moldenke 三台花

本变种的叶片三叶轮生，叶片基部下延成耳状抱茎，通常叶和花序较大。（栽培园地：KIB, XTBG）

Clerodendrum serratum var. **amplexifolium** 三台花（图1）

Clerodendrum serratum var. **amplexifolium** 三台花（图2）

Clerodendrum serratum (L.) Moon var. **herbaceum** (Roxb.) C Y. Wu 草本三对节

本变种的叶对生，叶片较小，倒披针状卵形或倒卵形，边缘疏生锯齿；花序分枝较紧缩，有时花序上部近穗状。（栽培园地：XTBG）

Clerodendrum speciosissimum Drapiez 美丽桢桐

攀援藤本。叶对生，叶片阔卵形，顶端急尖，基部圆形至心形，深绿色至蓝绿色。聚伞花序，花多而密集，花冠裂片5片，裂片卵圆形，红色，雄蕊与花柱均伸出花冠外，明显长于花冠裂片。（栽培园地：XTBG, SZBG, GXIB）

Clerodendrum speciosissimum 美丽桢桐（图1）

Clerodendrum speciosissimum 美丽桢桐（图2）

Clerodendrum speciosum W. Bull 红萼龙吐珠

木质灌木。叶对生，叶片纸质，具柄，卵状椭圆形，全缘先端渐尖。聚伞花序顶生或腋生，花冠红色，花萼红色，雌雄蕊细长，突出花冠外。核果。（栽培园地：SCBG, SZBG, XMBG）

Clerodendrum splendens G. Don 红龙吐珠

攀援灌木。叶对生，叶片卵形，全缘，侧脉明显。聚伞花序，顶生或腋生，花萼红色，钟状，花冠红色，高脚杯状，雄蕊与花柱同伸出花冠外。（栽培园地：SCBG, WHIOB, XTBG, SZBG）

Clerodendrum subscaposum Hemsl. 抽葶大青

亚灌木。茎草质。叶近基生，叶片膜质，圆心形或卵状心形，基部微凹呈心形，边缘具不规则的浅齿。聚伞花序在主轴上成对排列，呈延伸的总状或圆锥状

Clerodendrum speciosum 红萼龙吐珠

Clerodendrum splendens 红龙吐珠（图2）

花序，花序梗紫色，散生小腺点，花萼钟状，花冠蓝紫色，冠管细弱，顶端5深裂，裂片倒卵形或椭圆形，雄蕊2长2短，与花柱远伸出花冠管外。果球形，顶端具腺点，宿萼不增大。（栽培园地：WHIOB）

Clerodendrum thomsonae Balf. 龙吐珠

攀援状藤本。髓疏松，干后中空。叶对生，叶片卵

Clerodendrum thomsonae 龙吐珠（图1）

Clerodendrum splendens 红龙吐珠（图1）

Clerodendrum thomsonae 龙吐珠（图2）

状矩圆形或卵形，全缘，顶端渐尖，基部圆形，叶脉在基部 3 出，近叶缘处弯拱而相互联结。聚伞花序，腋生或顶生，花萼白色，花冠深红色，雄蕊与花柱伸出花冠外；子房无毛和腺点。（栽培园地：SCBG, WHIOB, KIB, XTBG, CNBG, SZBG, XMBG）

Clerodendrum trichotomum Thunb. 海州常山

灌木或小乔木，植株通常被短柔毛。髓白色，有淡黄色薄片状横隔。叶片卵形、卵状椭圆形或三角状卵形。伞房状聚伞花序，常二歧分枝，花冠白色或带粉红色，花冠管细长，裂片长椭圆形，雄蕊 4 枚，花丝与花柱同伸出花冠外。核果近球形，成熟时蓝紫色。（栽培园地：SCBG, IBCAS, WHIOB, KIB, XJB, CNBG, SZBG, GXIB）

Clerodendrum trichotomum 海州常山

Clerodendrum villosum Bl. 绢毛大青

灌木或攀援状灌木，植株全部密被黄褐色绢状毛。小枝四棱形，髓具明显的黄色薄片状横隔。叶对生，叶片心形或宽卵状心形，全缘。聚伞花序组成圆锥花序，具长梗，花萼钟状，花冠白色或黄红色，花冠管与花萼近于等长或稍长，雄蕊与花柱近于等长，均伸出花冠外。核果球形，黑色。（栽培园地：XTBG）

Clerodendrum wallichii Merr. 垂茉莉

灌木。小枝无毛，锐四棱形，髓部充实。叶片近革质，长圆形或长圆状披针形，全缘，两面无毛。聚伞花序排列成圆锥状，下垂，无毛，花冠白色，花冠管长约 1.1cm，裂片倒卵形，长 1.1~1.5cm，花萼钟状，鲜红色或紫红色，雄蕊及花柱伸出花冠。核果球形，成熟时紫黑色，光亮。（栽培园地：SCBG, XTBG, SZBG, GXIB, XMBG）

Clerodendrum yunnanense Hu ex Hand.-Mazz. 滇常山

灌木，植株有臭味，幼枝、花序、幼叶及叶柄均密被黄褐色绒毛。叶片宽卵形、卵形或心形，全缘或有不规则疏齿，叶面被糙毛，背面密生淡黄色或黄褐

Clerodendrum wallichii 垂茉莉（图 1）

Clerodendrum wallichii 垂茉莉（图 2）

Clerodendrum wallichii 垂茉莉（图 3）

Clerodendrum yunnanense 滇常山（图1）

Clerodendrum yunnanense 滇常山（图2）

色短柔毛。伞房状聚伞花序，顶生，花密集，花萼钟状，花萼裂片三角形或狭三角形，雄蕊与花柱同伸出花冠外。核果近球形，蓝黑色。（栽培园地：WHIOB，KIB）

Congea 绒苞藤属

该属共计2种，在1个园中有种植

Congea chinensis Moldenke 华绒苞藤

攀援状灌木。小枝密被灰色长柔毛。叶对生，狭椭圆形，全缘，叶背及叶柄密生长柔毛。聚伞花序，有花5~7朵，密生灰白色长柔毛，花序梗长1~2cm，常排成长15~25cm的圆锥花序，总苞片4枚，狭长圆形或近倒披针形，顶端钝，花萼近钟状，外面密生白色长柔毛，花冠灰白色，2唇形，花冠管圆柱形，长约7mm，无毛。（栽培园地：XTBG）

Congea tomentosa Roxb. 绒苞藤

攀援状灌木，幼枝密生黄色绒毛，后变灰白色。叶对生，椭圆形、卵圆形或阔椭圆形，叶背及叶柄密生长柔毛。聚伞花序，有无柄花5~9朵，紫红色，密生

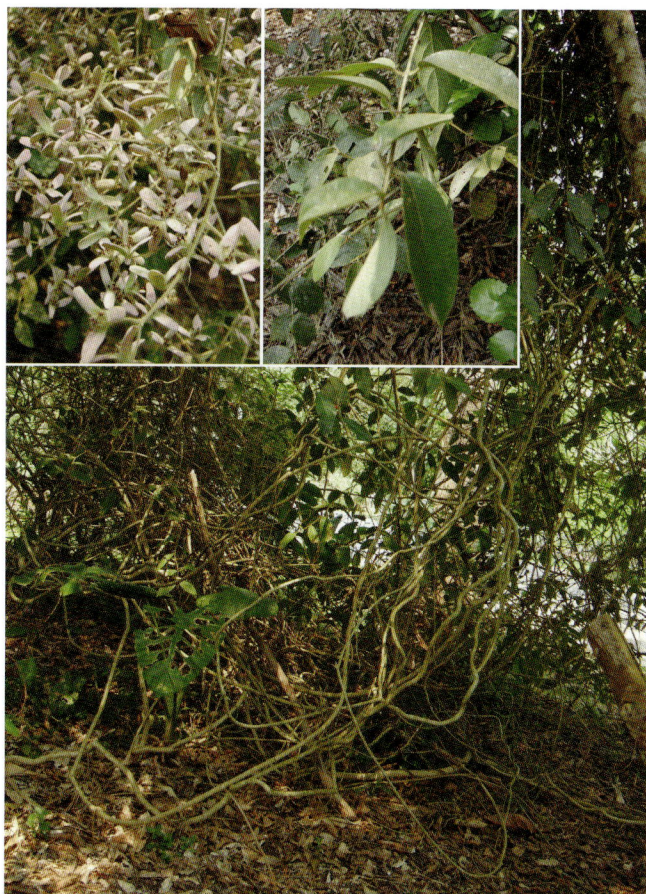

Congea tomentosa 绒苞藤

白色长柔毛，花序常再排成圆锥状，花萼漏斗状，外面密生黄色柔毛，花冠管长于花萼，2唇形，除内面喉部有长柔毛环外其余无毛。核果豌豆大小，顶端凹陷，包藏于稍膨大的宿萼内。（栽培园地：XTBG）

Duranta 假连翘属

该属共计1种，在9个园中有种植

Duranta repens L. 假连翘

灌木。枝条有皮刺。叶对生，稀轮生，卵状椭圆形

Duranta repens 假连翘（图1）

Duranta repens 假连翘（图 2）

Gmelina arborea 云南石梓（图 1）

或卵状披针形，全缘或中部以上有锯齿。总状花序顶生或腋生，常排成圆锥状，花萼管状，有毛，5 裂，具5 棱；花冠蓝紫色，花冠管圆柱形，5 裂，裂片平展。核果球形，无毛，有光泽，红黄色，包藏在增大宿存花萼内。（栽培园地：SCBG, IBCAS, WHIOB, KIB, XTBG, CNBG, SZBG, GXIB, XMBG）

Garrettia 辣菽属

该属共计 1 种，在 1 个园中有种植

Garrettia siamensis Fletch. 辣菽

灌木。叶对生，单叶或具 3 片小叶，两面疏生微毛与金黄色腺点，叶片边缘有细锯齿。聚伞花序二歧或三歧分枝，腋生或聚成具叶的顶生圆锥花序，花小，白色，花萼钟状，边缘具极小 5 齿或几全缘，果时包被果，花冠二唇形，花冠管长 1.5~2mm，雄蕊 4 枚，2 长 2 短。蒴果圆球形，顶部截平，密被黄色腺点。（栽培园地：XTBG）

Gmelina 石梓属

该属共计 4 种，在 6 个园中有种植

Gmelina arborea Roxb. 云南石梓

落叶乔木，高达 15m，胸径 30~50cm，树干直，树皮灰棕色，嫩枝扁平，幼枝、叶柄、叶背及花序均密被黄褐色绒毛，叶对生，叶片厚纸质，广卵形，近基部有 2 至数个黑色盘状腺点。聚伞花序组成顶生的圆锥花序，15~30cm，花萼钟状，外面有黑色盘状腺点，顶端有 5 个三角形小齿，花冠漏斗状，黄色，外面密被黄褐色绒毛，二唇形，子房无毛。核果椭圆形或倒卵状椭圆形，成熟时黄色，干后黑色。（栽培园地：SCBG, XTBG, SZBG, XMBG）

Gmelina arborea 云南石梓（图 2）

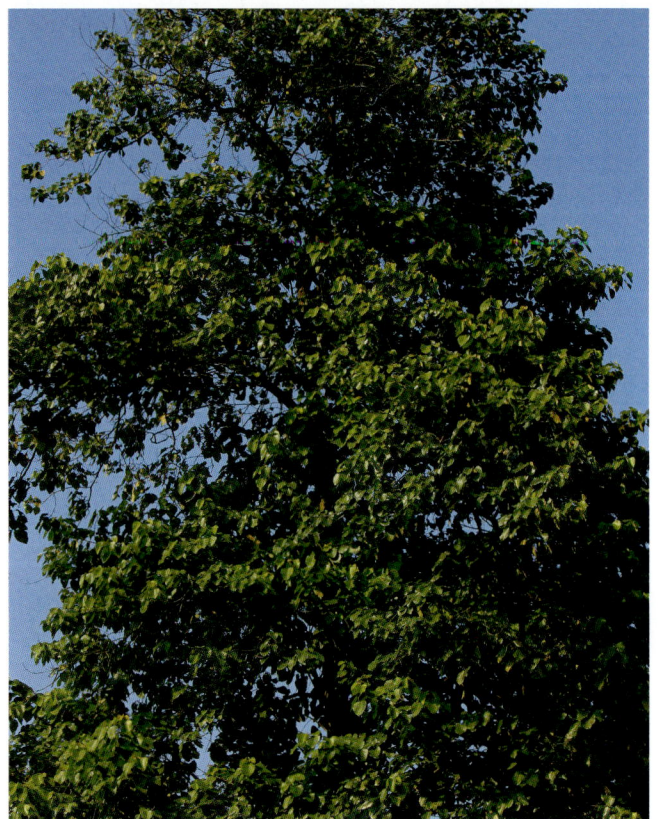

Gmelina arborea 云南石梓（图 3）

Gmelina chinensis Benth. 石梓

　　乔木。小枝无刺。叶片卵形或卵状椭圆形，无毛。苞片披针形，早落；花萼平截；花冠淡粉红色，无毛，4 裂；子房被毛。（栽培园地：XMBG）

Gmelina hainanensis Oliv. 苦梓

　　乔木。树皮粗糙，暗灰色。叶对生，叶片厚纸质或纸质，卵形或卵状椭圆形，全缘，两面无毛。聚伞花

Gmelina hainanensis 苦梓（图 1）

Gmelina hainanensis 苦梓（图 2）

序组成顶生的圆锥花序，长 5~10cm，被毛，花萼钟状，外面被毛和密生灰白色腺点及黑色盘状腺点，平截或具 4 个小尖头，花冠漏斗状，白色稍带粉红色，顶端常 4 裂，有时 5 裂，裂片广卵形，子房上部密被灰白色绒毛，下半部光滑无毛。核果倒卵形，长约 2.2cm。（栽培园地：SCBG, KIB, XTBG, SZBG, GXIB）

Gmelina philippensis Cham. 菲律宾石梓

　　灌木或小乔木。枝具刺。叶片卵形或卵状椭圆形。苞片阔倒卵形，交互对生呈覆瓦状排列；花冠黄色，喉部向外膨胀，裂片 4 枚。（栽培园地：SCBG, XTBG, XMBG）

Gmelina philippensis 菲律宾石梓

Holmskioldia 冬红属

该属共计 1 种，在 5 个园中有种植

Holmskioldia sanguinea Retz. 冬红

　　灌木，高 3~7m，小枝四棱形，具四槽，被毛。叶对生，叶片膜质，卵形或宽卵形，叶缘有锯齿。聚伞花序，常 2~6 个再组成圆锥状，花萼砖红色或橙红色，由基部向上扩大成蝶状，直径可达 2cm，花冠砖红色，花冠管长 2~2.5cm，有腺点，雄蕊 4，二强。果倒卵形，4 深裂，包藏于宿存、扩大的花萼内。（栽培园地：SCBG, XTBG, SZBG, GXIB, XMBG）

Holmskioldia sanguinea 冬红（图1）

Holmskioldia sanguinea 冬红（图2）

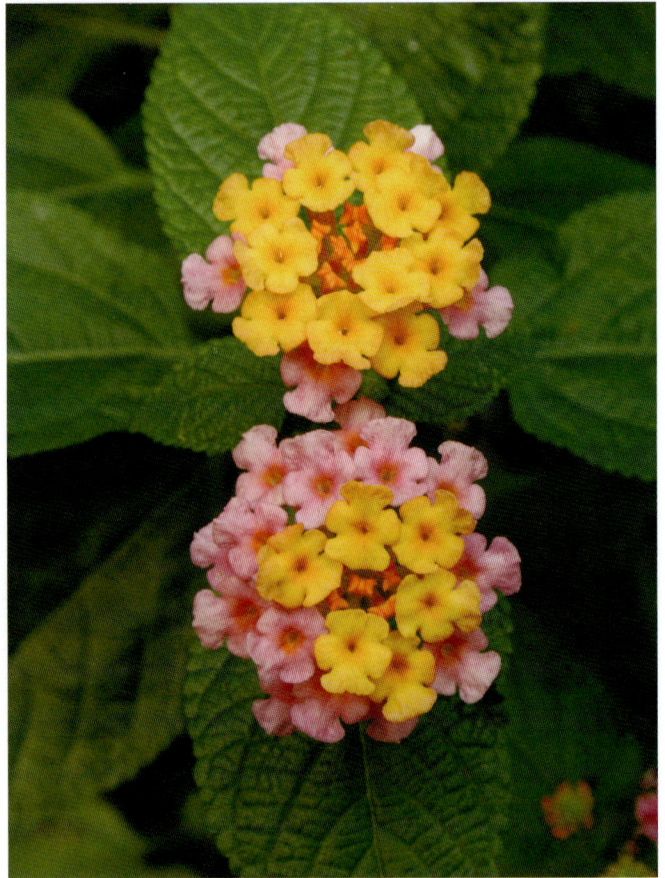

Lantana camara 马缨丹（图1）

Lantana 马缨丹属

该属共计2种，在9个园中有种植

Lantana camara L. 马缨丹

　　直立、蔓性或藤状灌木，有强烈气味，茎四方形，有短的倒钩状刺。叶对生，叶片卵形至卵状长圆形，边缘有钝齿，叶面有粗糙的皱纹和短柔毛，背面有小刚毛。花密集成头状，顶生，花序梗粗壮，苞片披针形，花萼管状，膜质，顶端有极短的齿，花冠黄色或橙黄色，开花后不久转为深红色，子房无毛。果圆球形，直径约4mm，成熟时紫黑色。（栽培园地：SCBG, WHIOB, KIB, XTBG, LSBG, CNBG, SZBG, GXIB, XMBG）

Lantana montevidensis (Spreng.) Briq. 蔓马缨丹

　　木质藤本，枝四方形，下垂，被柔毛，叶对生，卵形，基部突然变狭，边缘有粗牙齿，两面被毛。头状花序，直径约2.5cm，具总花梗，花淡紫红色，苞片阔卵形，长不超过花冠管的中部。（栽培园地：SCBG, XTBG, SZBG, XMBG）

Lantana camara 马缨丹（图2）

Lantana montevidensis 蔓马缨丹（图1）

Petrea volubilis 蓝花藤（图2）

全缘，两面被疏毛，叶柄被毛。总状花序，顶生，下垂，总花梗长10cm以上，被短毛，花蓝紫色，萼管短，陀螺形，密被棕色微绒毛，裂片狭长圆形，开展，花后增加且宿存，结果时长约2cm，宽约5mm，花冠短，圆柱形，5深裂，外面密被微绒毛，喉部有髯毛，雄蕊4，近等长。（栽培园地：SCBG, XTBG, SZBG）

Phyla 过江藤属

该属共计1种，在2个园中有种植

Phyla nodiflora (L.) Greene 过江藤

多年生草本，有木质宿根，多分枝，全体有紧贴"丁"字状短毛。叶对生，近无柄，匙形、倒卵形至倒披针形，中部以上的边缘有锐锯齿。穗状花序，腋生，卵形或圆柱形，花序梗长1~7cm，苞片宽倒卵形，花萼膜质，花冠白色、粉红色至紫红色，雄蕊短小，不伸出花冠外，子房无毛。果淡黄色，内藏于膜质的花萼内。（栽培园地：SCBG, XTBG）

Premna 豆腐柴属

该属共计16种，在5个园中有种植

Premna chevalieri P. Dop. 尖叶豆腐柴

灌木或乔木，高2~5m，小枝圆柱形，嫩枝被柔毛，叶对生，叶片坚纸质至近革质，有光泽，卵形或椭圆状卵形，长5~9cm，宽3~4cm，同对叶片常不同大小，基部楔形或圆形，叶柄被毛。圆锥花序，顶生，长达25cm，宽达10cm，基部苞片叶状，上部小苞片线形，被毛，花由黄色变白色，有紫色斑点，花萼钟状，5浅裂，花冠外面被腺点和短毛，二唇形，上唇圆形，全缘，下唇3浅裂，裂片圆形，雄蕊4，2长2短，着生于花冠管中部，与花冠等长，子房无毛，有腺点。核果黑色，果萼增大1倍。（栽培园地：XTBG）

Lantana montevidensis 蔓马缨丹（图2）

Petrea 蓝花藤属

该属共计1种，在3个园中有种植

Petrea volubilis L. 蓝花藤

木质藤本，长达5m，小枝灰白色，被毛，叶对生，叶片革质，触之粗糙，椭圆状长圆形或卵状椭圆形，

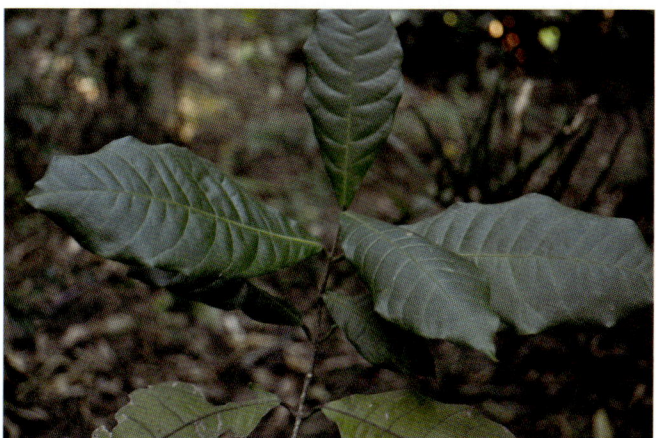

Petrea volubilis 蓝花藤（图1）

Premna flavescens Buch.-Ham. 淡黄豆腐柴

灌木，嫩枝有柔毛，有白色线形皮孔，叶对生，卵形或卵状披针形，坚纸质，顶端尖或渐尖，基部钝或近心形，两面被毛。聚伞花序，直径6~17cm，有铁锈色柔毛，花绿白色，花在芽时粉红色，苞片线形，花萼有5齿，裂齿三角形，顶端尖，被柔毛，花冠4裂，花管喉部有密集成堆的长柔毛，雄蕊2长2短，2枚稍长的与花柱均伸出花冠外。核果干时黑色。（栽培园地：XTBG）

Premna fohaiensis C. Pei et S. L. Chen ex C. Y. Wu 勐海豆腐柴

直立灌木或乔木，幼枝、叶柄及花序均被黄棕色卷曲绒毛，老枝灰黄色，无毛。叶对生，叶片纸质，广卵形、椭圆形或椭圆状披针形，全缘，基部圆形或截形，不下延成楔形，叶两面被毛。聚伞花序在枝顶排成伞房状，花萼杯状，4浅裂，顶端有4齿，裂齿卵圆形，花冠黄绿色，4裂，裂片长圆形，向外开展，花冠管长约1.5mm，除近喉部以上有1圈柔毛环外，其余均无毛，雄蕊4，开花时与花柱均伸出花冠外，子房无毛。果倒卵球形，紫黑色，疏生淡黄色腺点。（栽培园地：XTBG）

Premna fordii Dunn et Tutch. 长序臭黄荆

直立或攀援灌木，植株全部密被长柔毛，叶对生，叶片坚纸质，卵形或卵状长圆形，全缘或在中部以上有不明显的疏齿，背面有暗黄色腺点。聚伞花序组成顶生狭长圆锥花序，花萼杯状，外被柔毛和细小黄色腺点，长1~2mm，5浅裂，裂齿三角形，顶端钝，花冠白色或淡黄色，长3~8mm，外面有茸毛和黄色腺点，顶端4裂成二唇形，上唇短于下唇，长约为花冠管的1/8，雄蕊4，2长2短，子房无毛，顶端密生黄色腺点。果近球形，无毛，顶端疏生黄色腺点。（栽培园地：SCBG）

Premna fordii 长序臭黄荆（图1）

Premna fordii 长序臭黄荆（图2）

Premna fordii 长序臭黄荆（图3）

Premna fulva Craib 黄毛豆腐柴

灌木或乔木，有时枝条外倾或攀援状，幼枝、叶柄、叶背密被黄色平展长柔毛。叶对生，叶片纸质，形状大小多变，卵圆形、长圆状卵圆形或长圆状倒卵圆形、卵状披针形、椭圆形或近圆形，基部阔楔形、近圆形，很少近心形，近全缘，两面被毛。聚伞花序伞房状，顶生，苞片线形，密被柔毛，花萼外被短柔毛，长2~2.5mm，近二唇形，5裂，裂齿顶端圆，花冠绿白色，长4~5mm，4裂近二唇形，上唇1裂片圆或微凹，

Premna fulva 黄毛豆腐柴

下唇 3 裂片圆，花冠管长约 2mm，雄蕊 4，二强。核果卵形至球形，黑色，有瘤突，果萼杯状，近二唇形。（栽培园地：XTBG, GXIB）

Premna hainanensis Chun et How 海南臭黄荆

攀援或直立灌木，高 1~3m，幼枝及花序略被粉屑状柔毛。叶对生，叶片厚纸质或近革质，椭圆形至卵状椭圆形，全缘，两面无毛或仅沿叶脉有毛。聚伞花序在枝端排成伞房状，分枝细弱，花萼有细柔毛或近无毛，二唇形，上唇有 2 齿，下唇近全缘或有 2 钝齿，花冠黄绿色至白色，略呈二唇形，上唇凹入，下唇 3 裂，两侧裂片较短，花冠管长 3~4mm，喉部有白色长柔毛，雄蕊 4，子房近圆形，无毛。核果倒卵形，褐色，无毛和腺点。（栽培园地：SCBG）

Premna interrupta Wall. 间序豆腐柴

直立蔓生灌木，高约 3m，幼枝被毛。叶对生，叶片纸质，倒卵形至卵状长圆形，全缘或上半部有不明显细锯齿，顶端短渐尖，稀钝，基部楔形，下延近无柄，两面被脱落性微绒毛。聚伞花序团聚成有间断的穗形总状花序，花序梗密生细茸毛，花萼钟状，无毛，2 裂

Premna interrupta 间序豆腐柴（图 2）

成二唇形，裂片顶端圆或上唇微凹，花冠黄绿或白色，有香味，4 裂微成二唇形，花冠喉部有稀疏白色长柔毛，雄蕊 4，2 枚稍长。核果卵圆形，黑色，顶端有黄色腺点。（栽培园地：WHIOB）

Premna laevigata C. Y. Wu 平滑豆腐柴

灌木，高 2~3m，小枝圆柱状，无毛，紫褐色，老枝黄褐色，皮孔瘤状隆起。叶对生，叶片革质，卵状长圆形或长椭圆形，叶缘中部以上具疏而深的硬头小

Premna interrupta 间序豆腐柴（图 1）

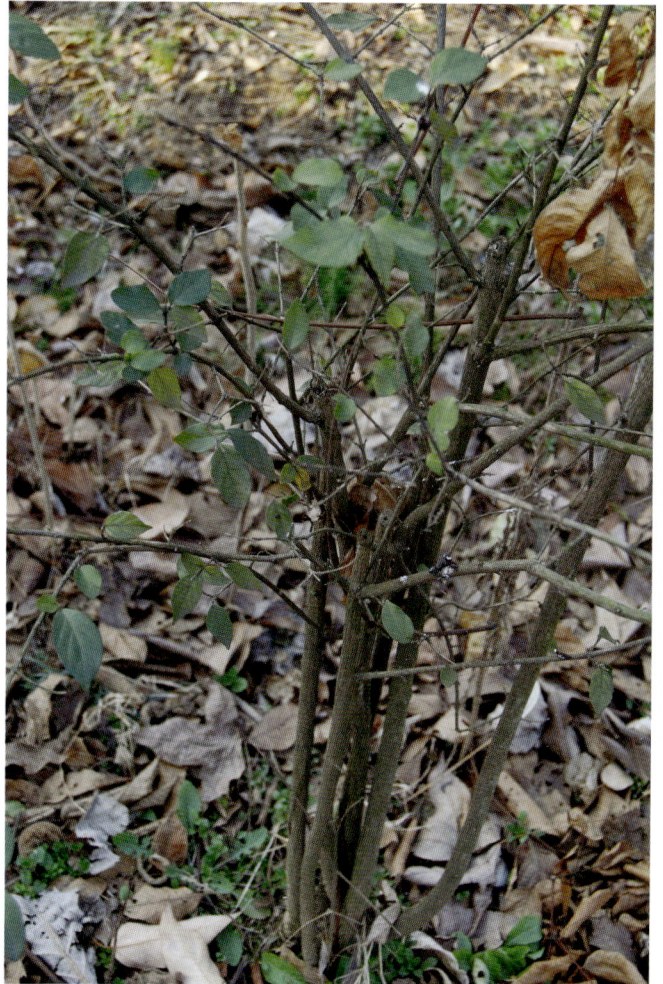

Premna laevigata 平滑豆腐柴

锯齿，两面无毛。聚伞状圆锥花序，有黄色微硬毛及秕糠状腺点，花萼二唇形，上唇有3个小突起，下唇微缺，花冠二唇形，上唇全缘，较大，下唇较小，3裂，喉部密被黄白色长柔毛，子房无毛。核果倒卵圆形，绿色转暗褐色，宿萼盘状至杯状。（栽培园地：XTBG）

Premna latifolia Roxb. 大叶豆腐柴

灌木或小乔木，叶对生，叶片坚纸质。心形、圆形、卵圆形至卵状长圆形，基部近心形或圆形，表面干时变黑褐色，叶背密被黄色柔毛，叶柄有黄色柔毛。伞房花序，顶生，密生短柔毛，花污黄色，花萼5裂成二唇形，花冠微二唇形，一唇3深裂，另一唇2浅裂，雄蕊2长2短，与花柱均伸出花冠外。核果黑色，无毛，有疣状凸起。（栽培园地：XTBG）

Premna maclurei Merr. 弯毛臭黄荆

直立或攀援灌木，高1~3m，嫩枝黄棕色，密生黄棕色柔毛。叶对生，叶片革质，长圆形、椭圆形或倒卵状长圆形，全缘，两面或仅沿脉上疏被锈色短硬毛，背面较密，手摸表面有粗糙感，叶柄密被黄棕色柔毛。聚伞花序在小枝顶端组成伞房状，密被黄棕色柔毛，花萼杯状，5浅裂稍成二唇形，裂片钝三角形，花冠绿白色或白色，或在芽时为紫色，4裂微呈二唇形，雄蕊4，2长2短，开花时外露。核果卵球形，有疣状突起。（栽培园地：SCBG）

Premna microphylla Turcz. 豆腐柴

直立灌木，幼枝被毛，老枝无毛，叶对生，揉之有臭味，叶片卵状披针形、椭圆形、卵形或倒卵形，顶端急尖至长渐尖，基部渐狭窄下延至叶柄两侧，全缘或有不规则粗齿，无毛至有短柔毛。聚伞花序组成顶生塔形的圆锥花序，花序最下分枝长不超过1cm，花萼杯状，绿色，有时带紫色，密被毛至几无毛，但边缘常有睫毛，近整齐的5浅裂，花冠淡黄色，长约

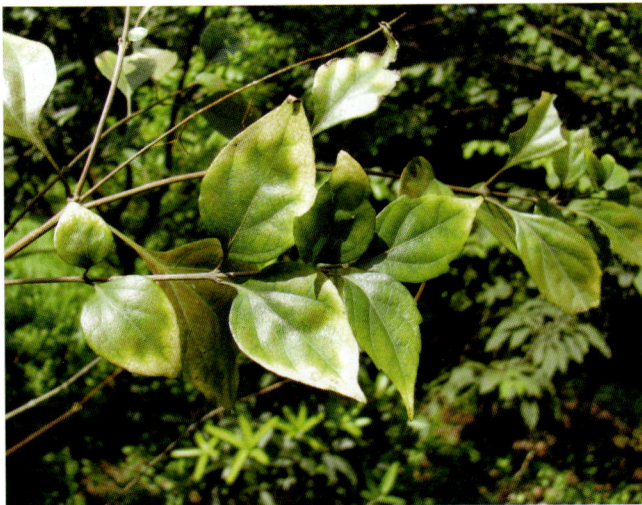

Premna microphylla 豆腐柴

7mm，外有柔毛和腺点，花冠内部有柔毛，以喉部较密。核果紫色，球形至倒卵形。（栽培园地：SCBG，WHIOB，LSBG）

Premna puberula Pamp. 狐臭柴

直立或攀援灌木至小乔木。叶片纸质至坚纸质，卵状椭圆形、卵形或长圆状椭圆形。聚伞花序组成塔形圆锥花序，生于小枝顶端，无毛至疏被柔毛；苞片披针形或线形；花萼杯状，外被短柔毛和黄色腺点，顶端5浅裂，裂齿三角形，齿缘有纤毛；花冠淡黄色，有紫色或褐色条纹，4裂成二唇形，下唇3裂，上唇圆形，顶端微缺，外面密被腺点，喉部有数行较长的毛；雄蕊二强，着生花冠管中部以下，伸出花冠外，花丝无毛；子房圆形，无毛，顶端有腺点，花柱短于雄蕊，无毛，柱头2浅裂。核果紫色转黑色，倒卵形，有瘤突。（栽培园地：WHIOB）

Premna scandens Roxb. 藤豆腐柴

大攀援藤本，幼枝和花序疏被微柔毛，老枝无毛。叶对生，叶片革质，椭圆形至长椭圆形或卵圆形至披针形，稀倒卵形，顶端锐尖至突然渐尖，全缘，表面干时黑色，平行细脉较少，和疏生网脉仅在背面可见。伞房状聚伞花序顶生，开展，被微柔毛，花近无柄，花萼杯状，绿色，平截或有4齿微呈二唇形，花冠白色，长约3mm，外面无毛，花冠管长约2mm，管内喉部有毛，雄蕊4，微伸出。核果倒卵球形，顶有小尖突，蓝黑色。（栽培园地：XTBG）

Premna subcapitata Rehd. 近头状豆腐柴

灌木，高1~2m，叶对生，叶片卵形至卵状长圆形，长2.5~8.5cm，宽1.5~4.8cm，边缘有疏锯齿，两面被毛，叶柄长0.4~1cm，同对叶柄常不等长，被毛。聚伞花序在小枝顶端紧缩成头状，长0.5~2cm，花萼杯状，结果时增大，两面被毛和淡黄色腺点，花冠黄绿或绿白色，长约6mm，4裂成二唇形，裂片卵状圆形，上唇全缘，下唇3裂，花冠管长约3mm，喉部密生1圈长柔毛。核果暗黑色，卵形。（栽培园地：WHIOB）

Premna szemaoensis C. Pei 思茅豆腐柴

乔木，老枝棕褐色至黑褐色，无毛，幼枝、叶柄及花序分枝密生棕褐色稍卷曲绒毛。叶对生，叶片厚纸质，阔卵形或卵状椭圆形，全缘或有不规则疏齿，基部阔楔形或近圆形，两面被毛。聚伞花序在小枝顶端排成伞房状，花萼钟状，长约1.5mm，被短柔毛和淡黄色腺点，花冠淡绿白色或淡黄色，长3.5~4mm，喉部密生1圈白色长柔毛，毛长约1mm，雄蕊4，与花柱均伸出花冠外。核果圆形至倒卵形，紫黑色。（栽培园地：XTBG）

Premna velutina C. Y. Wu 黄绒豆腐柴

　　灌木，高约50cm，枝条、叶柄、花序轴均密被污黄色长柔毛。叶对生，叶片坚纸质，心形，长6~9cm，宽3.5~6cm，基部心形，叶缘有规则细齿，叶面密被污黄色长柔毛和橘黄色腺点，背面密被污黄色毡状长柔毛。花多，密集成团状或塔形头状花序，顶生，花萼钟形，外被微硬毛和橘黄色腺点，花冠黄色，长约5mm，管部无毛，4裂成二唇形，雄蕊4，2长2短。核果淡褐色，长圆形。（栽培园地：XTBG）

Premna velutina 黄绒豆腐柴

Rotheca 蓝蝴蝶属

该属共计1种，在4个园中有种植

Rotheca myricoides (Hochst.) Steane et Mabb. 蓝蝴蝶

　　灌木，高0.6~1cm，幼枝方形，紫褐色。叶对生，叶片倒卵形至倒披针形，顶端尖或钝圆，叶缘上半段有浅锯齿，下半段全缘。圆锥花序，顶生。花萼钟状，绿色，5裂，裂片圆形，花冠似蝴蝶，白色与紫色相间，5裂，裂片椭圆形，雄蕊细长，伸出

Rotheca myricoides 蓝蝴蝶（图1）

Rotheca myricoides 蓝蝴蝶（图2）

花冠外。果椭圆形，绿色转褐色，表面具点状纹路。（栽培园地：SCBG, XTBG, SZBG, XMBG）

Sphenodesme 楔翅藤属

该属共计2种，在2个园中有种植

Sphenodesme mollis Craib 毛楔翅藤

　　攀援藤本，小枝纤细，被毛。叶对生，叶片纸质至近革质，椭圆状长圆形，两面被疏毛。聚伞花序有花7朵，再组成腋生或顶生圆锥花序，总苞片匙形至倒披针状匙形，花萼长约4.8mm，5浅裂，裂片间有附齿，花冠漏斗状，长约8mm，5浅裂，裂片长圆形，雄蕊5，伸出，子房有刺毛。核果疏生刺毛，包藏在倒圆锥状宿存萼内。（栽培园地：XTBG）

Sphenodesme pentandra Jack 楔翅藤

　　攀援藤本，幼枝近四方形。叶对生，叶片坚纸质或近革质，椭圆状长圆形或披针状长圆形，两面疏生

Sphenodesme pentandra 楔翅藤（图 1）

Sphenodesme pentandra 楔翅藤（图 2）

短毛或近无毛，表面有光泽。聚伞花序头状，有花 7 朵，花序梗 3cm，花萼钟状，两面均无毛，花冠管状或漏斗状，紫色，5 浅裂，裂片近圆形，雄蕊 5，花丝纤细，伸出，子房密生刺毛。果球形，有刺毛。（栽培园地：SCBG）

Stachytarpheta 假马鞭属

该属共计 1 种，在 3 个园中有种植

Stachytarpheta jamaicensis (L.) Vahl. 假马鞭

草本或亚灌木，高 0.6~2m，幼枝近四方形，被毛。叶对生，叶片厚纸质，椭圆形至卵状椭圆形，边缘有粗锯齿，两面均散生短毛。穗状花序顶生，长 11~29cm，花单生于苞腋内，一半嵌生于花序轴的凹穴中，螺旋状着生，花萼管状，膜质，透明，无毛，长约 6mm，花冠深蓝紫色，长 0.7~1.2cm，顶端 5 裂，裂片平展，雄蕊 2，子房无毛。果内藏于膜质的花萼内。（栽培园地：SCBG, XTBG, CNBG）

Stachytarpheta jamaicensis 假马鞭

Symphorema 六苞藤属

该属共计 1 种，在 1 个园中有种植

Symphorema involucratum Roxb. 六苞藤

攀援状木质藤本，叶对生，叶片卵圆形或近椭圆形，叶背密被星状绒毛。聚伞花序头状，花序梗长达

Symphorema involucratum 六苞藤

7cm，被星状毛，总苞片 6 枚，椭圆形至匙形，被脱落性星状短绒毛，果时长达 3.5cm，宽达 1.5cm，花萼管状，外面被星状绒毛，5~6 浅裂，花冠白色，长 6~8mm，6~8 裂，雄蕊 6~8，稀更多，子房倒卵形，无毛，无腺点。果近球形，无毛，为宿存纸质萼筒所包。（栽培园地：XTBG）

Tectona 柚木属

该属共计 1 种，在 4 个园中有种植

Tectona grandis L. f. 柚木

大乔木，高达 40m，小枝四棱形，被灰黄色或灰褐色星状绒毛。叶对生，叶片厚纸质，卵状椭圆形或倒卵形，全缘，叶面有白色突起，叶背密被灰褐色至黄褐色星状毛，叶柄粗壮，长 2~4cm。圆锥花序，顶生，长 25~40cm，宽 30cm 以上，花白色，有香气，花萼钟状，萼管长 2~2.5mm，被白色星状绒毛，花冠管长 2.5~3mm，裂片长约 2mm，子房被糙毛。核果球形，外果皮茶褐色，被毡状细毛。（栽培园地：SCBG, XTBG, CNBG, GXIB）

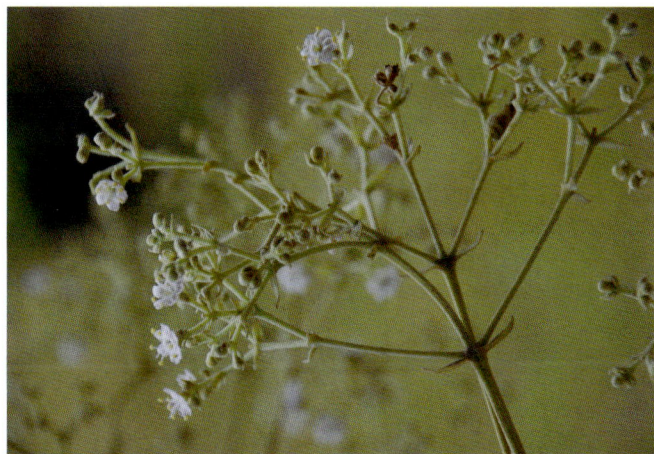

Tectona grandis 柚木（图 3）

Verbena 马鞭草属

该属共计 3 种，在 7 个园中有种植

Verbena bonariensis L. 柳叶马鞭草

多年生草本。株高 100~150cm。聚伞花序，小筒状花着生于花茎顶部，紫红色或淡紫色。叶为柳叶形，"十"

Tectona grandis 柚木（图 1）

Verbena bonariensis 柳叶马鞭草（图 1）

Tectona grandis 柚木（图 2）

Verbena bonariensis 柳叶马鞭草（图 2）

字对生，初期叶为椭圆形边缘略有缺刻，花茎抽高后的叶转为细长型如柳叶状边缘仍有尖缺刻，茎为正方形，全株有纤毛。（栽培园地：KIB）

Verbena officinalis L. 马鞭草

草本，高 30~120cm，茎四方形，节和棱上有硬毛。叶对生，叶片卵圆形至倒卵形或长圆状披针形，基生叶的边缘通常有粗锯齿和缺刻，茎生叶多数 3 深裂，裂片边缘有不整齐锯齿，两面均有硬毛。穗状花序，顶生和腋生，结果时长达 25cm，花小，无柄，苞片稍短于花萼，具硬毛；花萼长约 2mm，有硬毛，花冠淡紫色至蓝色，裂片 5，雄蕊 4，子房无毛。果长圆形，外果皮薄，成熟时 4 瓣裂。（栽培园地：SCBG, WHIOB, KIB, XTBG, LSBG, CNBG, GXIB）

Verbena tenera Sprang. 细叶美女樱

茎基部稍木质化，匍匐生长，节部生根。株高 20~30cm，枝条细长 4 棱，微生毛。叶对生，3 深裂，每个裂片再次羽状分裂，小裂片呈条状，端尖，全缘，叶有短柄。穗状花序顶生，花冠玫瑰紫色。（栽培园地：CNBG）

Vitex 牡荆属

该属共计 16 种，在 11 个园中有种植

Vitex agnus-castus L. 穗花牡荆

灌木小枝四棱形，被灰白色绒毛。掌状复叶，对生，小叶 4~7，小叶片狭披针形，全缘，叶背密被灰白色绒毛和腺点。聚伞花序排列成圆锥状，紧密，长 8~18cm，花柄极短或近无，苞片线形，有毛，花萼钟状，顶端有 5 齿，齿三角状，外面有灰白色绒毛和腺点，花冠蓝紫色，长约 1cm，外面有毛和腺点，雄蕊 4~5 枚。果圆球形。（栽培园地：SCBG, WHIOB）

Verbena officinalis 马鞭草（图 1）

Verbena officinalis 马鞭草（图 2）

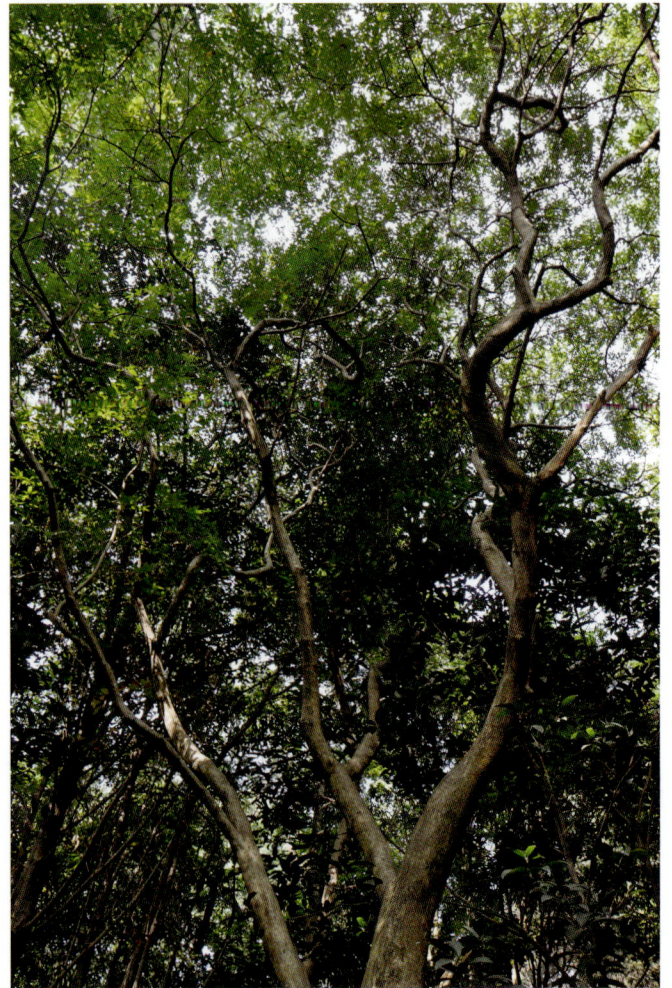

Vitex agnus-castus 穗花牡荆（图 1）

雄蕊 4，二强。核果近圆形，黑色，宿萼扩大呈圆盘状。（栽培园地：KIB, XTBG）

Vitex canescens Kurz 灰毛牡荆

乔木，小枝四棱形，密被灰黄色细柔毛。掌状复叶，小叶片卵形、椭圆形或椭圆状披针形，全缘，表面被糙疣毛，毛脱落后留下灰白色小窝点，背面密被灰黄色柔毛和黄色腺点。圆锥花序，顶生，长 10~30cm，花序梗密生灰黄色细柔毛，苞片早落，花萼钟状，外面被灰黄色微柔毛，花冠黄白色，外面密生细柔毛和腺点，雄蕊 4。核果近球形或长圆状倒卵形，淡黄色或紫黑色，宿萼外有毛。（栽培园地：SCBG）

Vitex canescens 灰毛牡荆（图 1）

Vitex agnus-castus 穗花牡荆（图 2）

Vitex burmensis Moldenke 长叶荆

灌木至乔木。小枝四棱形，密被黄色短柔毛和淡黄色腺。掌状复叶，小叶 3~5，小叶片披针形、卵状披针形至长圆形，全缘，两面被毛，中间的小叶长 7~17cm，宽 2.5~8cm。圆锥花序由许多分枝的聚伞花序组成，花序梗密生短柔毛，花萼顶端有 5 齿，微二唇形，花冠粉红色，顶端 5 裂，二唇形，下唇中裂片毛最多，

Vitex burmensis 长叶荆

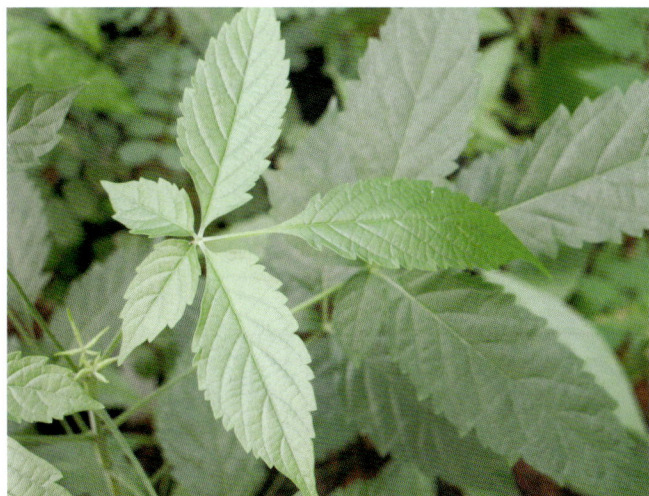

Vitex canescens 灰毛牡荆（图 2）

Vitex negundo L. 黄荆

灌木或小乔木，小枝密生灰白色绒毛。掌状复叶，小叶 5，稀 3，小叶片长圆状披针形至披针形，全缘或每边有少数粗锯齿，背面密生灰白色绒毛，中间小叶长 4~13cm，宽 1~4cm。聚伞花序排成圆锥花序式，顶生，长 10~27cm，花序梗密生灰白色绒毛，花萼钟状，顶端有 5 裂齿，外有灰白色绒毛，花冠淡紫色，外有微柔毛，

Vitex negundo 黄荆（图1）

Vitex negundo var. **cannabifolia** 牡荆（图2）

Vitex negundo 黄荆（图2）

顶端5裂，二唇形，雄蕊伸出花冠管外。核果近球形，宿萼接近果的长度。（栽培园地：SCBG, IBCAS, WHIOB, KIB, XTBG, LSBG, CNBG, SZBG, GXIB）

Vitex negundo L. var. **cannabifolia** (Sieb. et Zucc.) Hand.-Mazz. 牡荆

本变种的小叶片披针形或椭圆状披针形，边缘有

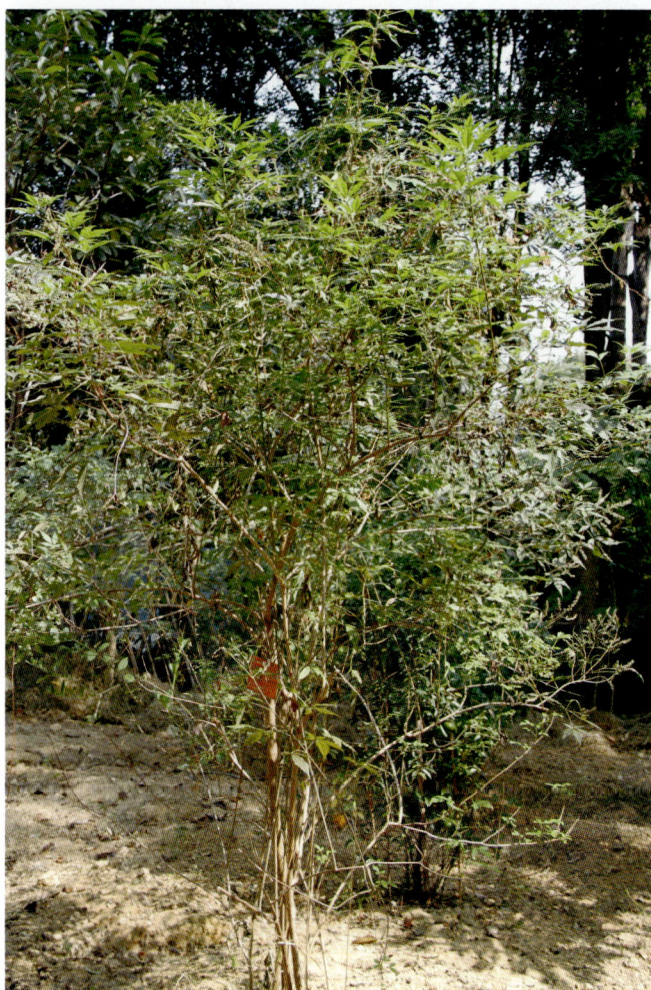

Vitex negundo var. **cannabifolia** 牡荆（图3）

粗锯齿，两面被柔毛。圆锥花序顶生，长10~20cm，花冠淡紫色，果近球形，黑色。（栽培园地：SCBG, IBCAS, KIB, LSBG, CNBG, XMBG）

Vitex negundo L. var. **heterophylla** (Franch.) Rehd. 荆条

本变种与原变种的区别为：小叶片边缘有缺刻状锯齿，浅裂以至深裂，背面密被灰白色绒毛。（栽培园地：IBCAS, XJB, CNBG, GXIB）

Vitex negundo var. **cannabifolia** 牡荆（图1）

Vitex peduncularis Wall. **长序荆**

乔木，芽及新生枝基部密被淡黄色绒毛。三出复叶，中间的小叶宽披针形至长圆形，长 10~15cm，宽 4~5cm，两面无毛，背面有黄色腺点，全缘。圆锥花序，腋生，伸展，长 7~17cm，花萼钟状，外面有毛和腺点，花冠白色，外面被灰色柔毛，雄蕊不伸出花冠外。核果近球形，黑色，宿萼扩大，碟形。（栽培园地：WHIOB, XTBG）

Vitex pierreana P. Dop. **莺哥木**

乔木，掌状复叶，小叶 5，稀 3，中间小叶片披针形或长圆状披针形，全缘，两面除主脉有时稍被微柔毛外，其余均无毛。聚伞花序 2~3 次分歧，再排成顶生而疏散的圆锥花序式，长 13~20cm，花萼杯状，顶端有 5 小齿，外面有毛和腺点，花冠黄白色，顶端 5 裂，二唇形，下唇中间裂片较大，外面有毛和腺点，雄蕊 4，二强，子房顶端有金黄色腺点。核果倒卵圆形或近球形，黑色，无毛。（栽培园地：SCBG）

Vitex quinata (Lour.) Wall. **山牡荆**

常绿乔木，掌状复叶，对生，有 3~5 小叶，小叶片倒卵形至倒卵状椭圆形，全缘，两面除中脉被

Vitex quinata 山牡荆（图 1）

Vitex pierreana 莺哥木（图 1）

Vitex pierreana 莺哥木（图 2）

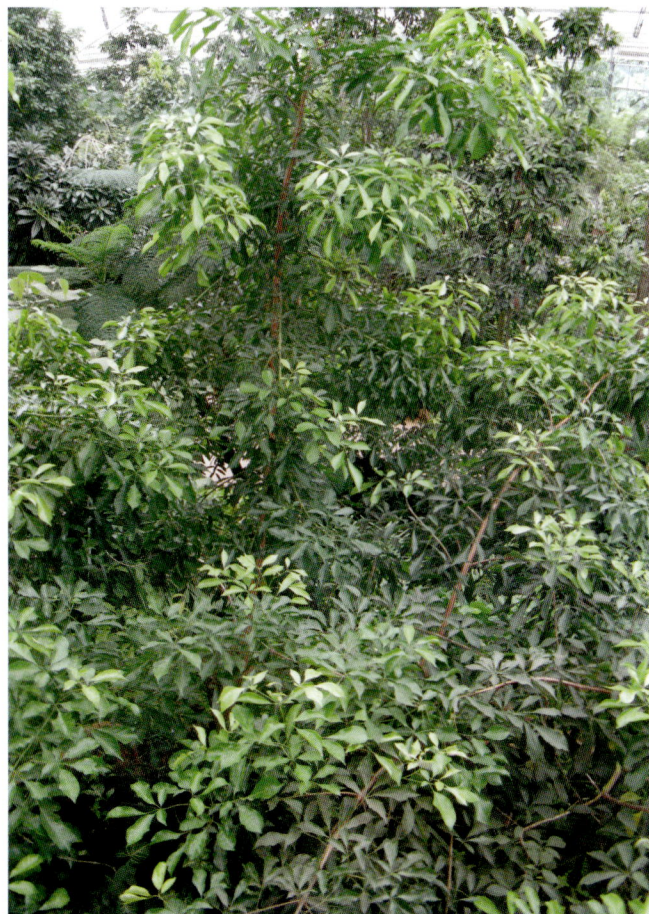

Vitex quinata 山牡荆（图 2）

微柔毛外，其余均无毛，中间小叶片长 5~9cm，宽 2~4cm。聚伞花序对生于主轴上，排成顶生圆锥花序式，长 9~18cm，密被棕黄色微柔毛，小苞片在花期时存在，花萼钟状，顶端有 5 钝齿，外面密生棕黄色细柔毛和腺点，花冠淡黄色，顶端 5 裂，二唇形，雄蕊 4，伸出花冠外。核果球形或倒卵形，黑色，宿萼呈圆盘状。（栽培园地：SCBG, KIB, XTBG, SZBG, GXIB, XMBG）

Vitex quinata (Lour.) Wall. var. **puberula** (Lam) Moldenke **微毛布荆**

本变种和原变种的区别为：小叶通常 5，很少为 3，中间的 1 枚小叶较大，长圆形至椭圆形，顶端骤尖呈尾状，基部近圆形或楔形，侧生小叶较小，基部常偏斜，表面近无毛，干后带黑色，通常有小窝点。花冠内面在花丝着生处被长柔毛。（栽培园地：XTBG）

Vitex rotundifolia L. f. **单叶蔓荆**

落叶灌木，罕为小乔木，有香味；小枝四棱形，密生细柔毛。通常三出复叶，有时在侧枝上可有单叶；小叶片卵形、倒卵形或倒卵状长圆形。圆锥花序顶生，花序梗密被灰白色绒毛；花萼钟形，顶端 5 浅裂，外面有绒毛；花冠淡紫色或蓝紫色，外面及喉部有毛，花冠管内有较密的长柔毛，顶端 5 裂，二唇形，下唇中间裂片较大；雄蕊 4，伸出花冠外；子房无毛，密生腺点；花柱无毛，柱头 2 裂。核果近圆形，成熟时黑色；果萼宿存，外被灰白色绒毛。（栽培园地：XTBG, CNBG）

Vitex rotundifolia 单叶蔓荆

Vitex sampsoni Hance **广东牡荆**

灌木，高 1~2m，叶芽密生淡黄褐色细毛。叶对生，叶柄内侧有槽，下部有毛，小叶 3~5，通常 5，小叶片倒卵形或倒卵状披针形以至椭圆状披针形，有锯齿，近无柄或有短柄，两面近无毛。聚伞花序紧密排列成有间隔的顶生圆锥花序，长 10~20cm，花萼钟状，近无毛或

稍有毛，5 裂，裂齿长三角形，花冠蓝紫色，外被细毛，二唇形，雄蕊 4。果近球形。（栽培园地：SCBG）

Vitex trifolia L. **蔓荆**

落叶灌木，高 1.5~5m，有香味。三出复叶，有时在侧枝上有单叶，小叶片卵形、倒卵形或倒卵状长圆形，全缘，叶背密被灰白色绒毛，小叶无柄或有时中间小

Vitex trifolia 蔓荆（图 1）

Vitex trifolia 蔓荆（图 2）

Vitex trifolia 蔓荆（图 3）

叶基部下延成短柄。圆锥花序顶生，长 3~15cm，花序梗密被灰白色绒毛，花萼钟形，顶端 5 浅裂，花冠淡紫色或蓝紫色，花冠管内有较密的长柔毛，顶端 5 裂，二唇形，雄蕊 4，伸出花冠外，子房无毛，密生腺点。核果近圆形，黑色，果萼宿存，外被灰白色绒毛。（栽培园地：SCBG，XTBG）

Vitex trifolia L. var. **subtrisecta** (O. Ktze.) Moldenke **异叶蔓荆**

本变种和原变种的区别为：直立灌木，单叶，有时在同一枝条上有单叶和复叶共存，其他部分与原变种相同。（栽培园地：SCBG，XTBG）

Vitex trifolia var. *subtrisecta* 异叶蔓荆（图 1）

Vitex vestita Wall. **黄毛牡荆**

灌木或小乔木，小枝四棱形，密生黄褐色柔毛，三

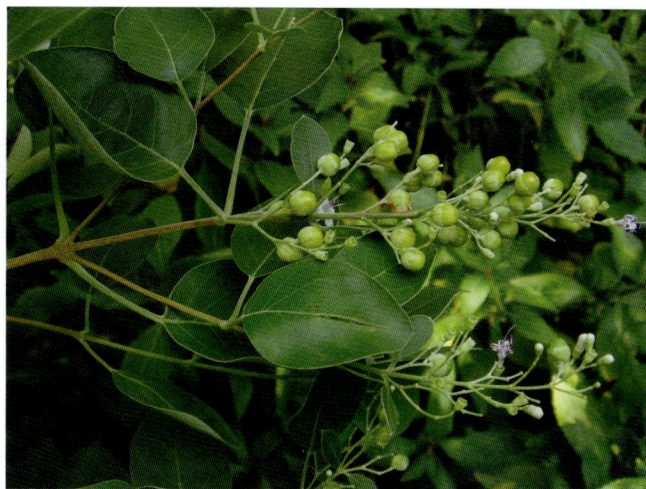

Vitex trifolia var. *subtrisecta* 异叶蔓荆（图 2）

出复叶，椭圆形或椭圆状长圆形，全缘或中部以上有疏浅锯齿，背面密生柔毛及黄色腺点，叶柄被长柔毛。聚伞花序，腋生，花序梗被长柔毛，花萼外面有柔毛和腺点，顶端近截平或 5 小齿，果时扩大如碟状，花冠黄白色，外面有柔毛和腺点，子房无毛，顶端有腺点。核果倒卵圆形，果成熟后呈黑色。（栽培园地：XTBG）

Vitex yunnanensis W. W. Sm. **滇牡荆**

灌木或小乔木，小枝四棱形，密被绒毛和黄色腺点。掌状复叶，叶柄被黄褐色绒毛，小叶 3~5，小叶片卵形，椭圆形至椭圆状披针形，全缘，叶背疏生柔毛。聚伞花序腋生，花序梗被短柔毛和腺点，花萼钟状，顶端 5 浅裂，裂齿宽三角形，外面有疏柔毛和腺点，花冠长为花萼的 2~3 倍，外面有毛和腺点，雄蕊 4。核果球形，下面托有圆盘状的宿存萼。（栽培园地：WHIOB）

Violaceae 堇菜科

该科共计 37 种，在 10 个园中有种植

多年生草本、半灌木或小灌木，稀为一年生草本、攀援灌木或小乔木。叶为单叶，通常互生，少数对生，全缘、有锯齿或分裂，有叶柄；托叶小或叶状。花两性或单性，少有杂性，辐射对称或两侧对称，单生或组成腋生或顶生的穗状、总状或圆锥状花序，有 2 枚小苞片，有时有闭花受精花；萼片下位，5，同形或异形，覆瓦状，宿存；花瓣下位，5，覆瓦状或旋转状，异形，下面 1 枚通常较大，基部囊状或有距；雄蕊 5，通常下位，花药直立，分离或围绕子房成环状靠合，药隔延伸于药室顶端成膜质附属物，花丝很短或无，下方 2 枚雄蕊基部有距状蜜腺；子房上位，完全被雄蕊覆盖，1 室。果为沿室背弹裂的蒴果或为浆果状；种子无柄或具极短的种柄，种皮坚硬，有光泽，常有油质体，有时具翅。

Rinorea 三角车属

该属共计 1 种，在 1 个园中有种植

Rinorea bengalensis (Wall.) Gagnep. 三角车

灌木或小乔木，高 1~5m。叶互生，叶片椭圆状披针形或椭圆形，叶脉两面凸起，叶柄长 5~12mm；托叶早落，有环状托叶痕。密伞花序腋生，无总花梗，花小，白色，花瓣无距；药隔顶部附属物广卵状。蒴果近球形；种子具褐色斑点。（栽培园地：SCBG）

Rinorea bengalensis 三角车

Scyphellandra 鳞隔堇属

该属共计 1 种，在 1 个园中有种植

Scyphellandra pierrei H. Boissieu 鳞隔堇

直立灌木，高约 1m。茎下部叶常 2~3 片簇生，上部叶互生；叶片卵形或椭圆形，边缘具细锯齿。花小，单性，辐射对称；雄蕊无花丝，药隔背部具小颗粒状鳞片；花盘 5 裂；柱头微 3 裂。蒴果长圆形，3 瓣裂。（栽培园地：SCBG）

Scyphellandra pierrei 鳞隔堇

Viola 堇菜属

该属共计 35 种，在 10 个园中有种植

Viola acuminata Ledeb. 鸡腿堇菜

多年生草本，常无基生叶。茎 2~4 条丛生；叶片心形、卵状心形或卵形；托叶叶状，常羽状深裂呈流

Viola acuminata 鸡腿堇菜

苏状。花淡紫色或近白色，下方瓣具紫色脉纹；距长1.5~3.5mm。蒴果椭圆形，长约1cm。（栽培园地：IBCAS, WHIOB）

Viola betonicifolia J. E. Smith **戟叶堇菜**

多年生草本，无地上茎。叶莲座状基生；叶片狭披针形、长三角状戟形或三角状卵形，叶柄上半部具明显而狭长的翅；托叶约3/4与叶柄合生。花白色或淡紫色，具深色条纹；侧方花瓣密被须毛；距稍短而粗。蒴果椭圆形至长圆形，长6~9mm。（栽培园地：SCBG, KIB, LSBG）

Viola betonicifolia 戟叶堇菜

Viola chaerophylloides (Regel) W. Beck. **南山堇菜**

多年生草本，无地上茎。基生叶2~6枚，叶片3

Viola chaerophylloides 南山堇菜

全裂，裂片具明显短柄，2~3深裂。花较大，花直径2~2.5cm，白色、乳白色或淡紫色，具香味；下方花瓣具紫色条纹；萼片基部附属物发达，末端具齿裂，果期宿存。蒴果较大，长椭圆状，长1~1.6cm。（栽培园地：SCBG, WHIOB, LSBG）

Viola collina Bess. **球果堇菜**

多年生草本，高4~20cm。叶莲座状基生；叶片宽卵形或近圆形，边缘具浅而钝的锯齿，两面密生白色短柔毛，叶柄具狭翅。托叶披针形，基部与叶柄合生。花淡紫色，长约1.4cm，花瓣基部微带白色；距白色，长约3.5mm。蒴果球形，密被白色柔毛，成熟时果梗下弯。（栽培园地：IBCAS, WHIOB）

Viola collina 球果堇菜

Viola concordifolia C. J. Wang **心叶堇菜**

多年生草本。叶基生，叶片卵形、宽卵形或三角状卵形，先端尖或稍钝，基部深心形或宽心形，边缘具多数圆钝齿；托叶下部与叶柄合生。花淡紫色；距长4~5mm。蒴果椭圆形，长约1cm。（栽培园地：WHIOB, LSBG, CNBG）

Viola concordifolia 心叶堇菜

Viola davidii Franch. 深圆齿堇菜

多年生细弱无毛草本。叶基生，叶片圆形或肾形，先端圆钝，基部浅心形或截形，边缘具较深圆齿；托叶离生或仅基部与叶柄合生。花白色或淡紫色；下方花瓣有紫色脉纹；距长约 2mm。蒴果椭圆形，长约 7mm。（栽培园地：SCBG）

Viola davidii 深圆齿堇菜

Viola diffusa Ging. 七星莲

一年生草本，全株被糙毛或白色柔毛，花期具匍匐枝。基生叶莲座状或于匍匐枝上互生；叶片卵形或卵状长圆形，边缘具钝齿及缘毛；托叶基部与叶柄合生。花较小，淡紫色或浅黄色，具长梗；距极短，长仅 1.5mm。蒴果长圆形，长约 1cm。（栽培园地：SCBG, KIB, GXIB）

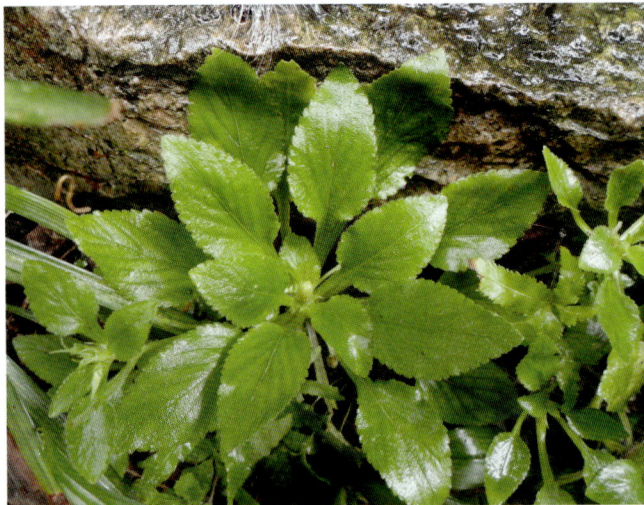

Viola diffusa 七星莲

Viola diffusoides C. J. Wang 光蔓茎堇菜

多年生草本，全株无毛。叶基生，常呈莲座状或互生于匍匐枝上；叶片卵形或椭圆形，边缘具细圆齿；托叶仅基部与叶柄合生。花较小，淡紫色，花梗细长；上方、侧方花瓣与萼片等长或稍长，基部狭呈爪状。蒴果长圆形，长 6~7mm。（栽培园地：XTBG）

Viola dissecta Ledeb. 裂叶堇菜

多年生草本。叶基生，叶片常 3 全裂，稀 5 全裂，两侧裂片常 2 深裂，中裂片 3 深裂，裂片在果期常呈厚纸质，深绿色，下面叶脉隆起。花较大，淡紫色至紫堇色；萼片附属物极短；距明显，长 4~8mm。蒴果长圆形或椭圆形，长 7~18mm。（栽培园地：IBCAS, WHIOB）

Viola dissecta 裂叶堇菜

Viola faurieana W. Beck. 长梗紫花堇菜

多年生草本。基生叶卵状心形、宽卵形或近肾形，边缘具浅圆齿；茎生叶片与基生叶者相似。花淡紫色或粉白色，直径约 1.5cm；花梗长可超过 10cm；距长 6~7mm。（栽培园地：WHIOB）

Viola grypoceras A. Gray 紫花堇菜

多年生草本；地上茎数条，无毛。基生叶心形或宽心形，边缘具钝锯齿；茎生叶三角状心形或狭卵状心形。花淡紫色，无芳香；距长 6~7mm。蒴果椭圆形，长约 1cm。（栽培园地：WHIOB, LSBG, CNBG）

Viola hossei W. Beck. 光叶堇菜

多年生草本，无地上茎。叶片三角状卵形或长圆状卵形，先端长急尖，边缘密生浅锯齿或稀具浅圆齿，两面无毛或疏生白色短毛；叶柄上端具狭翅。花淡紫色或紫色；距短呈囊状；子房无毛，柱头顶部两侧增厚。蒴果近球形，长 5~7mm，具褐色锈点。（栽培园地：XTBG, LSBG）

Viola inconspicua Bl. 长萼堇菜

多年生草本，无地上茎。叶基生呈莲座状；叶片三角形、三角状卵形或戟形，先端渐尖，基部弯缺呈宽半圆形，两侧垂片发达，稍下延；托叶 3/4 与叶柄合生。花淡紫色，具暗色条纹；萼片伸长，基部附属物长 2~3mm，末端具浅裂齿；距长 2.5~3mm。蒴果长圆

Viola inconspicua 长萼堇菜（图1）

Viola inconspicua 长萼堇菜（图2）

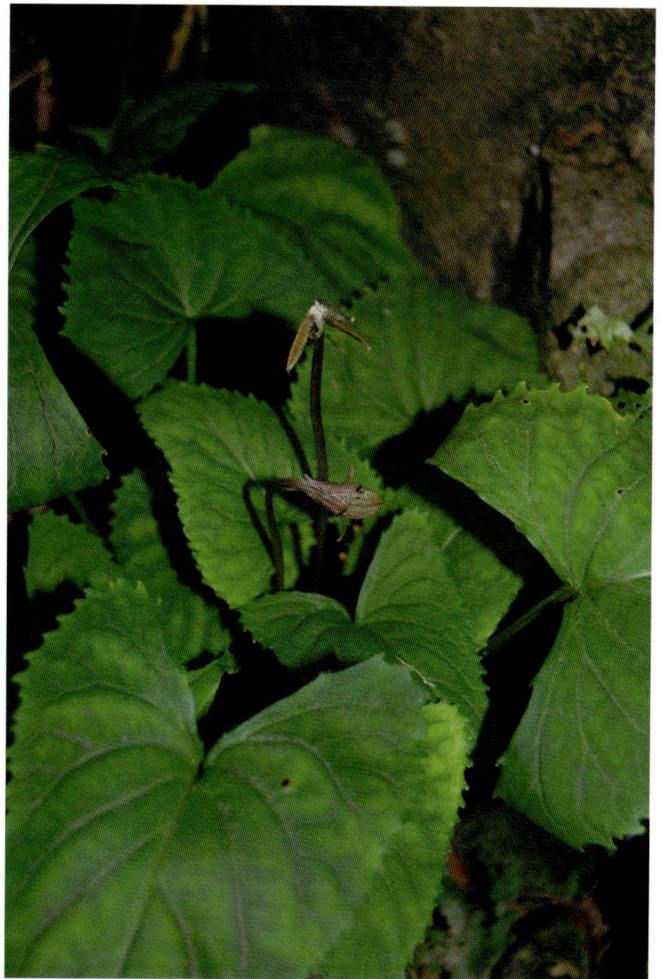

Viola magnifica 犁头叶堇菜

形，长8~10mm。（栽培园地：SCBG, WHIOB, XTBG, LSBG, CNBG, GXIB）

Viola kiangsiensis W. Becker 江西堇菜

多年生草本，无地上茎。叶基生或互生于匍匐枝上；叶片长圆状卵形或卵形，边缘具浅圆齿，两面无毛或幼时边缘疏生短硬毛；托叶离生。花淡紫色；花瓣常沿脉纹具腺点。距长2~2.5mm。蒴果近球形或长圆形，无毛。（栽培园地：SCBG）

Viola lactiflora Nakai 白花堇菜

多年生草本，无地上茎。叶基生；叶片长三角形或长圆形，基部明显浅心形或截形，边缘具钝圆齿，两面无毛。花白色，长1.5~1.9cm；下方花瓣具短而粗的筒状距。蒴果椭圆形，长6~9mm。（栽培园地：XTBG, LSBG）

Viola magnifica C. J. Wang et X. D. Wang 犁头叶堇菜

多年生草本，无地上茎。叶常5~7枚，基生；叶片果期较大，三角形、三角状卵形或长卵形，基部宽心形或深心形，两侧垂片大而开展，边缘具粗锯齿；叶柄上部有窄翅；托叶大形，1/2~2/3与叶柄合生。蒴果椭圆形，长1.2~2cm。（栽培园地：LSBG）

Viola monbeigii W. Beck. 维西堇菜

多年生草本，无地上茎。叶基生，叶片卵形或狭卵形，先端尖或尾状渐尖，基部深心形，边缘具钝锯齿；叶柄上部具狭翅。花白色，长1.7~1.9cm；距圆筒状，长5~7mm，直，末端圆。蒴果椭圆形。（栽培园地：WHIOB）

Viola monbeigii 维西堇菜

Viola moupinensis Franch. 萱

多年生草本，无地上茎，有时具长达 30cm 上升的匍匐枝。叶基生，叶片心形或肾状心形，花后增大呈肾形，边缘有具腺体的钝锯齿；叶柄具翅；托叶离生。花较大，淡紫色或白色，具紫色条纹；距囊状，较粗。蒴果椭圆形，长约 1.5cm。（栽培园地：WHIOB, KIB, LSBG）

Viola moupinensis 萱

Viola phalacrocarpa Maxim. 茜堇菜

多年生草本，无地上茎，全株被短毛。叶基生呈莲座状，叶片常卵形，基部微心形或圆形；叶柄上部具明显的翅。花紫红色，具深紫色条纹；距细管状，长 6~9mm，末端圆。蒴果椭圆形，长 6~8mm，幼时密被短粗毛。（栽培园地：SCBG）

Viola phalacrocarpa 茜堇菜

Viola philippica Cav. 紫花地丁

多年生草本，无地上茎。叶多数，基生，莲座状；叶片常呈长圆形、狭卵状披针形或长圆状卵形，基部截形，边缘具较平的圆齿。花紫堇色或淡紫色，稀呈白色，喉部色淡并具紫色条纹；距细管状，长 4~8mm，末端圆。蒴果长圆形，长 5~12mm。（栽培园地：IBCAS, WHIOB, KIB, XTBG, CNBG, XMBG）

Viola philippica 紫花地丁

Viola pilosa Bl. 匍匐堇菜

多年生草本，地上茎极短或无。具纤细匍匐枝；叶近基生，叶片卵形或狭卵形，先端尾状渐尖或锐尖，边缘密生浅钝齿，两面散生白色硬毛，叶柄密被倒生长硬毛。花淡紫色或白色；下方花瓣具深色脉纹，基部距呈囊状，长 2~2.5mm。蒴果近球形，长 5~10mm。（栽培园地：WHIOB, XTBG）

Viola principis H. Boissieu 柔毛堇菜

多年生草本，全株被开展白色柔毛。匍匐枝较长。叶近基生或互生于匍匐枝上；叶片卵形或宽卵形，先端圆，基部宽心形，边缘密生浅钝齿。花白色；距短而粗，呈囊状，长 2~2.5mm。蒴果长圆形，长约 8mm。（栽培园地：SCBG, WHIOB, LSBG, SZBG）

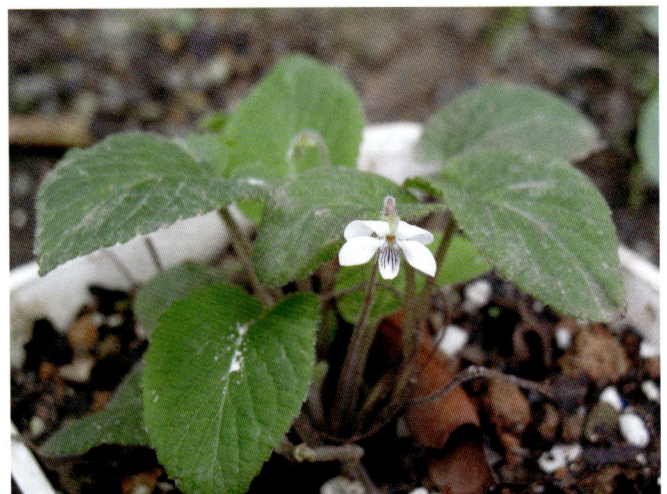

Viola principis 柔毛堇菜

Viola prionantha Bunge 早开堇菜

多年生草本，无地上茎。叶基生；叶片在果期明显增大，长可达 10cm，宽可达 4cm。花大，紫堇色或淡紫色，喉部色淡并具紫色条纹，直径 1.2~1.6cm，无香味；距长 5~9mm，末端钝圆且微向上弯。蒴果长椭圆形，长 5~12mm。（栽培园地：IBCAS, KIB）

Viola prionantha 早开堇菜

Viola rossii Hemsl. ex Forbes et Hemsl. 辽宁堇菜

多年生草本，无地上茎。叶基生，叶片宽卵形或近肾形，长 2~6cm，宽 2~5cm，先端渐尖，基部浅心形，边缘具多数细锯齿；托叶离生。花较大，淡紫色；距囊状，长 3~4mm。蒴果较大，椭圆形，长约 1.2cm。（栽培园地：WHIOB, LSBG）

Viola schneideri W. Beck. 浅圆齿堇菜

多年生无毛草本，几无地上茎，高 7~10cm。匍匐茎发达，散生叶及花。叶近基生；叶片卵形或卵圆形，先端圆，基部深心形，边缘具浅圆齿。花白色或淡紫色；柱头两侧具宽展缘边，前方具直立的喙，先端具粗而向上开口的柱头孔。蒴果长圆形，长 5~7mm。（栽培园地：WHIOB）

Viola selkirkii Pursh ex Gold 深山堇菜

多年生草本，无地上茎和匍匐枝，高 5~16cm。叶莲座状基生；叶片心形或卵状心形，果期变大，先端稍急尖或圆钝，基部狭深心形，边缘具钝齿，两面疏生白色短毛；叶柄具狭翅；托叶 1/2 与叶柄合生。花淡紫色；距较粗。蒴果椭圆形，长 6~8mm。（栽培园地：

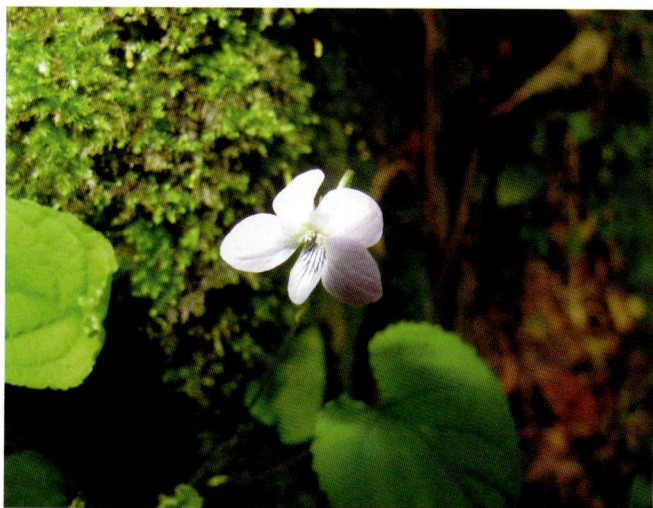

Viola selkirkii 深山堇菜

WHIOB, LSBG）

Viola sphaerocarpa W. Beck. 圆果堇菜

多年生草本，无地上茎，略被短柔毛。叶基生；叶片灰绿色，圆心形或卵圆形，先端稍尖或近渐尖，基部深心形或宽心形；托叶基部与叶柄合生。花梗长 3~6cm；萼片基部附属物长约 3mm。蒴果球形，无毛。（栽培园地：SCBG）

Viola sphaerocarpa 圆果堇菜

Viola stewardiana W. Beck. 庐山堇菜

多年生草本，高 10~25cm，茎常数条丛生。基生叶莲座状，叶片三角状卵形，边缘具圆齿，齿端有腺体；茎生叶长卵形、菱形或三角状卵形，基部楔形并下延。花淡紫色，花瓣先端具明显微缺；下方 2 枚雄蕊无距。蒴果近球形，长约 6mm。（栽培园地：SCBG, WHIOB）

Viola stewardiana 庐山堇菜

Viola triangulifolia W. Beck. 三角叶堇菜

多年生草本，具地上茎。基生叶 2~5 枚，常早枯；茎生叶卵状三角形至狭三角形，先端尖，基部心形或截形，边缘具浅锯齿；托叶离生。花小，白色具紫色

Viola triangulifolia 三角叶堇菜

条纹，距浅囊状。蒴果椭圆形，长5~6mm。（栽培园地：LSBG, SZBG）

Viola tricolor L. 三色堇

一、二年生或多年生草本，具地上茎。基生叶长卵形或披针形；茎生叶卵形、长圆状圆形或长圆状披针形，先端圆或钝，基部圆，边缘疏具圆齿或钝锯齿。花大，直径3.5~6cm，花瓣常具紫、白、黄3色；距较细，长5~8mm。蒴果椭圆形，长8~12mm。（栽培园地：SCBG, IBCAS, WHIOB, KIB, LSBG, CNBG, XMBG）

Viola tricolor 三色堇

Viola variegata Fisch. ex Link 斑叶堇菜

多年生草本，无地上茎。叶莲座状基生；叶片圆形或圆卵形，上面绿色并沿脉具白色斑状条带，下面常带紫红色。花红紫色或暗紫色，下部色较淡，花连距长1.2~2.2cm；下方花瓣基部白色并具堇色条纹；距筒状。蒴果椭圆形，长约7mm。（栽培园地：WHIOB）

Viola verecunda A. Gray 堇菜

多年生草本。地上茎常数条丛生。基生叶宽心形、卵状心形或肾形，边缘具向内弯的浅波状圆齿；茎生叶少。花小，白色或淡紫色；下方花瓣先端微凹，下

Viola verecunda 堇菜

部具深紫色条纹；距呈浅囊状。蒴果长圆形或椭圆形，长约8mm。（栽培园地：SCBG, LSBG, SZBG）

Viola violacea Makino 紫背堇菜

多年生草本，无地上茎。具匍匐枝。基生叶少数，叶片窄三角形，基部深心形，边缘具浅锯齿，叶面暗绿色，叶背紫色，叶柄较长。花红紫色；花瓣长8~11mm。（栽培园地：SCBG, KIB）

Viola violacea 紫背堇菜

Viola yezoensis Maxim. 阴地堇菜

多年生草本，无地上茎。叶基生；叶片卵形或长

Viola yezoensis 阴地堇菜

卵形，先端急尖或钝，基部心形，边缘具浅锯齿，两面被短柔毛；叶柄具狭翅；托叶 1/2 与叶柄合生。花白色，具长梗；距圆筒形，较粗壮。蒴果长圆状，长约 1cm。（栽培园地：IBCAS）

Viola yunnanensis W. Beck. et H. Boissieu 云南堇菜

多年生草本。地上茎短或无。匍匐枝长可达

37cm。叶长圆状卵形或卵形，近中部处最宽，密被白色柔毛，先端渐尖，基部狭浅心形，边缘具粗圆齿。花淡红色或白色，直径约 1.5cm；侧瓣无须毛；花柱顶部具窄而直展的缘边；距短，呈浅囊状。蒴果小，长圆形或近球形。（栽培园地：XTBG）

Vitaceae 葡萄科

该科共计 94 种，在 12 个园中有种植

攀援木质藤本，稀草质藤本，具有卷须，或直立灌木，无卷须。单叶、羽状或掌状复叶，互生；托叶通常小而脱落，稀大而宿存。花小，两性或杂性同株或异株，排列成伞房状多歧聚伞花序、复二歧聚伞花序或圆锥状多歧聚伞花序，4~5 基数；萼呈碟形或浅杯状，萼片细小；花瓣与萼片同数，分离或凋谢时呈帽状粘合脱落；雄蕊与花瓣对生，在两性花中雄蕊发育良好，在单性花雌花中雄蕊常较小或极不发达，败育；花盘呈环状或分裂，稀极不明显；子房上位，通常 2 室，每室有 2 颗胚珠，或多室而每室有 1 颗胚珠，果为浆果，有种子 1 至数颗。

Ampelopsis 蛇葡萄属

该属共计 15 种，在 9 个园中有种植

Ampelopsis aconitifolia Bge. 乌头叶蛇葡萄

木质藤本；小枝圆柱形，具纵棱纹，疏被柔毛；卷须 2~3 叉分枝，相隔 2 节间断与叶对生。叶为掌状 5 小叶，小叶羽状分裂或边缘呈粗锯齿状。花序为疏散的伞房状复二歧聚伞花序；花盘发达，边缘波状；子房下部与花盘合生。果近球形，种子倒卵圆形，基部具短喙。（栽培园地：IBCAS, WHIOB, XJB）

Ampelopsis bodinieri (Lévl. et Vant.) Rehd. 蓝果蛇葡萄

木质藤本；小枝圆柱形，具纵棱纹，无毛；卷须 2 叉分枝。叶片卵圆形或卵状椭圆形，不分裂或上部微 3 浅裂，叶下面苍白色，两面均无毛；基出 5 脉。花序为复二歧聚伞花序；花瓣 5，长椭圆形；花盘明显，5 浅裂；子房圆锥形，花柱明显。果近球圆形。种子倒卵状椭圆形，基部具短喙，急尖。（栽培园地：WHIOB, XTBG, LSBG）

Ampelopsis bodinieri (Lévl. et Vant.) Rehd. var. **cinerea** (Gagnep.) Rehd. 灰毛蛇葡萄

本变种于原变种的区别为：叶片下面被灰色短柔毛。（栽培园地：SCBG）

Ampelopsis cantoniensis (Hook. et Arn.) K. Koch 广东蛇葡萄

木质藤本；小枝圆柱形，具纵棱纹，嫩枝被短柔毛；卷须 2 叉分枝，相隔 2 节间断与叶对生。叶为

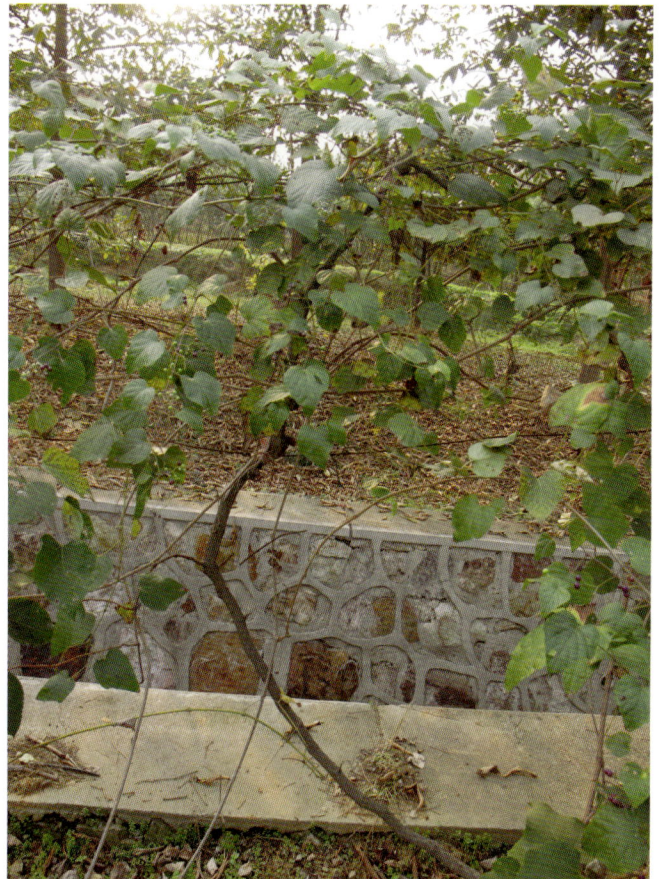

Ampelopsis bodinieri 蓝果蛇葡萄

二回羽状复叶，小叶常卵形、卵状椭圆形或长椭圆形，边缘具不明显波状锯齿。伞房状多歧聚伞花序；萼片碟形，边缘波状；花瓣 5，卵状椭圆形；花盘发达，边缘浅裂；子房下部与花盘合生，花柱明显。果近球形。种子倒卵圆形，基部喙尖锐。（栽培园地：

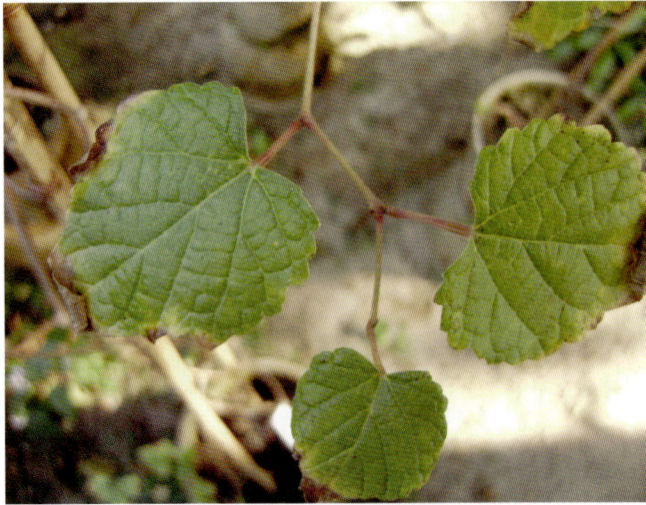
Ampelopsis bodinieri var. **cinerea** 灰毛蛇葡萄

Ampelopsis cantoniensis 广东蛇葡萄

Ampelopsis chaffanjonii 羽叶蛇葡萄

SCBG, WHIOB, XTBG）

Ampelopsis chaffanjonii (Lévl. et Vant.) Rehd. 羽叶蛇葡萄

　　木质藤本；小枝圆柱形，具纵棱纹，无毛。卷须 2 叉分枝，相隔 2 节间断与叶对生。叶为一回羽状复叶，常具小叶 2~3 对，小叶较大，阔卵形，边缘具尖锐细锯齿。伞房状多歧聚伞花序；花盘发达，波状浅裂；子房下部与花盘合生，花柱钻形，柱头扩大不明显。果近球形；种子倒卵形，基部喙短尖。（栽培园地：SCBG, WHIOB, KIB）

Ampelopsis delavayana Planch. 三裂蛇葡萄

　　木质藤本；小枝圆柱形，具纵棱纹，疏被短柔毛，后脱落；卷须 2~3 叉分枝。叶为 3 小叶，小叶片椭圆形。多歧聚伞花序与叶对生；花瓣 5，卵椭圆形，雄蕊 5，花药卵圆形，长宽近相等；花盘明显，5 浅裂；子房下部与花盘合生，花柱明显，柱头扩大不明显。果近球形；种子倒卵圆形，基部具短喙。（栽培园地：WHIOB, XTBG, LSBG, CNBG）

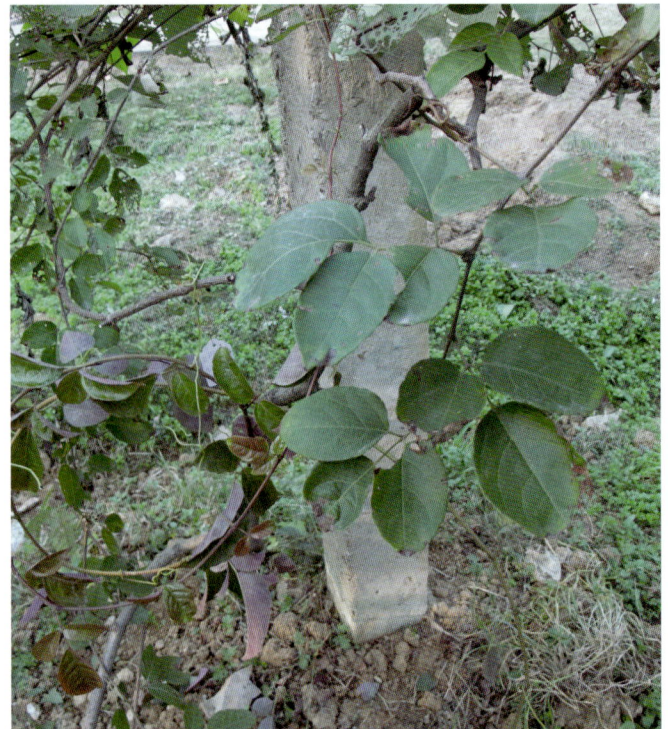
Ampelopsis delavayana 三裂蛇葡萄

Ampelopsis delavayana Planch. var. **setulosa** (Diels et Gilg) C. L. Li 毛三裂蛇葡萄

　　本变种与原变种的区别为：小枝、叶柄和花序密被锈色短柔毛。（栽培园地：LSBG）

Ampelopsis grossedentata (Hand.-Mazz.) W. T. Wang 显齿蛇葡萄

　　木质藤本；小枝圆柱形，无毛；卷须2叉分枝。叶为一至二回羽状复叶，小叶片卵圆形，较小。伞房状多歧聚伞花序与叶对生；花瓣5，卵状椭圆形，雄蕊5，花药卵圆形，长略大于宽；花盘发达，波状浅裂；子房下部与花盘合生，花柱钻形，柱头不明显扩大。果近球形；种子倒卵圆形，基部具短喙。（栽培园地：SCBG, WHIOB, XTBG）

Ampelopsis grossedentata 显齿蛇葡萄

Ampelopsis heterophylla (Thunb.) Siebold et Zucc. 异叶蛇葡萄

　　木质藤本；小枝圆柱形；具纵棱纹，疏被柔毛；卷须2~3叉分枝。叶为单叶，心形或卵形。花序梗、花

Ampelopsis heterophylla 异叶蛇葡萄（图1）

Ampelopsis heterophylla 异叶蛇葡萄（图2）

梗被疏柔毛，萼碟形，边缘波状浅齿；花瓣5，卵状椭圆形，外面几无毛；雄蕊5，花药长椭圆形，长甚于宽；花盘明显，边缘浅裂；子房下部与花盘合生，花柱明显，基部略粗，柱头不扩大。果近球形；种子长椭圆形，基部具短喙。（栽培园地：SCBG）

Ampelopsis heterophylla (Thunb.) Siebold et Zucc. var. **brevipedunculata** (Regel) C. L. Li 东北蛇葡萄

　　本变种与原变种的区别为：叶片上面无毛，下面脉上被稀疏柔毛，边缘具粗钝或急尖锯齿。（栽培园地：SCBG）

Ampelopsis heterophylla var. **brevipedunculata** 东北蛇葡萄

Ampelopsis heterophylla (Thunb.) Siebold et Zucc. var. **kulingensis** (Rehd.) C. L. Li 牯岭蛇葡萄

本变种与原变种区别为：叶片呈五角形，上部侧角明显外倾，植株被短柔毛或几无毛。（栽培园地：WHIOB, LSBG, GXIB）

Ampelopsis heterophylla var. kulingensis 牯岭蛇葡萄

Ampelopsis heterophylla (Thunb.) Siebold et Zucc. var. **vestita** Rehd. 锈毛蛇葡萄

本变种与原变种区别为：小枝、叶柄、叶下面和花轴被锈色长柔毛，花梗、花萼和花瓣被锈色短柔毛。（栽培园地：SCBG, WHIOB）

Ampelopsis humulifolia Bunge 葎叶蛇葡萄

木质藤本；小枝圆柱形，具纵棱纹，无毛；卷须2叉分枝，相隔2节间断与叶对生。叶为单叶，3~5浅裂或中裂。多歧聚伞花序与叶对生；花萼碟形，边缘呈波状，外面无毛；花瓣5，卵椭圆形，外面无毛；雄蕊5，花药卵圆形；花盘明显，波状浅裂；子房下部与花盘合生，花柱明显，柱头不扩大。果近球形；种子倒卵圆形，基部具短喙。（栽培园地：IBCAS, WHIOB）

Ampelopsis japonica (Thunb.) Makino 白蔹

木质藤本；小枝圆柱形，具纵棱纹，无毛；卷须不分枝或顶端具短分叉，相隔3节以上间断与叶对生。叶为掌状3~5小叶，小叶片羽状深裂，中部以下渐狭成窄翅。聚伞花序常集生于花序梗顶端；花盘发达，边缘波状浅裂；子房下部与花盘合生，花柱短棒状，柱头不明显扩大。果球形，成熟后带白色；种子倒卵形，基部喙短。（栽培园地：IBCAS, WHIOB, CNBG）

Ampelopsis megalophylla Diels et Gilg 大叶蛇葡萄

木质藤本；小枝圆柱形，无毛；卷须3分枝，相隔2节间断与叶对生。叶为二回羽状复叶，小叶较大，长椭圆形或卵状椭圆形。伞房状多歧聚伞花序或复二歧

Ampelopsis japonica 白蔹

聚伞花序；花盘发达，波状浅裂；子房下部与花盘合生，花柱钻形，柱头不明显扩大。果微呈倒卵圆形；种子倒卵形，基部喙尖锐。（栽培园地：WHIOB）

Cayratia 乌蔹莓属

该属共计9种，在7个园中有种植

Cayratia albifolia C. L. Li 白毛乌蔹莓

半木质或草质藤本；小枝圆柱形，具纵棱纹，被灰色柔毛；卷须3分枝，相隔2节间断与叶对生。叶为鸟足状5小叶，小叶长椭圆形或卵椭圆形，边缘每侧具20~28个锯齿，下面密被灰白色柔毛。花盘明显，4浅裂；子房下部与花盘合生。果球形，直径1~1.2cm，有种子2~4颗；种子倒卵状椭圆形，顶端圆形或微凹，基部具短喙。（栽培园地：WHIOB）

Cayratia corniculata (Benth.) Gagnep. 角花乌蔹莓

草质藤本；小枝圆柱形，具纵棱纹，无毛；卷须2叉分枝，相隔2节间断与叶对生。叶为鸟足状5小叶，小叶边缘每侧有5~7个锯齿或细牙齿。复二歧聚伞花序腋生；花瓣4，顶端具明显小角状突起；花盘发达，4浅裂；子房下部与花盘合生，花柱短。果近球形，种子倒卵状椭圆形，顶端微凹，基部具短喙。（栽培园地：SCBG）

Cayratia japonica (Thunb.) Gagnep. 乌蔹莓

草质藤本；小枝圆柱形，有纵棱纹；卷须2~3叉分枝。叶为鸟足状5小叶，小叶片椭圆形或椭圆披针形，边缘每侧具6~15个锯齿。复二歧聚伞花序腋生；花萼碟形，全缘或波状浅裂；花瓣4，三角状卵圆形，外面被乳突状毛；花盘发达，4浅裂；子房下部与花盘合生，花柱短，柱头微扩大。果近球形；种子三角状倒卵形，顶端微凹，基部具短喙。（栽培园地：

Cayratia japonica 乌蔹莓（图1）

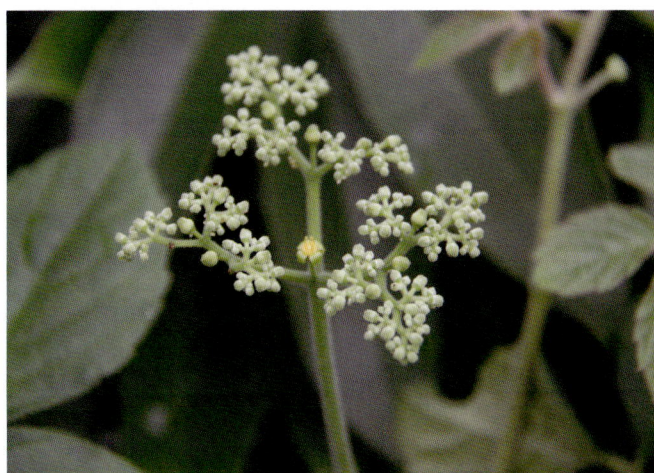

Cayratia japonica 乌蔹莓（图2）

SCBG, WHIOB, XTBG, LSBG, GXIB, XMBG）

Cayratia japonica (Thunb.) Gagnep. var. **mollis** (Wall.) Momiyama 毛乌蔹莓

本变种与原变种的区别为：叶下面密被柔毛或仅脉上密被疏柔毛。（栽培园地：XTBG）

Cayratia japonica (Thunb.) Gagnep. var. **pseudotrifolia** (W. T. Wang) C. L. Li 尖叶乌蔹莓

本变种与原变种的区别为：叶多为3小叶。（栽培园地：WHIOB）

Cayratia oligocarpa (Lévl et Vaniot) Gagnep. 华中乌蔹莓

草质藤本；小枝圆柱形，具纵棱纹，被褐色节状长柔毛；卷须2叉分枝。叶为鸟足状5小叶，边缘有5~14个锯齿。复二歧聚伞花序腋生；花萼浅碟形，萼齿不明显，外面被褐色节状毛；花瓣4，卵圆形，外面被节状毛；花盘发达，4浅裂，子房下部与花盘合生，花柱细小，柱头略为扩大。果近球形，种子倒卵状长椭圆形，顶端圆形或微凹。（栽培园地：WHIOB, LSBG）

Cayratia timoriensis (DC.) C. L. Li var. **mekongensis** (C. Y. Wu) C. L. Li 澜沧乌蔹莓

木质藤本；小枝圆柱形，具纵棱纹，无毛；花萼、花瓣外面被乳突状毛；卷须3分枝。叶为3小叶，小叶片卵状菱形或菱形，边缘每侧具12~17个圆钝锯齿，背面沿脉被稀疏短柔毛。复二歧聚伞花序腋生；花萼碟形，边缘呈波状浅裂；花瓣4，椭圆形；花盘发达，边缘呈波状浅4裂；子房下部与花盘合生，花柱短，柱头不明显扩大。果近球形；种子三角状倒卵形。（栽培园地：XTBG）

Cayratia trifolia (L.) Domin 三叶乌蔹莓

木质藤本；小枝圆柱形，具纵棱纹，疏生短柔毛；卷须3~5分枝。叶为3小叶，小叶片卵圆形或近圆形，边缘每侧有8~11个圆钝锯齿。复二歧聚伞花序腋生；花瓣4，椭圆形，外面被灰色乳突状毛；雄蕊4，花药卵圆形，长略甚于宽；花盘发达，4浅裂；子房下部与花盘合生，花柱细，柱头微扩大。果近球形，种子倒三角状，顶端圆形。（栽培园地：XTBG, CNBG）

Cayratia trifolia 三叶乌蔹莓

Cissus 白粉藤属

该属共计 14 种，在 8 个园中有种植

Cissus adnata Roxb. 贴生白粉藤

木质藤本；小枝圆柱形，具纵棱纹，密被锈色卷曲毛；卷须 2 叉分枝。叶为单叶，干时两面同色，心状卵圆形；边缘每侧有 35~40 个尖锐锯齿，基出脉 3~5。花序与叶对生，2 级分枝 3~5，呈伞形；花瓣 4，卵圆形，外面被短柔毛；雄蕊 4，子房疏被柔毛，花柱钻形，柱头头状。果卵椭圆形，具种子 1 颗；种子倒卵圆形。（栽培园地：XTBG）

Cissus alata Jacq. 菱叶白粉藤

常绿藤本；小枝近圆柱形，嫩枝密被白色短柔毛；卷须 2 叉状分枝。叶为掌状复叶，具 3 枚小叶，中间一枚稍大，小叶羽状浅裂，具光泽；叶柄被黄褐色柔毛。（栽培园地：SCBG）

Cissus assamica (M. A. Lawson) Craib 苦郎藤

木质藤本；小枝圆柱形，有纵棱纹，伏生稀疏"丁"字毛或近无毛；卷须 2 叉分枝。叶片阔心形或心状卵圆形，边缘每侧有 20~44 个尖锐锯齿；基出脉 5。花序与叶对生，2 级分枝成伞形；花瓣 4，三角状卵形；子房下部与花盘合生，花柱钻形，柱头微扩大。果倒卵圆形，成熟时紫黑色，具种子 1 颗；种子椭圆形，基部尖锐。（栽培园地：SCBG, XTBG）

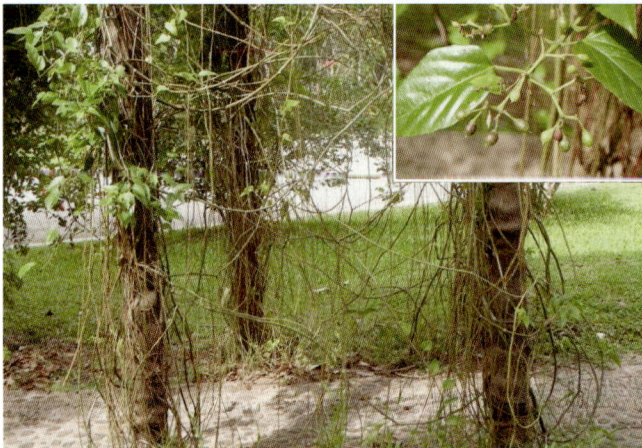

Cissus assamica 苦郎藤

Cissus elongata Roxb. 五叶白粉藤

木质藤本；小枝近圆柱形，无毛；卷须不分枝。叶为掌状 5 小叶，小叶片倒卵披针形，边缘上半部每侧有 7~9 个细牙齿。复二歧聚伞花序假顶生或与叶对生；花瓣 4，卵椭圆形；雄蕊 4，花药长椭圆形，长甚于宽；花盘明显，4 浅裂；子房下部与花盘合生，花柱钻形，柱头略微扩大。果椭圆形，成熟时紫黑色；种子长椭

圆形，基部具短喙。（栽培园地：XTBG）

Cissus glaberrima Steud. 粉藤果

草质藤本；枝钝四棱形，小枝具条纹，常被白粉；卷须 2 叉状，与叶对生。单叶，心状三角形或狭三角形，边缘疏具小锯齿，两面无毛。伞形花序长，与叶对生，由数个小聚伞花序组成；花萼杯状；花瓣三角状长圆形，急尖；雄蕊 4；花盘杯状，4 浅裂；子房扁卵形或扁圆形，花柱短而钝。浆果小，倒卵状。（栽培园地：XTBG）

Cissus gongylodes (Baker) Burch. ex Baker 垂帘藤

常绿藤本；茎半肉质，四棱形，具翅，边缘常带红色。叶掌状 3 深裂，顶端裂片倒卵状披针状，两侧裂片卵状披针形，极偏斜，叶柄长，托叶 2，阔卵状三角形，宿存。（栽培园地：KIB）

Cissus hexangularis Thorel ex Planch. 翅茎白粉藤

木质藤本；小枝近圆柱形，具 6 翅棱，卷须不分枝。叶卵状三角形，边缘具 5~8 个细牙齿或齿不明显；基出 3 脉。复二歧聚伞花序顶生或与叶对生；花萼碟形，全缘，无毛；花瓣 4，三角状长圆形；雄蕊

Cissus hexangularis 翅茎白粉藤

4；花盘显著，4 浅裂；子房下部与花盘合生，花柱钻形，柱头略微扩大。果近球形，具种子 1 颗；种子近倒卵圆形，基部具短喙。（栽培园地：SCBG, WHIOB, XTBG, SZBG）

Cissus javana DC. 青紫葛

草质藤本；小枝近四棱形；卷须 2 叉分枝。叶片戟形或卵状戟形，长甚于宽 2 倍以上，边缘每侧有 15~34 个尖锐锯齿。花序顶生或与叶对生，2 级分枝 4~5 集成伞形；花瓣 4，椭圆形；雄蕊 4，花药卵状椭圆形，长略甚于宽；花盘明显，4 裂；子房下部与花盘合生，花柱钻形，柱头略扩大。果倒卵状椭圆形，具种子 1 颗；种子倒卵状长椭圆形，具短喙。（栽培园地：SCBG, KIB, XTBG, XMBG）

Cissus javana 青紫葛

Cissus kerrii Craib 鸡心藤

草质藤本；小枝钝四棱形，具纵棱纹，被白粉，无毛；卷须不分枝。叶片心形，边缘每侧有 18~32 个细锯齿；基出脉 5。花序顶生或与叶对生，2 级分枝通常 3 枝集成伞形；花盘明显，波状 4 浅裂；子房下部与花盘合生，花柱钻形，柱头微扩大。果近球形，具种子 1 颗；种子椭圆形，基部具短喙。（栽培园地：XTBG）

Cissus pteroclada Hayata 翼茎白粉藤

草质藤本；小枝四棱形，具翅；卷须 2 叉分枝。叶片卵圆形或长卵圆形；边缘每侧具 6~9 个细齿，基出脉 5。花序顶生或与叶对生，集成伞形花序；花萼杯形，全缘；花瓣 4，花药卵圆形，长宽近相等；花盘明显，4 裂；子房下部与花盘合生，花柱短，钻形，柱头微扩大。果倒卵状椭圆形，具种子 1~2 颗；种子倒卵状长椭圆形，基部喙显著。（栽培园地：SCBG, WHIOB, XTBG, GXIB）

Cissus kerrii 鸡心藤

Cissus pteroclada 翼茎白粉藤

Cissus quadrangula L. 方茎青紫葛

肉质藤本；茎四棱形，棱脊角质化，平滑或稍呈波形；节间具卷须和叶。叶片心形或近三角形，具深缺刻，早落。花绿色。（栽培园地：SCBG, IBCAS, WHIOB, KIB）

Cissus repens Lam. 白粉藤

草质藤本；小枝圆柱形，具纵棱纹，常被白粉，无毛；卷须 2 叉分枝。叶片心状卵圆形；边缘每侧有 9~12 个细锐锯齿，基出脉 3~5。花萼杯形，全缘或

Cissus quadrangula 方茎青紫葛

呈波状；花瓣 4，卵状三角形；花盘明显，微 4 裂；子房下部与花盘合生，花柱近钻形，柱头不明显扩大。果倒卵圆形，具种子 1 颗；种子倒卵圆形，基部具短喙。（栽培园地：SCBG, XTBG）

Cissus sicyoides L. 锦屏藤

多年生草质藤本，全株无毛。茎纤细，具卷须；茎节处长出红褐色或灰褐色细长的气生根，长达 3~4m，入地则膨大加粗。单叶互生，三角状心形，边缘具锯齿，

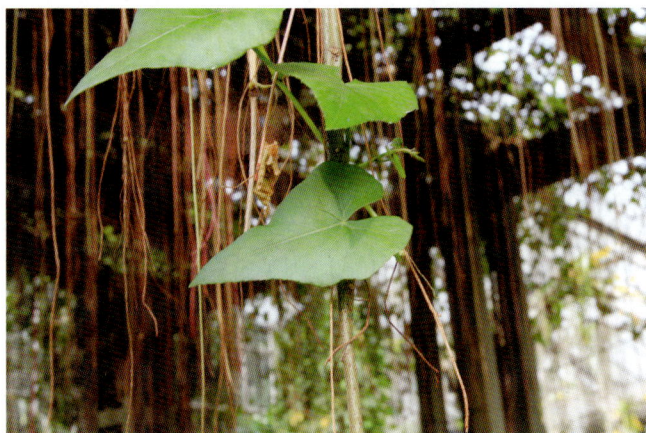

Cissus sicyoides 锦屏藤（图 2）

叶具长柄。聚伞花序与叶对生；花淡绿白色。浆果近球形，成熟时蓝黑色。（栽培园地：SCBG, WHIOB, SZBG, GXIB, XMBG）

Cissus triloba (Lour.) Merr. 掌叶白粉藤

草质藤本；小枝圆柱形，具纵棱纹，常被白粉；卷须不分枝，相隔 2 节间断与叶对生。叶异形，不裂叶卵圆形，边缘每侧具 20~30 个尖锐锯齿，分裂叶阔卵形，3~5 深裂。复二歧聚伞花序顶生或与叶对生；子房下部与花盘合生，花柱钻形，柱头微扩大。果近球形，具种子 1 颗；种子倒卵圆形，基部具短喙。（栽培园地：XTBG）

Cyphostemma 葡萄瓮属

该属共计 1 种，在 3 个园中有种植

Cyphostemma juttae (Dinter et Gilg) Desc. 葡萄瓮

多年生肉质灌木；茎基部膨大，黄褐色，皮常呈不规则块状脱落。叶为单叶，叶片肉质，长椭圆形至倒卵状椭圆形，边缘具粗锯齿，幼时被绒毛，后脱落。复聚伞花序顶生；花瓣 4，黄绿色。浆果近球形，成熟时红色。（栽培园地：SCBG, IBCAS, CNBG）

Cissus sicyoides 锦屏藤（图 1）

Cyphostemma juttae 葡萄瓮

Leea 火筒树属

该属共计 7 种，在 6 个园中有种植

Leea aculeata Bl. ex Spreng.

灌木或小乔木；茎多刺。单数羽状复叶，具小叶 5~7 枚，小叶长圆形至近椭圆形，先端渐尖或尾尖，边缘疏具圆齿。伞房花序，长 5~8cm，花白色。果近圆形，成熟时红色，直径约 1cm。（栽培园地：XTBG）

Leea aequata L. 圆腺火筒树

直立灌木或小乔木；小枝圆柱形，具纵棱纹，密被褐色短柔毛。叶为一至二回羽状复叶，小叶片长椭圆状披针形或卵状披针形，先端渐尖或长渐尖，边缘具不整齐锯齿，叶下面被短柔毛和圆盘状腺体。花序与叶对生，基部常分枝；花冠裂片椭圆形，花药椭圆形；子房近球形，柱头微扩大。果扁圆形，高 0.5~0.7cm。（栽培园地：XTBG）

Leea asiatica (L.) Ridsdale 单羽火筒树

直立灌木；茎上的节、节间肿胀；叶柄和花序梗常具皱波状窄翅。叶为羽状复叶，常具小叶 3~5 枚，小叶对生，小叶片卵形或卵状长圆形，主脉和侧脉明显，边缘具锯齿。聚伞花序顶生，花绿色或白色，花萼杯形，

Leea asiatica 单羽火筒树（图 2）

具 5 齿裂，花瓣 5，合生，卵形；雄蕊 5；花柱短，柱头 2 裂。（栽培园地：SCBG, XTBG）

Leea compactiflora Kurz 密花火筒树

直立灌木；小枝圆柱形，具钝纵棱纹，嫩时密被锈色柔毛，后脱落。叶为一至二回羽状复叶，小叶长椭圆形或椭圆披针形；托叶呈狭翅状。花序与叶对生，常于基部分叉，花序上部常 3~5 分枝集成假伞状；花冠裂片椭圆形；子房近球形，柱头扩大不明显。果扁球形，高 0.8~1cm，具种子 4~6 颗。（栽培园地：XTBG）

Leea guineensis G. Don 台湾火筒树

直立灌木或小乔木；小枝圆柱形，疏生短柔毛。一回羽状复叶或具 3 小叶，小叶片长椭圆形、卵状椭圆形或长卵形，边缘具圆钝粗齿。花序与叶对生，基部常分枝，复二歧聚伞花序；雄蕊 5，花药椭圆形；子房近球形，柱头扩大不明显。果扁球形，具种子 4~6 颗。（栽培园地：XTBG, SZBG, XMBG）

Leea guineensis 台湾火筒树

Leea asiatica 单羽火筒树（图 1）

Leea indica (Burm. f.) Merr. 火筒树

直立灌木；小枝圆柱形，纵棱纹钝，无毛。二至三回羽状复叶；小叶片椭圆形或长椭圆形。花序与叶对生，复二歧聚伞花序或二级分枝集成伞形；萼筒坛状，萼片三角形，外面无毛；花冠裂片椭圆形；花药椭圆形；子房近球形，柱头微扩大。果扁球形；具种子4~6颗。（栽培园地：SCBG, WHIOB, XTBG, CNBG, XMBG）

Leea indica 火筒树（图1）

Leea indica 火筒树（图2）

Leea macrophylla Roxb. 大叶火筒树

灌木或小乔木；小枝圆柱形，具纵棱纹，嫩枝被短柔毛，后脱落。叶为单叶、3小叶或一至三回羽状复叶。伞房状复二歧聚伞花序与叶对生，萼碟形，具5个三角状小齿，外面被短柔毛，裂片椭圆形；雄蕊5，花药椭圆形；子房近球形。果扁球形，具种子6颗。（栽培园地：XTBG, CNBG, SZBG, XMBG）

Leea macrophylla 大叶火筒树

Parthenocissus 地锦属

该属共计8种，在9个园中有种植

Parthenocissus chinensis C. L. Li 小叶地锦

木质藤本；小枝无毛；卷须常总状5分枝，顶端尖细，遇附着物扩大成吸盘。叶为3小叶，小叶片倒卵状椭圆形至卵状椭圆形，边缘上部具3~5个粗钝锯齿。多歧聚伞花序少花；花盘不明显；子房卵锥形，渐狭

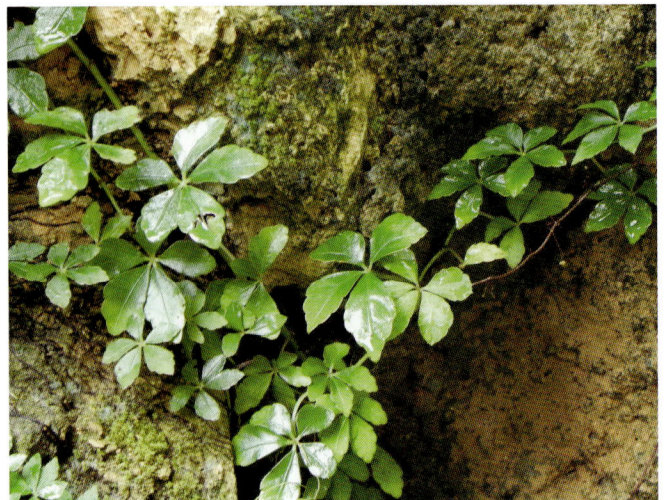

Parthenocissus chinensis 小叶地锦

至花柱顶端，柱头不扩大。果近球形；种子倒卵圆形，喙极小。（栽培园地：SCBG）

Parthenocissus dalzielii Gagnep. 异叶地锦

木质藤本；小枝无毛；卷须总状 5~8 分枝，顶端圆珠形，遇附着物扩大呈吸盘状。两型叶，单叶或具 3 小叶。多歧聚伞花序；花瓣 4，倒卵状椭圆形；花盘不明显；子房近球形，花柱短，柱头不明显扩大。果近球形，成熟时紫黑色；种子倒卵形，基部急尖。（栽培园地：SCBG, LSBG, SZBG）

Parthenocissus dalzielii 异叶地锦（图 1）

Parthenocissus dalzielii 异叶地锦（图 2）

Parthenocissus henryana (Hemsl.) Graebn. ex Diels et Gilg 花叶地锦

木质藤本；小枝四棱形，无毛；卷须总状 4~7 分枝，顶端膨大呈块状，遇附着物后扩大成吸盘状。掌状 5 小叶，小叶片倒卵形至宽倒卵状披针形。圆锥状多歧聚伞花序假顶生；花瓣 5，长椭圆形；雄蕊 5；花盘不明显；子房卵状椭圆形，具种子 1~3 颗；种子倒卵形，基部具短喙。（栽培园地：SCBG, IBCAS, WHIOB, GXIB）

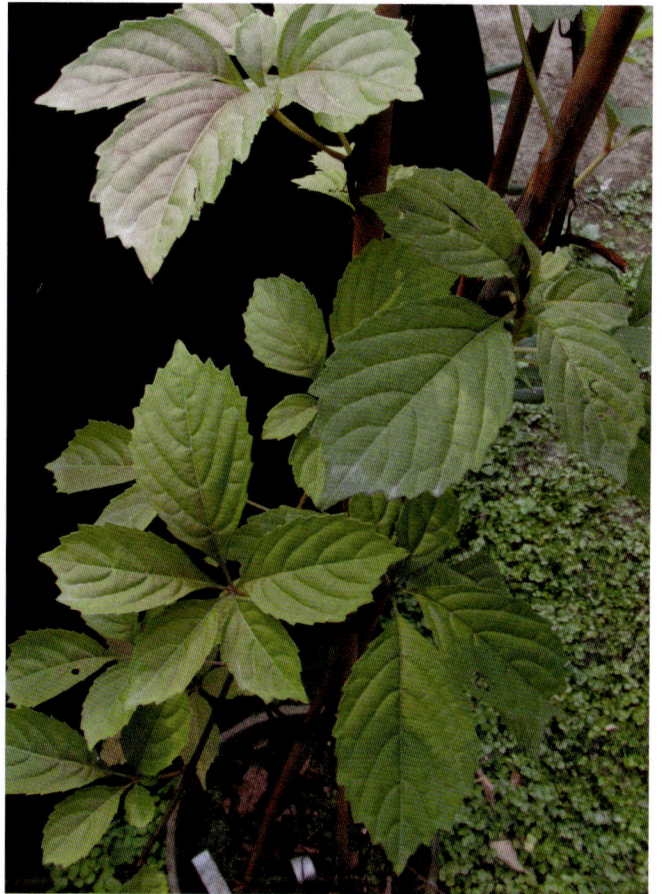

Parthenocissus henryana 花叶地锦

Parthenocissus laetevirens Rehd. 绿叶地锦

木质藤本；小枝幼时被短柔毛；卷须总状 5~10 分枝，顶端膨大呈块状，遇附着物后扩大成吸盘。掌状 5 小叶，小叶片倒卵状长椭圆形或倒卵状披针形。多歧聚伞花序圆锥状；花盘不明显；子房近球形，花柱明显，柱头不明显扩大。果球形，具种子 1~4 颗；种子倒卵形，具短喙。（栽培园地：IBCAS, WHIOB, LSBG）

Parthenocissus quinquefolia (L.) Planch. 五叶地锦

木质藤本；小枝无毛；卷须总状 5~9 分枝，顶端尖细卷曲，遇附着物后扩大成吸盘。掌状 5 小叶，小叶片倒卵圆形至椭圆形。圆锥状多歧聚伞花序；花盘不明显；子房卵状锥形，渐狭至花柱，柱头不扩大。果球形，具种子 1~4 颗；种子倒卵形，基部急尖成短喙。（栽培园地：CNBG, SZBG）

Parthenocissus semicordata (Wall.) Planch. 三叶地锦

　　木质藤本；小枝幼时疏被柔毛；卷须总状4~6分枝，顶端尖细卷曲，遇附着物后扩大成吸盘。叶为3小叶，小叶片倒卵圆形至卵状椭圆形。多歧聚伞花序；花盘不明显；子房扁球形，花柱短，柱头不扩大。果近球形，具种子1~2颗；种子倒卵形，基部急尖成短喙。（栽培园地：SCBG, WHIOB, KIB, LSBG）

Parthenocissus semicordata (Wall.) Planch. var. **rubrifolia** (Lévl et Vaniot) C. L. Li 红三叶地锦

　　本变种与原变种的区别为：其芽、幼叶粉红色。（栽培园地：WHIOB）

Parthenocissus tricuspidata (Siebold et Zucc.) Planch. 地锦

　　木质藤本；小枝无毛或疏被柔毛；卷须5~9分枝，顶端嫩时膨大呈圆珠形，遇附着物后扩大成吸盘。叶为单叶，常3浅裂或不裂。多歧聚伞花序；花盘不明显；子房椭球形，花柱明显，柱头不扩大。果球形，具种子1~3颗；种子倒卵圆形，基部急尖成短喙。（栽培园地：SCBG, IBCAS, WHIOB, KIB, XJB, CNBG, GXIB）

Tetrastigma 崖爬藤属

该属共计24种，在8个园中有种植

Tetrastigma caudatum Merr. ex Chun 尾叶崖爬藤

　　藤本；小枝具纵棱纹，无毛；卷须不分枝。叶为3小叶，小叶片披针形、卵状披针形，顶端尾状渐尖。二歧聚伞花腋生，较叶柄短；花瓣4，卵状椭圆形，顶端有小角，外展；花盘明显，4浅裂；子房下部与花盘合生，花柱明显，柱头显著4裂。果椭圆形；种子1粒，长椭圆形。（栽培园地：SCBG）

Tetrastigma cauliflorum Merr. 茎花崖爬藤

　　藤本；茎、小枝微扁；卷须不分枝。叶为掌状5小叶，小叶片长椭圆形或倒卵状长椭圆形。复伞形花序或复二歧聚伞花序生于老茎上；花盘在雄花内发达，浅4裂，在雌花内不明显；果椭圆形或卵球形，干时皱缩；种子1~4粒，椭圆形。（栽培园地：SCBG, XTBG）

Tetrastigma cruciatum Craib et Gagnep. 十字崖爬藤

　　藤本；茎扁压，小枝圆柱形，具瘤状突起；卷须不分枝。叶为3小叶，小叶片椭圆状披针形至长卵状披针形。花序短，2~3枝集成伞形或单生叶腋，花盘在雄花中显著；子房锥形，几无花柱，柱头4裂。果球形，直径1~1.2mm；种子2粒，倒卵圆形。（栽培园地：XTBG）

Tetrastigma cauliflorum 茎花崖爬藤

Tetrastigma erubescens Planch. 红枝崖爬藤

　　藤本；小枝圆柱形，具纵棱纹；卷须不分枝。叶为3小叶，小叶片长椭圆形或椭圆形。复伞形花序腋生，下部具2~3节；雌花的雄蕊4，败育，花盘显著，4浅裂；子房下部与花盘合生，花柱渐狭，柱头4裂。果长椭圆形，具种子2粒；种子椭圆形。（栽培园地：SCBG, XTBG）

Tetrastigma erubescens 红枝崖爬藤（图1）

Tetrastigma erubescens Planch. var. **monophyllum** Gagnep. 单叶红枝崖爬藤

　　本变种与原变种的区别为：叶多为单叶，稀2~3小

头 4 裂。果近球形或倒卵球形，具种子 1 粒。种子倒卵状椭圆形。（栽培园地：SCBG, WHIOB, KIB, XTBG, GXIB）

Tetrastigma henryi Gagn. 蒙耳崖爬藤

藤本；小枝圆柱形，具纵棱纹；卷须不分枝。叶为 3 小叶，小叶片椭圆形或长椭圆状披针形。伞形花序腋生，较叶柄短；雄蕊 4，在雌花内花丝极短，花药呈龟头状，败育；花盘明显，4 浅裂；子房下部与花盘合生，花柱短，柱头 4 裂。果圆球形，具种子 1~2 颗；种子卵圆形。（栽培园地：WHIOB）

Tetrastigma hypoglaucum Planch. ex Franch. 白背崖爬藤

藤本；小枝纤细，具纵棱纹；卷须 2 叉分枝。叶为掌状 5 小叶，小叶片披针形或椭圆形。伞形花序腋生或与叶对生；花萼边缘波状；花瓣椭圆卵形，顶端呈头盔状；雄蕊在雌花中不发达；子房圆锥形，花柱短，柱头 4 裂。果圆球形，具种子 1~3 颗；种子椭圆形。（栽培园地：KIB）

Tetrastigma jinghongense C. L. Li 景洪崖爬藤

藤本；茎扁平，小枝具钝纵棱纹。叶为鸟足状 7 小叶，小叶片长椭圆状披针形或长椭圆形。复二歧聚伞花序腋生；花萼、花瓣均被碟形，被乳突状毛；雄蕊在雌花中退化；花盘在雌花中薄；子房锥形，花柱不明显，柱头 4 裂。果球形，棕黄色，具种子 1~2 颗；种子椭圆形。（栽培园地：XTBG）

Tetrastigma kwangsiense C. L. Li 广西崖爬藤

藤本；茎侧扁，小枝圆柱形，具纵棱纹；卷须不分枝。叶为 3 小叶，小叶片椭圆卵形、倒卵状椭圆形或阔卵圆形，顶端骤尾尖。复二歧聚伞花序腋生、假顶生或与叶对生；雄花序短，团集，雌花序疏展；子房圆锥形，花柱短，柱头 4 裂。果椭球形，具种子 1~2 粒；种子椭圆形。（栽培园地：WHIOB, GXIB）

Tetrastigma erubescens 红枝崖爬藤（图 2）

叶，叶片质地常较厚，有时带淡紫色。（栽培园地：XTBG）

Tetrastigma hemsleyanum Diels et Gilg 三叶崖爬藤

藤本；小枝纤细，具纵棱纹；卷须不分枝。叶为 3 小叶，小叶片披针形、长椭圆状披针形或卵状披针形。复二歧聚伞花序腋生，下部有节；花盘明显，4 浅裂；子房陷在花盘中呈短圆锥状，花柱短，柱

Tetrastigma hemsleyanum 三叶崖爬藤（图 1）

Tetrastigma hemsleyanum 三叶崖爬藤（图 2）

Tetrastigma kwangsiense 广西崖爬藤（图 1）

Tetrastigma kwangsiense 广西崖爬藤（图2）

Tetrastigma lenticellatum C. Y. Wu 显孔崖爬藤

藤本；小枝具纵棱纹和显著气孔；卷须2叉分枝。叶为鸟足状5小叶，小叶片倒卵状长椭圆形或椭圆形。复伞形花序腋生，二级分枝3~4；花盘在雄花中发达，4裂。果球形，具种子2~3颗；种子倒三角形。（栽培园地：XTBG）

Tetrastigma obovatum (Laws.) Gagnep. 毛枝崖爬藤

藤本；茎略扁压，小枝密被黄褐色糙硬毛；卷须不分枝。叶为掌状5小叶，小叶片倒卵状椭圆形或椭圆形。复伞形花序腋生，二级分枝常4；子房圆锥形，顶端被糙毛，花柱明显，柱头4裂。果球形，橘黄色，具种子2~3颗；种子长椭圆形。（栽培园地：XTBG）

Tetrastigma obtectum (Wall.) Planch. 崖爬藤

藤本；小枝无毛或被疏柔毛。卷须4~7呈伞状集生。

Tetrastigma obtectum 崖爬藤（图1）

Tetrastigma obtectum 崖爬藤（图2）

叶为掌状5小叶，小叶片菱状椭圆形或椭圆状披针形。伞形花序顶生或假顶生；花瓣长椭圆形，顶端具短角；子房锥形，花柱短，柱头扩大呈碟形，边缘不规则分裂。果球形，具种子1粒；种子椭圆形。（栽培园地：WHIOB, KIB）

Tetrastigma obtectum (Wall.) Planch. var. glabrum (Lévl) Gagnep. 无毛崖爬藤

本变种与原变种的区别为：全株无毛。（栽培园地：KIB）

Tetrastigma obtectum var. **glabrum** 无毛崖爬藤

Tetrastigma pachyphyllum (Hemsl.) Chun 厚叶崖爬藤

藤本；茎、小枝多瘤状突起；卷须不分枝。叶为鸟足状5小叶或3小叶，小叶片倒卵形或倒卵状长椭圆形。复二歧聚伞花序腋生；花萼、花瓣被乳突状毛；雄蕊在雌花内退化呈鳞片状；花盘在雌花中不明显；子房长圆锥形，柱头 4 裂。果球形，具种子 1~2 颗；种子椭圆形。（栽培园地：XTBG）

Tetrastigma papillatum (Hance) C. Y. Wu 海南崖爬藤

藤本；小枝纤细；卷须不分枝。叶为 3 小叶，小叶片长椭圆形、卵状椭圆形或倒卵状椭圆形。复二歧聚伞花序腋生；花萼、花瓣均被乳突状毛；雄蕊在雌花内雄蕊败育，花药呈龟头状；花盘明显，4 浅裂；子房下部与花盘合生，柱头 4 裂。果球形；种子 2 粒，卵圆形。（栽培园地：WHIOB）

Tetrastigma papillatum 海南崖爬藤

Tetrastigma planicaule (Hook.) Gagnep. 扁担藤

藤本；茎扁压；小枝圆柱形或微扁；卷须不分枝。叶为掌状 5 小叶，小叶片长圆披针形、披针形或卵状披针形。复伞形花序腋生；花瓣 4，卵状三角形，顶端呈帽状，顶部疏被乳突状毛；花盘明显，4 浅裂。果近球形，具种子 1~2 粒；种子长椭圆形。（栽培园地：SCBG, WHIOB, KIB, XTBG, CNBG, SZBG, GXIB, XMBG）

Tetrastigma planicaule 扁担藤（图 1）

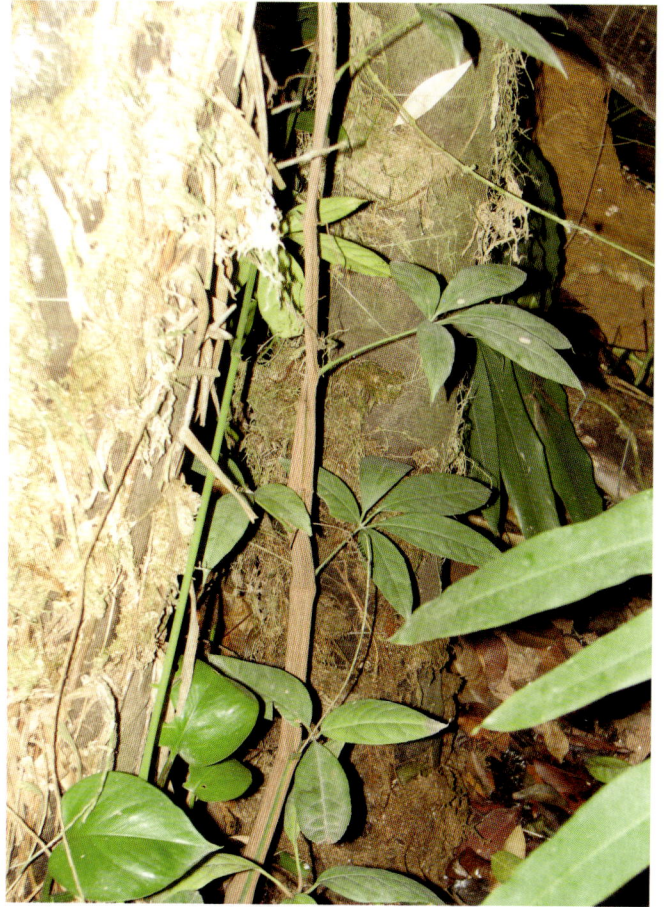

Tetrastigma planicaule 扁担藤（图 2）

Tetrastigma pubinerve Merr. et Chun 毛脉崖爬藤

藤本；小枝幼时被短柔毛；卷须不分枝。叶为鸟足状 5 小叶，小叶片椭圆形或卵状披针形，仅下面脉上被毛。复二歧聚伞花序腋生；雄蕊花药椭圆形，长甚于宽近 1 倍；花盘在雌花中不明显，呈环状；子房锥形，下部与花盘合生，柱头 4 裂。果近球形；种子倒卵圆形。（栽培园地：XTBG）

Tetrastigma retinervium Planch. 网脉崖爬藤

藤本；小枝圆柱形；卷须 2 叉分枝。叶为 3 小叶，小叶片卵圆形或长椭圆形，网脉两面明显突出。复二歧聚伞状花序腋生；花瓣 4，卵椭圆形，顶端呈帽状；雄蕊 4，在雌花中败育；花盘在雌花中不明显，呈环状；子房下部与花盘合生，柱头 4 裂。果椭圆形；种子椭圆形。（栽培园地：GXIB）

Tetrastigma serrulatum (Roxb.) Planch var. pubinervium C. L. Li. 毛狭叶崖爬藤

藤本；小枝、花序梗、花梗、叶柄及叶下面脉上被短柔毛；卷须不分枝。叶为鸟足状 5 小叶，小叶片卵披针形或倒卵状披针形。伞形花序腋生；雄蕊花药卵圆形，长宽近相等；子房下部与花盘合生，柱头呈盘形扩大，边缘不规则分裂。果圆球形，紫黑色；种子倒卵状椭圆形。（栽培园地：XTBG）

Tetrastigma tonkinense Gagnep. 越南崖爬藤

　　藤本；小枝圆柱形，密被卷曲锈色糙毛。叶为鸟足状 5 小叶，小叶片倒披针形或倒卵状披针形。复二歧聚伞花序腋生；子房下部与花盘合生，花柱明显，柱头 4 裂。果近球形，具种子 3 粒；种子椭圆形。（栽培园地：GXIB）

Tetrastigma tonkinense 越南崖爬藤（图 1）

Tetrastigma tonkinense 越南崖爬藤（图 2）

Tetrastigma triphyllum (Gagnep.) W. T. Wang 菱叶崖爬藤

　　藤本；小枝圆柱形，无毛；卷须 4~7 掌状分枝。叶为 3 小叶，小叶片菱状卵圆形或椭圆形。复伞形花序假顶生，下部具 1~2 片叶。花瓣椭圆形，顶端呈风帽状；花药长椭圆形，长甚于宽 2 倍。果球形；种子椭圆形。（栽培园地：KIB, XTBG）

Tetrastigma triphyllum (Gagnep.) W. T. Wang var. **hirtum** (Gagnep.) W. T. Wang 毛菱叶崖爬藤

　　本变种与原变种区别为：小枝、叶柄、叶片和花梗密被柔毛。（栽培园地：XTBG）

Tetrastigma xishuangbannaense C. L. Li 西双版纳崖爬藤

　　藤本；小枝圆柱形，无毛；卷须 2 叉分枝。叶为鸟足状 5~7 小叶，小叶片椭圆形或倒卵状椭圆形。二歧聚伞花序腋生。花瓣 4，长椭圆形，顶端呈风帽状；花盘在雄花中明显，微 4 裂。果近球形或梨形，种子圆球形。（栽培园地：XTBG）

Vitis 葡萄属

该属共计 14 种，在 10 个园中有种植

Vitis amurensis Rupr. 山葡萄

　　藤本；小枝幼时疏被蛛丝状绒毛；卷须 2~3 分枝。叶片阔卵圆形，3 浅裂或不分裂。圆锥花序疏散，与叶对生；花瓣 5，呈帽状粘合脱落；子房锥形，柱头微扩大。果球形，直径 1~1.5cm；种子倒卵圆形。（栽培园地：IBCAS, WHIOB, XTBG, CNBG, GXIB, IAE）

Vitis balanseana Planch. 小果葡萄

　　藤本；小枝幼时疏被浅褐色蛛丝状绒毛；卷须 2 叉分枝。叶片心状卵圆形或阔卵形。圆锥花序与叶对生；花瓣 5，呈帽状粘合脱落；花盘发达，5 裂；雌蕊子房圆锥形，花柱短，柱头微扩大。果球形，成熟时紫黑色；种子倒卵状长圆形，基部具喙。（栽培园地：SCBG, XTBG）

Vitis bryoniifolia Bunge 蘡薁

　　藤本；小枝幼时密被蛛丝状绒毛或柔毛；卷须 2 叉分枝。叶片长圆卵形，3~5 深裂或浅裂。花杂性异株，圆锥花序与叶对生；花序梗初时被蛛状丝绒毛，后稀疏；雌蕊子房椭圆卵形，花柱细短，柱头扩大。果球形，成熟时紫红色；种子倒卵形，基部具短喙。（栽培园地：CNBG）

Vitis davidii (Rom. Caill.) Foëx 刺葡萄

　　藤本；小枝圆柱形，被皮刺；卷须 2 叉分枝。叶片卵圆形或卵椭圆形，不分裂或三浅裂。圆锥花序与

Vitis davidii 刺葡萄

叶对生；子房圆锥形，花柱短，柱头扩大。果球形，成熟时紫红色；种子倒卵状椭圆形，基部具短喙。（栽培园地：SCBG, WHIOB, LSBG, CNBG）

Vitis flexuosa Thunb. 葛藟葡萄

藤本；小枝圆柱形，幼时疏被蛛丝状绒毛；卷须 2 叉分枝。叶片卵形、三角状卵形或卵状椭圆形，下面幼时疏被蛛丝状绒毛，后脱落。圆锥花序疏散，与叶对生；子房卵圆形，花柱短，柱头微扩大。果球形；

Vitis flexuosa 葛藟葡萄（图 1）

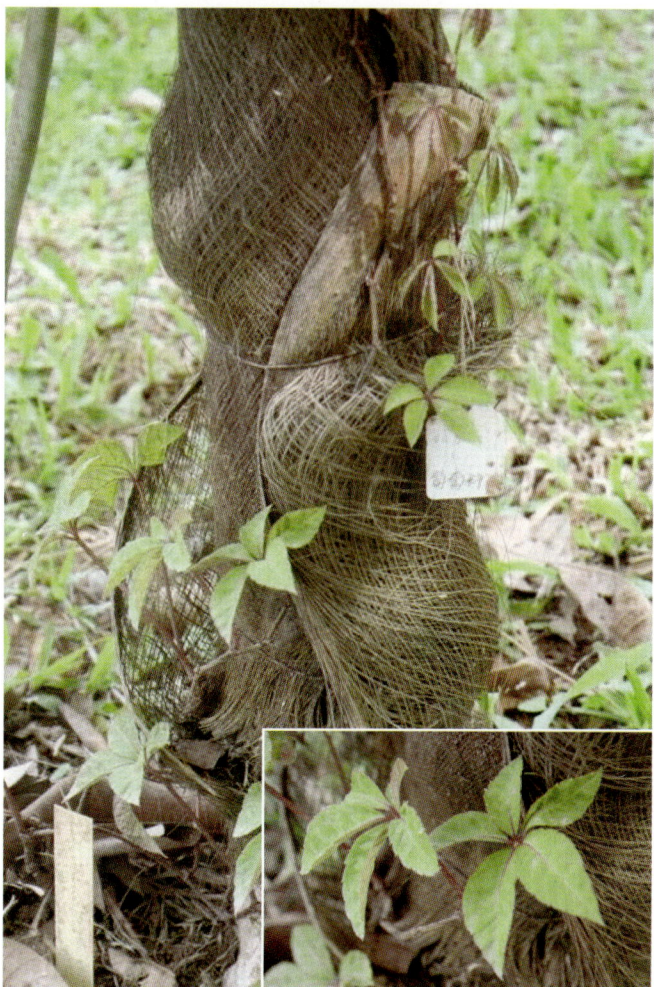

Vitis flexuosa 葛藟葡萄（图 2）

种子倒卵状椭圆形，基部具短喙。（栽培园地：SCBG, WHIOB, XTBG, LSBG）

Vitis hancockii Hance 菱叶葡萄

藤本；小枝具纵棱纹，密被褐色长柔毛；卷须 2 叉分枝或不分枝，疏被褐色柔毛。叶片菱状卵形或菱状长椭圆形，不分裂，稀 3 裂。圆锥花序疏散，与叶对生。果圆球形；种子倒卵形，基部具短喙。（栽培园地：IBCAS）

Vitis hekouensis C. L. Li 河口葡萄

藤本；小枝、卷须、叶、叶柄、花序梗均密被锈色柔毛；卷须 2 叉分枝。叶片卵圆形，顶端尾状渐尖。花杂性异株，圆锥花序与叶对生，狭窄；花盘发达，微 5 裂。果圆球形，成熟时紫黑色；种子倒卵形，基部具喙。（栽培园地：SCBG, WHIOB）

Vitis heyneana Roem. et Schult. 毛葡萄

藤本；小枝、卷须、花序、叶柄密被灰色或褐色蛛丝状绒毛；卷须 2 叉分枝。叶片卵圆形、长卵椭圆形或卵状五角形，初时绒毛，后脱落或稀疏，仅下面脉上密被绒毛。花杂性异株；圆锥花序疏散，与叶对生；子房卵圆形。果圆球形，成熟时紫黑色；种子倒卵形，具短喙。（栽培园地：WHIOB）

Vitis heyneana Roem. et Schult. ssp. ficifolia (Bge.) C. L. Li 桑叶葡萄

本亚种和原亚种的区别为：叶片常具 3 浅裂至中裂并混生有不分裂叶者。（栽培园地：WHIOB）

Vitis piasezkii Maxim. 变叶葡萄

藤本；小枝圆柱形；卷须 2 叉分枝。叶 3~5 小叶或单叶，小叶片菱状椭圆形或卵状披针形，单叶卵圆形。圆锥花序疏散，与叶对生；子房卵圆形。果球形；种子倒卵圆形，顶端微凹，基部具短喙。（栽培园地：WHIOB）

Vitis retordii Rom. Caill. ex Planch. 绵毛葡萄

藤本；幼枝、叶背面、叶柄、花序梗被褐色绒毛。叶片卵圆形或卵状椭圆形，叶上面密生短柔毛。圆锥花序疏散，与叶对生；萼碟形，近全缘，无毛；子房卵圆形，花柱短，柱头不明显扩大。果球形；种子倒卵状椭圆形。（栽培园地：XTBG）

Vitis romanetii Rom. Caill. ex Planch. 秋葡萄

藤本；小枝、叶柄、花序梗密被短柔毛和有柄腺毛；卷须常 2 或 3 分枝。叶片卵圆形或阔卵圆形，微 5 裂或不分裂，初时被毛，后稀疏。花杂性异株，圆锥花序与叶对生；子房圆锥形，花柱短，柱头扩大。果球形，种子倒卵形。（栽培园地：WHIOB）

Vitis romanetii 秋葡萄

Vitis sinocinerea W. T. Wang **小叶葡萄**

藤本；小枝具纵棱纹，小枝、叶、叶柄、花序梗被短柔毛或蛛丝状绒毛；卷须不分枝或2叉分枝。叶片

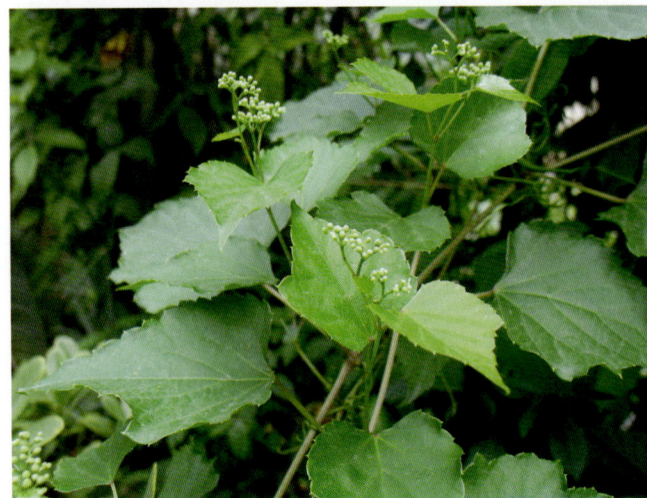

Vitis sinocinerea 小叶葡萄

卵圆形，3浅裂或不明显分裂。圆锥花序小，与叶对生；萼碟形，近全缘，无毛。果熟时紫褐色；种子倒卵状圆形。（栽培园地：WHIOB，XMBG）

Vitis vinifera L. **葡萄**

藤本；小枝圆柱形，有纵棱纹，卷须2叉分枝。叶片卵圆形，3~5浅裂或中裂，边缘具粗锯齿。圆锥花序多花，与叶对生；萼浅碟形，边缘呈波状；子房卵圆形，花柱短，柱头扩大。果球形或椭圆形；种子倒卵状椭圆形。（栽培园地：SCBG，WHIOB，XJB，LSBG，CNBG）

Yua 俞藤属

该属共计2种，在3个园中有种植

Yua austro-orientalis (Metcalf) C. L. Li **大果俞藤**

藤本；小枝无毛，多皮孔；卷须2叉分枝，与叶对生。掌状5小叶，小叶倒卵状披针形或倒卵状椭圆形，叶缘上部每侧具2~5个锯齿。复二歧聚伞花序，被白粉；雌蕊花柱渐狭，柱头不明显扩大。果圆球形，紫红色，味酸甜。种子梨形，背腹侧扁。（栽培园地：XTBG，CNBG）

Yua thomsonii (Laws.) C. L. Li **俞藤**

藤本；小枝幼时略具棱纹，无毛；卷须2叉分枝。掌状5小叶，小叶披针形或卵状披针形，边缘上半部每侧具4~7个细锐锯齿。复二歧聚伞花序与叶对生，无毛；萼碟形，全缘；花柱细，柱头不明显扩大。果近球形，紫黑色；种子梨形。（栽培园地：GXIB）

Xanthorrhoeaceae 黄脂木科

该科共计 1 种，在 2 个园中有种植

亚灌木状草本。茎丛生，直立。多分枝。叶对生，叶片针状、锥形或线状披针形；托叶缺。花两性，成圆锥花序、伞房花序或头状花序；苞片草质，针刺状、卵形或披针形，有时边缘具刺；花萼筒状或钟形，具 5 条纵脉，稀 15 条，脉间膜质，萼齿 5；雌雄蕊柄短，稀较长；花瓣 5，红色，稀白色，全缘，稀凹缺，爪狭长；副花冠缺；雄蕊 10，二轮列，与花瓣对生的 5 枚较短；子房 1 室，具 4~10 胚珠；花柱 2。蒴果长圆形或近圆球形，下部膜质，不规则横裂或齿裂；种子 1~2，近肾形。

Xanthorrhoea 黄脂木属

该属共计 1 种，在 2 个园中有种植

Xanthorrhoea australis R. Br. **澳洲黄脂木**

亚灌木状草本。茎粗壮，直立或倾斜，棕黑色。叶簇生于茎顶端，叶片线状，横截面近钝三角形，长

Xanthorrhoea australis 澳洲黄脂木（图 1）

Xanthorrhoea australis 澳洲黄脂木（图 2）

50~80cm，革质，蓝绿色至浅黄绿色。穗状花序高可达 3m；花密集；花数 5，花瓣白色；蒴果近球形。（栽培园地：SCBG, XMBG）

185

Xyridaceae 黄眼草科

该科共计 2 种，在 2 个园中有种植

多年生稀为一年生草本；根状茎短而粗壮，通常呈球茎状。叶常丛生于基部，二列或少数作螺旋状排列；叶片扁平，套折成剑形或丝状，稀近圆柱形或稍扁，基部鞘状，无舌片或在黄眼草属叶鞘上端有时具 1 膜状舌片。气孔为平列型，不凹陷。花序为单一、伸长或呈球形的头状花序或穗状花序，生于一直立而坚挺的花葶上；苞片覆瓦状排列，颖状，坚硬，褐黄色至黑褐色，有光泽，边缘干膜质，顶端圆形，微凹或尖锐，内含 1 朵花；在 Achlyphila 属，每 1 总苞片内有 2 朵花，每朵花位于 1 枚微小的苞腋中，而顶部花群由 3 花组成，排成聚伞状；花无小苞片，无梗或具不明显花梗，辐射对称或有时两侧对称，三基数；萼片（外轮花被片）通常离生；在 Achlyphila、Abolboda 和 Orectanthe 三属萼片几乎相等，但后两属的中萼片可能缺或早落；花瓣（内轮花被片）较大，两侧对称（Orectanthe 属）和辐射对称，檐部裂片卵形或狭椭圆形，有长爪，等长或几乎相等，通常黄色，稀白色或蓝色，分离或联合成筒；雄蕊 3 枚，与花瓣对生。

Xyris 黄眼草属

该属共计 2 种，在 2 个园中有种植

Xyris capensis Thunb. var. schoenoides (Mart.) Nilsson 黄谷精

丛生草本；具根状茎，有多数褐色须根。叶片坚硬，剑状线形，长 10~40cm。花葶圆柱形或稍扁；头状花序近球形至倒卵形；苞片近圆形、长圆形或椭圆形，无斑点状乳突区；侧生萼片背部隆起成脊，脊上无齿。（栽培园地：XTBG）

Xyris pauciflora Willd. 葱草

丛生或散生草本。叶片狭线形，较柔软，长 8~22cm。花葶近圆柱形；头状花序卵形至球形；苞片宽倒卵形或近圆形，顶端具小刺尖和三角形乳突区；侧生萼片背部龙骨状突起的狭脊棱具粗浅齿。（栽培园地：SCBG, XTBG）

Zingiberaceae 姜科

该科共计 301 种，在 10 个园中有种植

多年生（少有一年生）、陆生（少有附生）草本，通常具有芳香、匍匐或块状的根状茎，或有时根的末端膨大呈块状。地上茎高大或很矮或无，基部通常具鞘。叶基生或茎生，通常二行排列，少数螺旋状排列，叶片较大，通常为披针形或椭圆形，有多数致密、平行的羽状脉自中脉斜出，有叶柄或无，具有闭合或不闭合的叶鞘，叶鞘的顶端有明显的叶舌。花单生或组成穗状、总状或圆锥花序，生于具叶的茎上或单独由根茎发出，而生于花葶上；花两性（罕杂性，中国不产），通常二侧对称，具苞片；花被片 6 枚，2 轮，外轮萼状，通常合生成管，一侧开裂及顶端齿裂，内轮花冠状，美丽而柔嫩，基部合生成管状，上部具 3 裂片，通常位于后方的 1 枚花被裂片较两侧的为大；退化雄蕊 2 枚或 4 枚，其中外轮的 2 枚称侧生退化雄蕊，呈花瓣状，齿状或不存在，内轮的 2 枚联合成 1 唇瓣。

Aframomum 椒蔻属

该属共计 3 种，在 1 个园中有种植

Aframomum angustifolium (Sonn.) K. Schum.

多年生草本。叶舌无毛，革质；叶片线状披针形。穗状花序，约有 4 朵花；苞片革质，卵形；花冠红色；唇瓣长圆形至倒卵形，近 3 裂，淡黄色。（栽培园地：SCBG）

Aframomum mala (K. Schum. ex Engl.) K. Schum.

多年生草本。叶舌无毛，钝，长约 6mm；叶近无柄；叶片披针形，无毛。穗状花序，多花；花序柄长可达 10cm。（栽培园地：SCBG）

Aframomum thonneri De Wild.

多年生草本。叶鞘革质具纵条纹；叶片长圆状披针形；叶舌平截，长约 8mm，具缘毛。穗状花序基生；苞片倒卵形，长 4cm，具缘毛；花冠淡紫罗兰色。（栽

Aframomum angustifolium

Aframomum mala

Aframomum thonneri

培园地：SCBG）

Alpinia 山姜属

该属共计 58 种，在 10 个园中有种植

Alpinia arctiflora (F. Muell.) Benth.

多年生草本。叶片长圆状披针形，背面稍被茸毛；叶舌钝，极短。圆锥花序顶生，无柄；苞片近椭圆形，绿色；花冠白色；唇瓣倒卵形，2 裂，白色。蒴果长椭圆形，3 瓣开裂。（栽培园地：SCBG）

Alpinia argentea (B. L. Burtt et R. M. Smith) R. M. Smith 银山姜

多年生草本。叶背面密被银色贴伏毛；叶鞘被短柔毛，具横向的银色线条；叶舌 2 裂，被短柔毛。圆锥花序顶生，花单生；无小苞片；花绿色；唇瓣卵形，具红色线条。（栽培园地：SCBG）

Alpinia bambusifolia C. F. Liang et D. Fang 竹叶山姜

多年生草本。叶鞘被微毛。花序较短，长 1.5~6cm，花通常成对或花序上部的单生，唇瓣皱波状。果椭圆形至卵形。（栽培园地：SCBG, WHIOB, GXIB）

Alpinia blepharocalyx K. Schum. 云南草蔻

多年生草本。叶背被长柔毛。总状花序，花序下垂，苞片白色。果椭圆形。（栽培园地：SCBG, WHIOB, XTBG）

Alpinia blepharocalyx K. Schum. var. **glabrior** (Hand.-Mazz.) T. L. Wu 光叶云南草蔻

本变种与原变种的区别为：叶背无毛。（栽培园地：SCBG）

Alpinia bracteata Roscoe 绿苞山姜

多年生草本。植株较矮，高通常不超过 1m。苞片

Alpinia bambusifolia 竹叶山姜

Alpinia blepharocalyx 云南草蔻

Alpinia blepharocalyx var. **glabrior** 光叶云南草蔻

Alpinia bracteata 绿苞山姜（图1）

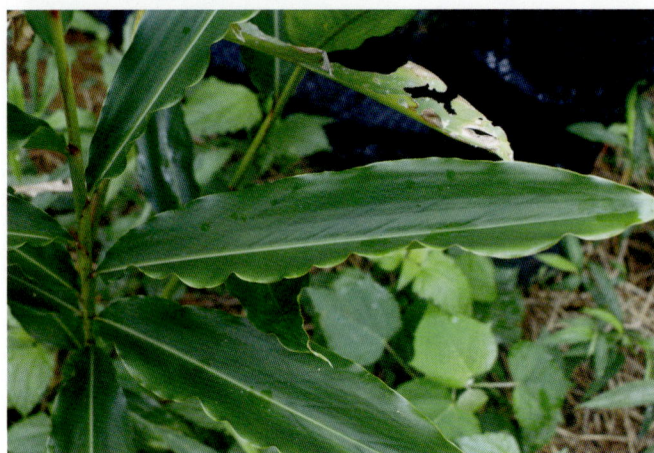

Alpinia bracteata 绿苞山姜（图2）

绿色。（栽培园地：SCBG, WHIOB, XTBG）

Alpinia brevis T. L. Wu et S. J. Chen 小花山姜

多年生草本。总状花序，花小，唇瓣长7~9mm。（栽培园地：SCBG）

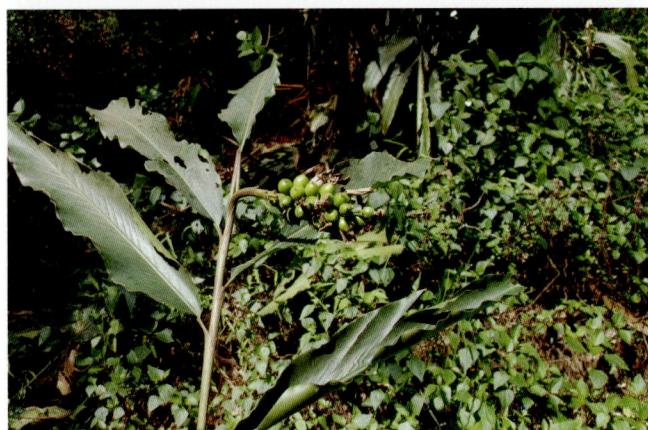

Alpinia brevis 小花山姜

Alpinia caerulea Benth. 蓝果山姜

多年生草本。叶片长圆状披针形，无毛。花序顶生。蒴果蓝色。（栽培园地：SCBG）

Alpinia caerulea 蓝果山姜

Alpinia calcarata (Haw.) Roscoe 距花山姜

多年生草本。植株较细瘦，高约 1.3m。叶片较狭长，线状披针形。圆锥花序，花序长不过 10cm。（栽培园地：SCBG, XTBG, SZBG）

Alpinia calcarata 距花山姜

Alpinia conchigera Griff. 节鞭山姜

多年生草本。叶片披针形。圆锥花序长 20~30cm，常仅有 1~2 个分枝；花呈蝎尾状聚伞花序排列；唇瓣

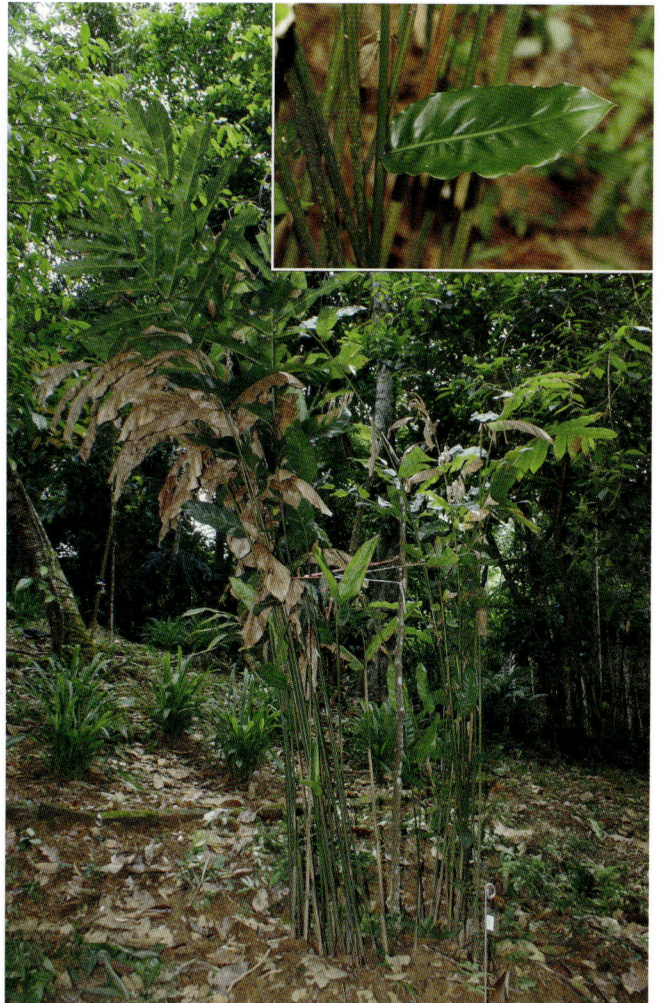

Alpinia conchigera 节鞭山姜

倒卵形，长 5mm，淡黄色或粉红色而具红色条纹；侧生退化雄蕊正方形，红色。果成熟时球形，枣红色。（栽培园地：SCBG, XTBG, CNBG）

Alpinia conghuaensis J. P. Liao et T. L. Wu 从化山姜

多年生草本。叶片线状披针形至线状椭圆形，两面被短柔毛。穗状花序顶生，直立，长 2~5cm；总苞片 2~3 片；小苞片膜质，淡红色，单花；花冠裂片淡白色，被短柔毛；唇瓣淡红色，具深红色纵脉纹，顶端 2 浅裂，裂片顶端渐尖。（栽培园地：SCBG）

Alpinia coplandii Ridl. 密毛山姜

多年生草本。叶片线状披针形，叶面无毛，叶背密被小柔毛；近无柄。总状花序；花较小，小苞片长约 1.2cm，花冠裂片具缘毛，唇瓣长约 2.2cm。（栽培园地：XTBG）

Alpinia coriacea T. L. Wu et S. J. Chen 革叶山姜

多年生草本。叶片革质，椭圆形或卵状椭圆形，顶端具长 1cm 的尾状小尖头，两面均光滑无毛。穗状花序长约 4cm，花稠密；苞片披针形，宿存，内有花 2 朵；唇瓣长圆形，淡绿色，具紫红色脉纹，顶端微凹。果

Alpinia coriacea 革叶山姜

卵圆形。（栽培园地：SCBG）

Alpinia coriandriodora D. Fang 香姜

多年生草本。叶片椭圆状披针形，两面无毛。穗状花序长 5~10cm；总苞片椭圆状披针形，被微柔毛，早落；小苞片椭圆形，花序下部有花 3 朵，上部的单生；唇瓣近卵圆形，直径 6~7mm，具紫红色条纹，顶端 2 浅裂，两面被柔毛；侧生退化雄蕊线形，被短腺毛。（栽培园地：XTBG）

Alpinia elegans K. Schum.

多年生草本。叶片长圆状卵形、披针形至狭卵形。圆锥花序长约 22cm；苞片线状披针形；唇瓣短楔形，顶端 3 裂。蒴果近球形，花萼宿存。（栽培园地：SCBG）

Alpinia elegans

Alpinia emaculata S. Q. Tong 无斑山姜

多年生草本。叶片椭圆状披针形或长圆状披针形，背面密被绒毛。总状花序，唇瓣宽卵形，无斑点。（栽培园地：SCBG, XTBG）

Alpinia formosana K. Schum. 美山姜

多年生草本。叶片披针形或长圆状披针形，无毛；

Alpinia emaculata 无斑山姜

叶舌长达 1cm，被长柔毛。圆锥花序直立；花冠裂片长圆形，顶部具缘毛；唇瓣阔卵形，白色染黄，中央具红色脉纹，顶端短 2 裂，皱波状。（栽培园地：XTBG）

Alpinia foxworthyi Ridl.

多年生草本。叶片长椭圆形。圆锥花序顶生；花白色；唇瓣 2 深裂，裂片 2 浅裂，白色，中部具淡紫红色斑。（栽培园地：SCBG, XTBG）

Alpinia galanga (L.) Willd. 红豆蔻

多年生草本。叶片长圆形或披针形，两面均无毛。圆锥花序密生多花，分枝多而短，长 2~4cm，每分枝上有花 3~6 朵；花绿白色，有异味；唇瓣倒卵状匙形，白色而有红色线条，深 2 裂。果长圆形，长 1~1.5cm，中部稍收缩，成熟时棕色或枣红色。（栽培园地：SCBG, WHIOB, KIB, XTBG, CNBG, SZBG）

Alpinia galanga (L.) Willd. var. **pyramidata** (Blume) K. Schumann 毛红豆蔻

本变种与原变种的区别为：叶鞘、叶柄及叶背密被短绒毛。（栽培园地：SCBG）

Alpinia galanga 红豆蔻（图1）

Alpinia galanga 红豆蔻（图2）

Alpinia galanga var. pyramidata 毛红豆蔻

Alpinia globosa (Lour.) Horan. 脆果山姜

多年生草本。叶片长圆形，两面均无毛；叶柄长5~8cm；叶舌2裂，被绒毛。圆锥花序长达30cm；苞片极小或无；小苞片长圆形，长约1cm，膜质；分枝多数，顶部有花4~8朵；花黄色，唇瓣椭圆形，长12mm，基部稍收窄。蒴果圆球形，红色，果皮薄而脆。（栽培园地：XTBG）

Alpinia graminifolia D. Fang et G. Y. Lo 狭叶山姜

多年生草本。叶片线形，宽0.9~1.5cm。总状花序直立，长4~10cm；苞片极小，长不超过1mm；花黄色，成对或单生于花序轴上；唇瓣卵形，长约2cm，具腺点，顶端具缺凹缺。（栽培园地：SCBG，GXIB）

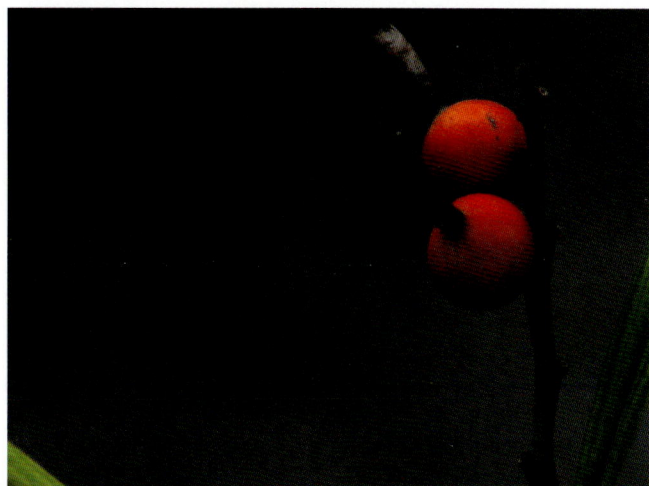

Alpinia graminifolia 狭叶山姜

Alpinia guangdongensis S. J. Chen et Z. Y. Chen 光叶假益智

多年生草本。叶鞘被短柔毛；叶舌2裂，密被毛；叶片披针形。圆锥花序长20~25cm；花序柄弯曲，被短柔毛；分枝约1.5cm，顶部1~3朵花。唇瓣反折，卵形。花丝白色，约2.5cm；花药红色。（栽培园地：SCBG）

Alpinia guilinensis T. L. Wu et S. J. Chen 桂草蔻

多年生草本。叶舌2浅裂，密被柔毛；叶柄长2~4.5cm；叶片披针形或长椭圆形，背面密被柔毛。总状花序顶生，直立；小苞片浅黄绿色，宽椭圆形，外面被粗毛，顶端具3齿；唇瓣宽卵形，黄色，中部紫红色，顶端2浅裂，皱波状，具紫色条纹。（栽培园地：SCBG）

Alpinia guinanensis D. Fang et X. X. Chen 桂南山姜

多年生草本。叶舌2裂，被短柔毛；叶柄长2.5~6cm，具短柔毛；叶片长圆形。圆锥花序近直立，长16~36cm；小苞片深红色；花萼淡红色，顶具3齿，

191

Alpinia guangdongensis 光叶假益智

Alpinia guinanensis 桂南山姜

纤毛；花冠筒约 1cm，喉部密被短柔毛；侧生退化雄蕊紫色，线形。（栽培园地：SCBG, XTBG, GXIB）

Alpinia hainanensis K. Schum. 草豆蔻

多年生草本。叶片线状披针形。总状花序顶生，直立；小苞片乳白色，阔椭圆形；无侧生退化雄蕊；唇瓣三角状卵形，长 3.5~4cm，顶端微 2 裂，具自中央向边缘放射的彩色条纹。果球形，直径约 3cm，成熟时金黄色。（栽培园地：SCBG, WHIOB, XTBG, SZBG, XMBG）

Alpinia guilinensis 桂草蔻

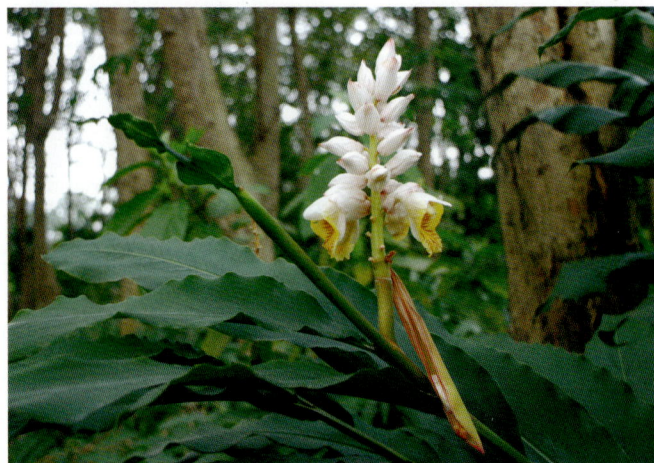

Alpinia hainanensis 草豆蔻

Alpinia henryi K. Schum. 小草蔻

多年生草本。叶片线状披针形，两面均无毛。总状花序直立，长 10~12cm；小苞片长圆形，无毛；花乳白色；侧生退化雄蕊近钻状；唇瓣倒卵形，长约 3.5cm，顶端 2 裂，无毛。蒴果圆球形，直径 2~2.5cm，被短柔毛，顶端具宿萼。（栽培园地：SCBG, GXIB）

Alpinia henryi 小草蔻（图 1）

Alpinia henryi 小草蔻（图 2）

Alpinia intermedia Gagnep. 光叶山姜

多年生草本。叶片长圆形或披针形，两面均无毛。圆锥花序长 10~15cm，直立或下垂；每个分枝的顶端具花 3~4 朵；唇瓣卵形，顶端急尖，短 2 裂，基部渐狭成瓣柄。（栽培园地：SCBG, XTBG）

Alpinia japonica (Thunb.) Miq. 山姜

多年生草本。叶片披针形、倒披针形或狭长椭圆形，两面短柔毛。总状花序顶生，长 15~30cm；花常 2 朵聚生；唇瓣卵形，宽约 6mm，白色而具红色脉纹，顶端 2 裂，边缘具不整齐缺刻。蒴果球形或椭圆形，被短柔毛，成熟时橙红色，顶端具宿存萼筒。（栽培园地：SCBG, WHIOB, XTBG, LSBG, XMBG）

Alpinia intermedia 光叶山姜

Alpinia japonica 山姜（图 1）

Alpinia japonica 山姜（图 2）

Alpinia jianganfeng T. L. Wu 箭杆风

多年生草本。叶片披针形或线形。穗状花序直立，长 10~20cm；小苞片小；侧生退化雄蕊线形，约 2mm；唇瓣倒卵形，长 0.7~1.3cm，边缘皱波状，顶端 2 瓣裂；雄蕊长于唇瓣。蒴果球状。（栽培园地：SCBG, WHIOB, XTBG, CNBG）

Alpinia jianganfeng 箭杆风

Alpinia jingxiensis D. Fang 靖西山姜

多年生草本。叶舌 2 半裂，密被短柔毛；叶片椭圆状披针形，叶面无毛，背面密被短柔毛。穗状花序无梗；苞片红色，卵形，被绢毛，具 3 朵花；唇瓣具红色条纹，卵形，宽约 7mm，顶端 2 半裂。（栽培园地：GXIB）

Alpinia kwangsiensis T. L. Wu et S. J. Chen 长柄山姜

多年生草本。叶片长圆状披针形，基部渐狭或心形，稍偏斜，叶面无毛，叶背密被短柔毛；叶柄长 4~8cm。总状花序直立，长 13~30cm；小苞片壳状包卷，果时宿存；唇瓣卵形，长 2.5cm，白色，内染红色。（栽培园地：SCBG, WHIOB, XTBG, GXIB）

Alpinia luteocarpa Elmer 红背山姜

多年生草本。叶片线状披针形，叶面绿色，背面深

Alpinia kwangsiensis 长柄山姜（图 1）

Alpinia kwangsiensis 长柄山姜（图 2）

Alpinia luteocarpa 红背山姜（图 1）

Alpinia luteocarpa 红背山姜（图2）

Alpinia maclurei 假益智（图2）

紫红色。花序顶生，苞片黑褐色至紫色；花萼红色；唇瓣黄色。蒴果近球形，黄色。（栽培园地：SCBG）

Alpinia maclurei Merr. 假益智

多年生草本。叶片披针形，顶端尾状渐尖，叶背被短柔毛；叶柄长 1~5cm。圆锥花序直立，长 30~40cm，多花，被灰色短柔；花 3~5 朵聚生于分枝的顶端；唇

瓣长圆状卵形，长 10~12mm，花时反折。果球形，果皮易碎。（栽培园地：SCBG, XTBG）

Alpinia malaccensis (N. L. Burman) Roscoe 毛瓣山姜

多年生草本。叶片长圆状披针形或披针形，背面被绒毛状长柔毛；叶柄长 2cm，具槽。总状花序直立，长达 35cm；唇瓣卵形，长 3.5cm，黄色，具红色彩纹；无侧生退化雄蕊。蒴果球形，黄色，不规则开裂。（栽培园地：SCBG, XTBG, SZBG）

Alpinia maclurei 假益智（图1）

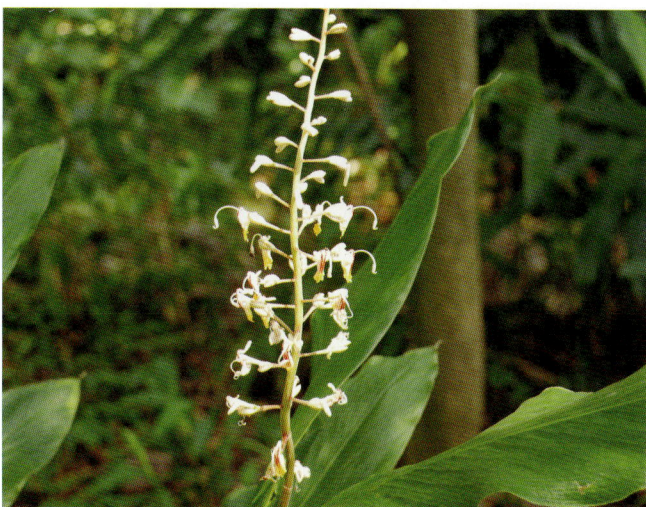

Alpinia malaccensis 毛瓣山姜

Alpinia mesanthera Hayata 疏花山姜

多年生草本。叶片线状披针形，除边缘被丝质长柔毛外，两面均无毛；无叶柄；叶舌外面及边缘被粗毛。总状花序直立，长约 27cm，总花梗被粗毛；花冠管略呈圆柱形，长 1.3cm；侧生退化雄蕊疣状，被粗毛；唇瓣圆形，基部具鸡冠状小疣点；子房长圆形，密被糙伏长柔毛。（栽培园地：SZBG）

Alpinia mutica Roxb. 钝山姜

多年生草本。叶片长披针形，两面无毛。圆锥花序

Alpinia mutica 钝山姜（图 1）

顶生，长 10~18cm；分枝短，有 1~4 朵花；唇瓣微 3 裂，顶端皱波状，橙黄色，具红色斑点和条纹。蒴果球形，橙黄色，被微柔毛。（栽培园地：SCBG, SZBG）

Alpinia napoensis H. Dong et G. J. Xu **那坡山姜**

多年生草本。假茎具紫色斑点。叶片披针形长圆形或椭圆形，基部渐狭，稍偏斜。总状花序直立，13~27cm；唇瓣宽卵形，顶端具一些红色的条纹；花丝红色，长约 1.3cm。蒴果红色，球状或近球状。（栽培园地：SCBG）

Alpinia nigra (Gaertn.) Burtt **黑果山姜**

多年生草本。叶片披针状或椭圆状披针形，无毛。

Alpinia nigra 黑果山姜（图 1）

Alpinia mutica 钝山姜（图 2）

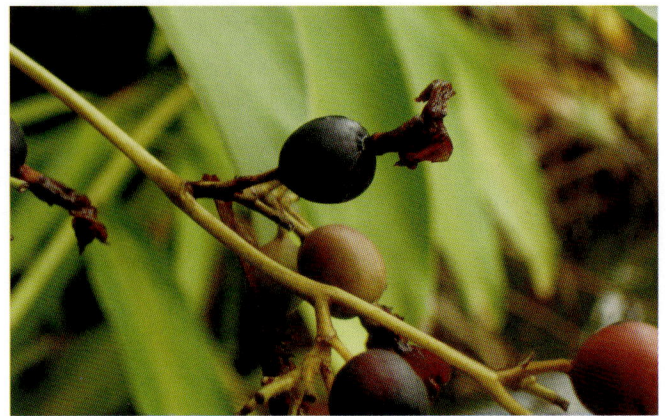

Alpinia nigra 黑果山姜（图 2）

圆锥花序顶生，长达 30cm，分枝开展；唇瓣倒卵形，顶端 2 裂，基部具瓣柄。果圆球形，直径 1.2~1.5cm，被疏短柔毛，干时黑色。（栽培园地：SCBG, WHIOB, XTBG, SZBG）

Alpinia oblongifolia Hayata 华山姜

多年生草本。叶片披针形或卵状披针形，两面均无毛；叶舌膜质，2 裂，具缘毛。狭圆锥花序，长 15~30cm，分枝长 3~10mm，有 2~4 朵花；花白色；唇

Alpinia oblongifolia 华山姜（图 1）

Alpinia oblongifolia 华山姜（图 2）

瓣卵形，长 6~7mm，顶端微凹，侧生退化雄蕊 2 枚，钻状。（栽培园地：SCBG, XTBG, CNBG, SZBG, GXIB）

Alpinia oceanica Burkill 滨海山姜

多年生草本。叶片线形至线状披针形，叶面深绿色，背面绿色，全缘或边缘波状。（栽培园地：SCBG）

Alpinia oceanica 滨海山姜

Alpinia officinarum Hance 高良姜

多年生草本。叶片线形，长 20~30cm，宽 1.2~2.5cm，两面均无毛，无柄。总状花序顶生，直立，长 6~10cm；唇瓣卵形，长约 2cm，白色而具红色条纹。

Alpinia officinarum 高良姜

果球形，直径约 1cm，成熟时红色。（栽培园地：SCBG, WHIOB, XTBG, CNBG, SZBG）

Alpinia ovoideicarpa H. Dong et G. J. Xu **卵果山姜**

多年生草本，高 1.5~2.5m。叶柄长 3~5cm；叶片长圆状椭圆形，无毛，基部浅心形或圆形，顶端渐尖。总状花序顶生，直立；唇瓣卵形，中部黄色，具红色条纹，边缘白色，顶端反折。蒴果卵球形。（栽培园地：SCBG）

Alpinia ovoideicarpa 卵果山姜

Alpinia oxyphylla Miq. **益智**

多年生草本。叶片披针形，顶端渐狭，具尾尖，基

Alpinia oxyphylla 益智（图 1）

Alpinia oxyphylla 益智（图 2）

部近圆形；叶舌膜质，2 裂。总状花序在花蕾时全部包藏于一帽状总苞片中，花时整个脱落；唇瓣倒卵形，长约 2cm，粉白色而具红色脉纹，顶端边缘皱波状。蒴果球形，被短柔毛。（栽培园地：SCBG, WHIOB, KIB, XTBG, SZBG, GXIB, XMBG）

Alpinia pinnanensis T. L. Wu et S. J. Chen **柱穗山姜**

多年生草本。叶片披针形，叶背面主脉上被金色茸毛；叶柄长 2.5~4cm。穗状花序下垂，圆柱形，长 7~9cm；苞片及小苞片密被金黄色茸毛；花黄色；唇瓣 2 裂。果圆球形，果皮红色。（栽培园地：GXIB）

Alpinia pinnanensis 柱穗山姜

Alpinia platychilus K. Schum. **宽唇山姜**

多年生草本。叶片披针形，背面被近丝质绒毛。总状花序直立，极粗壮；唇瓣黄色染红色，倒卵形，顶端 2 裂；子房宽椭圆形，被丝质长柔毛。（栽培园地：SCBG, XTBG, SZBG）

Alpinia platychilus 宽唇山姜（图 1）

Alpinia platychilus 宽唇山姜（图 2）

Alpinia polyantha D. Fang 多花山姜

多年生草本。叶片披针形至椭圆形。圆锥花序直立；分枝具 5~8 朵花；唇瓣近圆形至长圆形。蒴果球形，被毛，顶端具宿存的花被管。（栽培园地：SCBG，XTBG，GXIB）

Alpinia polyantha 多花山姜

Alpinia psilogyna D. Fang 矮山姜

多年生草本，植株矮小。叶 1~4 片；叶片长椭圆形至倒披针形。穗状花序直立，长 5~9cm；苞片长圆状椭圆形，淡绿色，每一苞片内有花 2~4 朵；唇瓣淡黄色，具红色条纹，阔倒卵形。蒴果椭圆形至卵球形。（栽培园地：SCBG）

Alpinia pumila Hook. f. 花叶山姜

多年生草本。无地上茎。叶片椭圆形、长圆形或长圆状披针形，叶面绿色，叶脉处深绿色，背面浅绿色；两面均无毛。总状花序，总花梗长约 3cm；花成对生于苞片内；花冠白色，唇瓣卵形，边缘具粗锯齿，具红色脉纹。果球形，直径约 1cm，顶端有长约 1cm 的花被残迹。（栽培园地：SCBG，GXIB，XMBG）

Alpinia pumila 花叶山姜

Alpinia purpurata (Vieill.) K. Schum. 紫花山姜

多年生草本。叶片披针形。总状花序顶生，红色，常下垂，基部有时多分枝；苞片宽倒卵形或长圆形；花单生或对生。蒴果红色，三棱形，无毛。（栽培园地：SCBG）

Alpinia purpurata 紫花山姜

Alpinia rubromaculata S. Q. Tong 红斑山姜

多年生草本。叶片椭圆状披针形或长圆状披针形，背面密被短柔毛。总状花序直立；唇瓣扁圆形，边缘黄色且具密集的红色斑点，顶端明显 2 裂。（栽培园地：XTBG）

Alpinia rugosa S. J. Chen et Z. Y. Chen 皱叶山姜

多年生草本。叶片长圆形，长 23~57cm，极皱，背面密被短柔毛，基部深心形，两侧呈耳状重叠，顶端渐尖。总状花序顶生，直立；唇瓣卵形，橙黄色，具红色斑。（栽培园地：SCBG, XTBG, SZBG）

Alpinia stachyodes Hance 密苞山姜

多年生草本。叶鞘被绒毛；叶片披针形。穗状花序顶生，直立，长 10~20cm；唇瓣倒卵形，边缘皱波状，顶端 2 裂。（栽培园地：SCBG, WHIOB）

Alpinia stachyodes 密苞山姜

Alpinia strobiliformis T. L. Wu et S. J. Chen 球穗山姜

多年生草本。叶片披针形，背面密生茸毛。穗状花序顶生，花紧密，呈球果状。蒴果长圆形，成熟时红色。（栽培园地：SCBG）

Alpinia strobiliformis T. L. Wu et S. J. Chen var. **glabra** T. L. Wu 光叶球穗山姜

本变种与原变种的区别为：叶片背面除中脉被短柔毛外，其余无毛。（栽培园地：SCBG, GXIB）

Alpinia tonkinensis Gagnep. 滑叶山姜

多年生草本。茎较粗壮。叶片革质，披针形，两面

Alpinia strobiliformis var. glabra 光叶球穗山姜

Alpinia tonkinensis 滑叶山姜（图 1）

Alpinia tonkinensis 滑叶山姜（图 2）

无毛；叶柄长 3~6cm；叶鞘具条纹。圆锥花序直立，长40~50cm；花 3~5 朵聚生，花梗极短；苞片卵形，革质，脱落；唇瓣卵形或圆形，长 1.4cm，宽 1~1.2cm，顶端微凹，基部略收缩。（栽培园地：SCBG, WHIOB, XTBG）

Alpinia vittata W. Bull 花叶良姜

多年生草本。叶片长椭圆形或椭圆状披针形，叶面绿色，具黄色或黄绿色斑纹。果球形，成熟时橘黄色，顶端具宿存萼筒。（栽培园地：LSBG）

Alpinia zerumbet (Pers.) Burtt. et Smith 艳山姜

多年生草本。叶片披针形，两面均无毛。圆锥花序呈总状花序式，下垂；唇瓣匙状宽卵形，顶端皱波状，黄色而具紫红色纹彩。蒴果卵圆形，具显露的条纹。（栽培园地：SCBG, IBCAS, WHIOB, KIB, XTBG, CNBG, SZBG, GXIB, XMBG）

Alpinia zerumbet 艳山姜

Amomum 豆蔻属

该属共计 36 种，在 9 个园中有种植

Amomum austrosinense D. Fang 三叶豆蔻

多年生草本。叶 1~3 片，常 2 片；叶片狭椭圆形或倒披针形，背面沿中脉被微柔毛。穗状花序基生；苞片倒卵形或长圆形，有 1~2 朵花；无小苞片；花冠白色微染红色；侧生退化雄蕊红色，线形；唇瓣倒卵形，白色间有红色线纹。（栽培园地：XTBG, GXIB）

Amomum biflorum Jack 双花砂仁

多年生草本。叶片长圆形至披针形，背面密被柔软绒毛。穗状花序长约 2.5cm；苞片卵状披针形，具 2~3 朵花；唇瓣倒楔形，黄色，顶端微凹或 2 浅裂，中脉橙黄色间有 2 条红色带，被短柔毛，边缘白色。（栽培园地：XTBG）

Amomum austrosinense 三叶豆蔻

Amomum chinense Chun 海南假砂仁

多年生草本。叶鞘具显著的凹脉槽；叶片长圆形，

Amomum chinense 海南假砂仁（图 1）

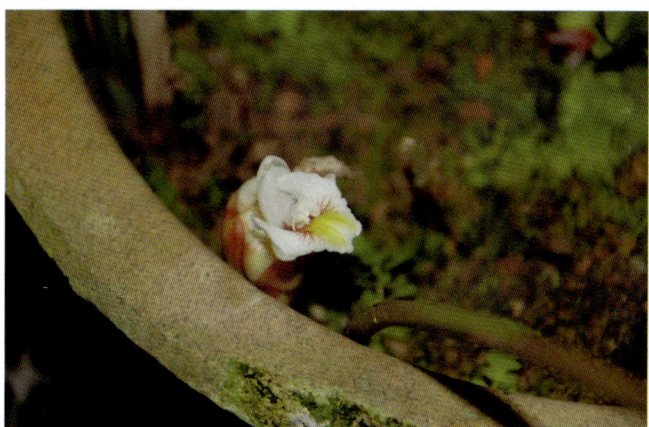

Amomum chinense 海南假砂仁（图 2）

201

两面光滑无毛。穗状花序陀螺状；唇瓣白色，具紫色脉纹，卵形或三角形。蒴果近圆形，紫红色，具黄绿色有分枝的软刺。（栽培园地：SCBG, IBCAS, XTBG）

Amomum compactum Soland ex Maton **爪哇白豆蔻**

多年生草本。茎基叶鞘红色；叶片披针形，两面无毛，揉之有松节油味。穗状花序圆柱形，长约5cm；苞片卵状长圆形，麦秆色；唇瓣椭圆形，淡黄色，中脉具带紫边的橘红色带，被毛，无侧生退化雄蕊。果扁球形，鲜时淡黄色。（栽培园地：SCBG, XTBG）

Amomum coriandriodorum S. Q. Tong et Y. M. Xia **荽味砂仁**

多年生草本。根茎与叶具芫荽味。叶片椭圆形或狭

Amomum coriandriodorum 荽味砂仁（图1）

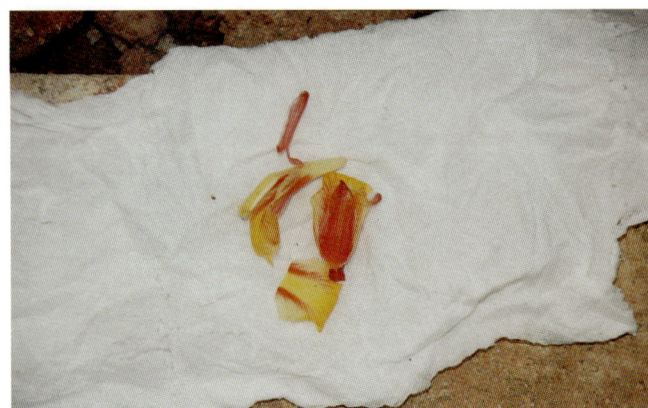

Amomum coriandriodorum 荽味砂仁（图2）

椭圆形，两面无毛。穗状花序近倒卵形；苞片狭长圆形，革质，红色，无毛；唇瓣3裂，边缘皱波状，中裂片宽卵形，杏黄色；无侧生退化雄蕊。蒴果椭圆形，紫红色。（栽培园地：SCBG, XTBG）

Amomum dealbatum Roxb. **长果砂仁**

多年生草本。叶片披针形，叶面无毛，背面被淡褐色绒毛。穗状花序近球形，花白色。蒴果椭圆形，不开裂，长2.5~3cm，紫绿色，果皮具9翅。（栽培园地：XTBG）

Amomum dolichanthum D. Fang **长花豆蔻**

多年生草本。叶片倒卵形或椭圆形，长19~52cm，宽7~15cm，叶背无毛，常无柄，稀具长1.5cm的短柄；叶鞘上部和叶舌被短柔毛。（栽培园地：GXIB）

Amomum fragile S. Q. Tong **脆舌砂仁**

多年生草本。叶片披针形或狭披针形；叶舌全缘，长约4cm，质脆，无毛。穗状花序狭椭圆形；唇瓣卵形。幼嫩蒴果狭椭圆形，具翅，密被柔毛。（栽培园地：XTBG）

Amomum gagnepainii T. L. Wu, K. Larsen et Turland **长序砂仁**

多年生草本。叶片长圆状披针形，两面无毛。总状花序圆柱状，长8~13cm，花疏散；总花梗长30~32cm，鳞片披针状卵形；唇瓣扇状匙形，中脉黄色，具紫红色脉纹，顶端2裂，基部收窄成柄。蒴果近圆形或卵形，果皮密被柔刺，刺尖细而弯。（栽培园地：GXIB）

Amomum glabrum S. Q. Tong **无毛砂仁**

多年生草本。茎下部的叶无柄，上部的叶具1~3cm长的柄；叶片狭椭圆状披针形，顶端渐尖或尾尖，两面无毛。穗状花序近倒卵形；苞片近卵形，顶端钝，淡红色，无毛；唇瓣宽卵形。蒴果球形，具纵的波状翅。（栽培园地：SCBG, WHIOB, XTBG, SZBG）

Amomum glabrum 无毛砂仁

Amomum koenigii J. F. Gmel. **野草果**

多年生草本。叶片披针形或线状披针形，两面无毛。穗状花序长椭圆形；唇瓣宽卵形，顶端凸起成 2 裂齿，白色，中央具黄色纵的色带，边缘具红色脉纹。蒴果卵形，稀为长圆状卵形，暗紫红色。（栽培园地：SCBG, WHIOB, XTBG）

Amomum kwangsiense D. Fang et X. X. Chen **广西豆蔻**

多年生草本。根茎细长，匍匐。叶片披针形，背面主脉两侧密被贴伏的短柔毛，近无柄。唇瓣扇形或近匙形，爪部紫红色，内面具疏柔毛，顶端淡黄色。蒴果成熟时淡紫色，扁球形或近球形。（栽培园地：GXIB）

Amomum longiligulare T. L. Wu **海南砂仁**

多年生草本。叶片线状披针形，叶舌披针形，长 2~5cm，干膜质，无毛。蒴果卵球形，深紫黑色，具分枝片状的柔刺。（栽培园地：SCBG）

Amomum longiligulare 海南砂仁

Amomum longipetiolatum Merr. **长柄豆蔻**

多年生草本。叶柄长 3~12cm；叶片卵状椭圆形，淡银白色。穗状花序椭圆形；花白色。（栽培园地：

Amomum longipetiolatum 长柄豆蔻（图 1）

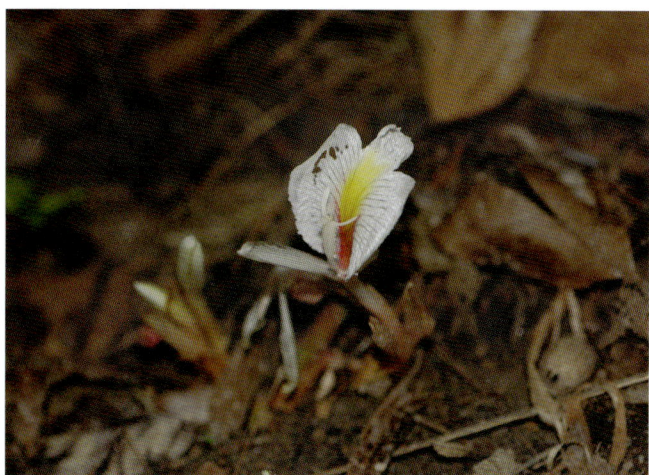

Amomum longipetiolatum 长柄豆蔻（图 2）

SCBG）

Amomum maximum Roxb. **九翅豆蔻**

多年生草本。叶片长椭圆形或长圆形，叶背及叶柄被长柔毛。穗状花序近球形；花白色。蒴果卵球形，具 9 翅。（栽培园地：SCBG, WHIOB, XTBG, SZBG）

Amomum maximum 九翅豆蔻（图 1）

Amomum maximum 九翅豆蔻（图2）

Amomum menglaense S. Q. Tong 勐腊砂仁

多年生草本。叶片两面无毛；叶柄短。穗状花序近头状；唇瓣近长圆形，顶端全缘，白色。（栽培园地：SCBG, XTBG, SZBG）

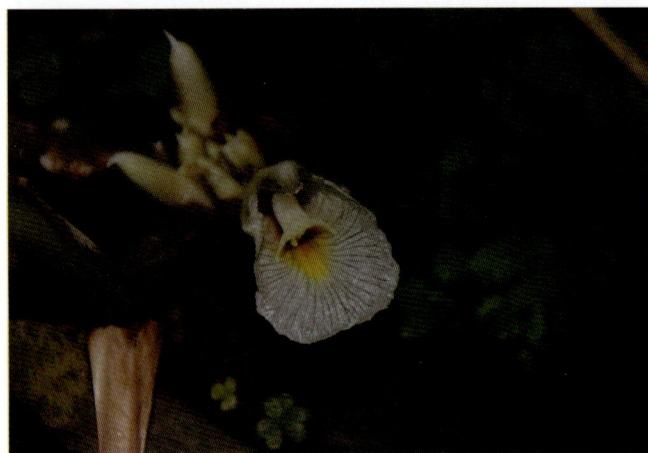

Amomum menglaense 勐腊砂仁

Amomum muricarpum Elmer 疣果豆蔻

多年生草本。叶片披针形或长圆状披针形，两面无毛。穗状花序卵形，长 6~8cm；总花梗被覆瓦状排列的鳞片；花序轴密被黄色茸毛；花冠管与萼管近等长，杏黄色，具红色脉纹；唇瓣倒卵形，顶端2裂。蒴果椭圆形或球形，被黄色茸毛及分枝的柔刺。（栽培园地：SCBG, XTBG）

Amomum neoaurantiacum T. L. Wu, K. Larsen et Turland 红壳砂仁

多年生草本。叶片狭披针形，叶面疏被平贴、黄褐色短毛，背面密被淡绿色柔毛。穗状花序椭圆形，总花梗长约3cm；唇瓣圆形，白色，顶端急尖，2齿裂，中脉黄色，具紫红色斑点；侧生退化雄蕊线形，顶端略2裂；药隔附属体3裂。（栽培园地：WHIOB, XTBG）

Amomum odontocarpum D. Fang 波翅豆蔻

多年生草本。叶片披针形，除边缘疏被短刚毛外，

Amomum muricarpum 疣果豆蔻（图1）

Amomum muricarpum 疣果豆蔻（图2）

两面均无毛；无叶柄；叶舌2裂。花白色。蒴果成熟时暗紫色，无毛，具9翅，翅上具疏齿。（栽培园地：XTBG）

Amomum paratsaoko S. Q. Tong et Y. M. Xia 拟草果

多年生草本。叶片狭长圆状披针形，两面无毛；叶无柄。穗状花序卵圆形或头状；唇瓣椭圆形，白色，中央密被红色斑点，两侧具放射状条纹；无侧生退化雄蕊。（栽培园地：SCBG）

Amomum petaloideum (S. Q. Tong) T. L. Wu 宽丝豆蔻

多年生草本。叶片长圆状披针形，沿侧脉具皱。

Amomum petaloideum 宽丝豆蔻（图1）

Amomum petaloideum 宽丝豆蔻（图2）

Amomum petaloideum 宽丝豆蔻（图3）

穗状花序卵形，鳞片鞘状红色，边缘黄绿色；苞片卵形或圆形；花丝宽，基部淡红色，中部鲜红色，上部橙色，顶端渐尖。（栽培园地：SCBG, WHIOB, XTBG）

Amomum purpureorubrum S. Q. Tong et Y. M. Xia 紫红砂仁

多年生草本。叶无柄，两面无毛；叶舌全缘，长3~5cm，叶鞘紫红色。唇瓣卵形。蒴果卵形。（栽培园地：SCBG, XTBG, SZBG）

Amomum purpureorubrum 紫红砂仁

Amomum putrescens D. Fang 腐花豆蔻

多年生草本。叶片基部常楔形，不对称，两面均无毛；叶柄长5~23cm。花序卵形；苞片卵状三角形，早腐；小苞片早腐；花黄色。蒴果长圆状卵形，无毛，具9翅。（栽培园地：XTBG, CNBG）

Amomum quadratolaminare S. Q. Tong 方片砂仁

多年生草本。叶片狭披针形。侧生退化雄蕊方片状；唇瓣近圆形，白色，中部具黄色带和基部有红色斑点。（栽培园地：XTBG）

Amomum quadratolaminare 方片砂仁（图1）

Amomum quadratolaminare 方片砂仁（图2）

Amomum repoeense 云南豆蔻（图2）

Amomum repoeense Pierre ex Gagnep. 云南豆蔻

多年生草本。叶片长圆形，叶鞘无毛，具粗条纹和网状格；叶柄 6~20cm。穗状花序，花白色，唇瓣 3 浅裂。蒴果球状，具 9 肋。（栽培园地：SCBG, XTBG）

Amomum scarlatinum H. T. Tsai et P. S. Chen 红花砂仁

多年生草本。穗状花序椭圆形，鳞片状鞘紧密排列，革质；苞片紫红色，披针形，顶端渐尖；唇瓣每边具黄色和紫色条纹，基部具白色长柔毛，边缘皱波状。（栽培园地：SCBG, XTBG）

Amomum scarlatinum 红花砂仁

Amomum sericeum Roxb. 银叶砂仁

多年生草本。叶片披针形，背面被紧贴的银色绢毛。穗状花序近球形。蒴果倒圆锥形或倒卵圆形，具 3~5 棱。（栽培园地：SCBG, XTBG）

Amomum subcapitatum Y. M. Xia 头花砂仁

多年生草本。叶柄无毛，长 9~25cm；叶片披针形，背面密被银色绢毛。穗状花序近头状；唇瓣白色，中部黄色和紫红色。蒴果紫红色，椭圆形，具 9 翅，翅皱波状。（栽培园地：SCBG, XTBG）

Amomum testaceum Ridl. 白豆蔻

多年生草本。茎丛生。叶鞘口及叶舌密被灰白色长粗毛；叶片卵状披针形，两面光滑无毛。穗状花序常圆柱形，稀圆锥形；苞片三角形，覆瓦状紧密排

Amomum repoeense 云南豆蔻（图1）

Amomum sericeum 银叶砂仁（图 1）

Amomum subcapitatum 头花砂仁（图 1）

Amomum subcapitatum 头花砂仁（图 2）

列，麦秆黄色，具明显的方格状网纹。蒴果近球形，白色或淡黄色，钝 3 棱。（栽培园地：SCBG, XTBG, CNBG）

Amomum thysanochililum S. Q. Tong et Y. M. Xia 梳唇砂仁

多年生草本。叶片长圆状披针形，无叶柄。穗状花序近头状；唇瓣渐狭倒卵形，黄色，从中部到基部具两条红色带，上部边缘流梳状；无侧生退化雄蕊。（栽培园地：XTBG）

Amomum tsao-ko Crevost et Lem. 草果

多年生草本。茎丛生。叶片长椭圆形或长圆形，两面光滑无毛。穗状花序不分枝，花黄色。蒴果成熟时红色，不开裂，长圆形或长椭圆形。（栽培园地：SCBG, WHIOB, KIB, GXIB）

Amomum tuberculatum D. Fang 德保豆蔻

多年生草本。茎丛生。叶片卵形或披针形。花冠裂片长圆形，黄色略带紫色；唇瓣倒卵形，内面密生疣状凸起，中脉两侧具红色条纹。蒴果近球形，具不明显的钝 3 棱。（栽培园地：WHIOB）

Amomum sericeum 银叶砂仁（图 2）

Amomum tsao-ko 草果

Amomum villosum 春砂仁（图1）

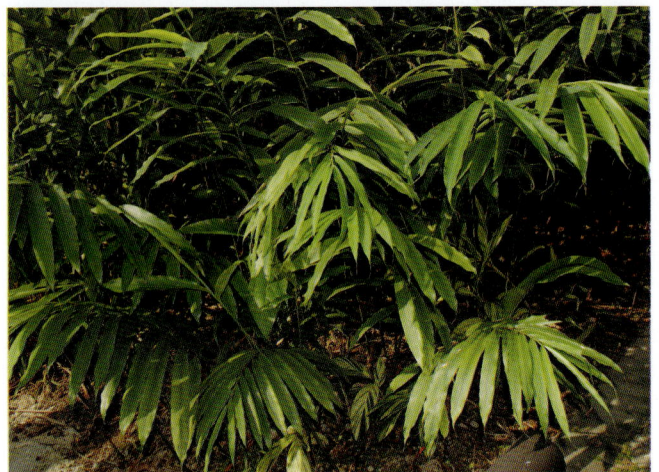

Amomum villosum 春砂仁（图2）

Amomum verrucosum S. Q. Tong 疣子砂仁

多年生草本。叶片狭披针形，背面除主脉密被白色柔毛外，其余疏被柔毛。穗状花序卵形或头状；唇瓣近圆形，具红色的斑点与条纹。蒴果球形，紫黑色，具分枝硬刺。（栽培园地：XTBG）

Amomum villosum Lour. 春砂仁

多年生草本。茎散生，基部具无叶片的红色叶鞘。穗状花序椭圆形，花白色。蒴果椭圆形，成熟时紫红色，表面具分裂或不分裂的柔刺。（栽培园地：SCBG，WHIOB, KIB, XTBG, GXIB, XMBG）

Amomum villosum Lour. var. **xanthioides** (Wall. ex Baker) T. L. Wu et S. J. Chen 缩砂密

本变种与原变种的区别为：基部具绿色叶鞘；蒴果成熟时绿色，果皮上的柔刺较扁。（栽培园地：XTBG）

Amomum yunnanense S. Q. Tong 云南砂仁

多年生草本。基部具淡红色无叶叶鞘。叶片倒卵形、倒卵状披针形或椭圆状披针形，边缘具缘毛。穗状花序近长圆形，长约8cm；小苞片浅红色，顶端微凹；花白色；唇瓣圆形，基部收缩成爪，顶端微凹；子房密

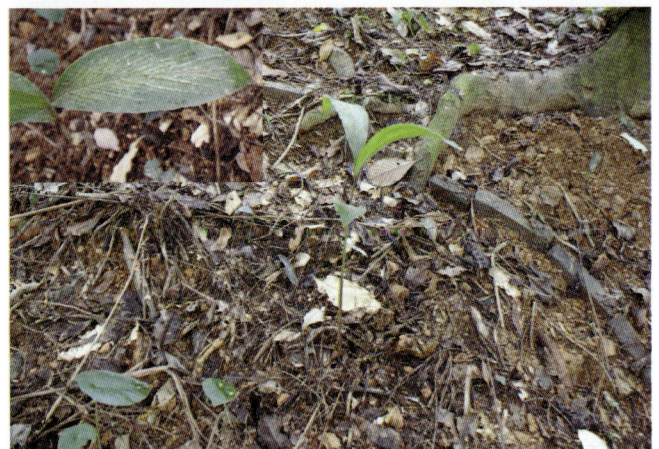

Amomum yunnanense 云南砂仁

被白色短柔毛。蒴果球形，直径约1.2cm，具1~2mm的软刺。（栽培园地：XTBG）

Boesenbergia 凹唇姜属

该属共计5种，在4个园中有种植

Boesenbergia albomaculata S. Q. Tong 白斑凹唇姜

多年生草本。叶片卵形，背面浅紫红色，基部楔形，

Boesenbergia albomaculata 白斑凹唇姜（图1）

Boesenbergia longiflora 心叶凹唇姜（图2）

Boesenbergia plicata (Ridl.) Holttum

多年生草本。叶片卵形，绿色，基部阔楔形至近圆形；叶鞘、叶柄红褐色。穗状花序顶生；花冠白色；唇瓣倒卵形，长约3.2cm，宽约2cm。（栽培园地：SCBG）

Boesenbergia albomaculata 白斑凹唇姜（图2）

顶端渐尖。穗状花序顶生；苞片红色，卵形；唇瓣袋形，基部白色和中部到顶部红色，中部具有白色斑点。（栽培园地：SCBG, XTBG, SZBG）

Boesenbergia longiflora (Wall.) Kuntze 心叶凹唇姜

多年生草本。叶片卵形，基部心形。穗状花序单独由根茎发出；花蓝紫色；唇瓣倒卵状楔形，长约3cm，宽1.8~2cm。（栽培园地：SCBG, XTBG）

Boesenbergia plicata

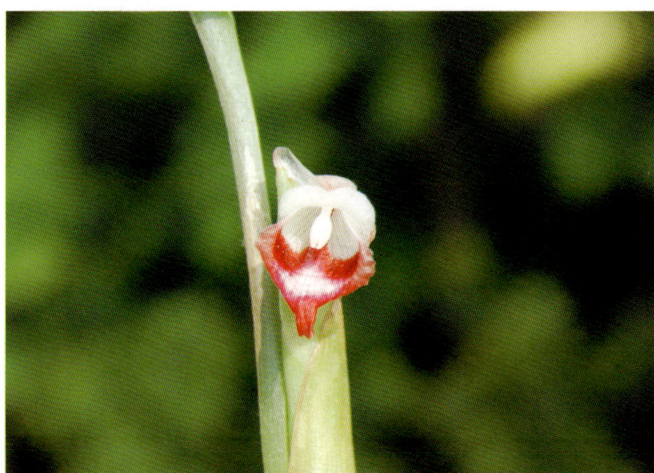

Boesenbergia longiflora 心叶凹唇姜（图1）

Boesenbergia prainiana (King ex Baker) Schltr.

多年生草本。叶片长圆形，基部楔形，顶端渐尖。

Boesenbergia prainiana

穗状花序顶生；苞片绿色；花冠白色；唇瓣袋形，基部和边缘白色，中部到顶部紫红色，中部具有白色斑点。（栽培园地：SCBG）

Boesenbergia rotunda (L.) Mansf. 凹唇姜

多年生草本。叶片卵状长圆形或椭圆状披针形，基部渐尖至近圆形；叶鞘红色。穗状花序藏于扩大的顶部叶鞘内；花冠淡粉红色；唇瓣宽长圆形，白色或

Boesenbergia rotunda 凹唇姜（图 1）

Boesenbergia rotunda 凹唇姜（图 2）

粉红色而具紫红色彩纹。（栽培园地：SCBG, XTBG, CNBG, SZBG）

Burbidgea 短唇姜属

该属共计 2 种，在 1 个园中有种植

Burbidgea stenantha Ridl. 狭花短唇姜

多年生草本。叶片披针形至椭圆形，叶鞘淡绿色。总状花序顶生；唇瓣基部呈管状，狭窄，保持直立，黄色或肉红色，顶端 2 裂，裂片呈花瓣状。蒴果狭圆柱状，长 3~6.5cm。（栽培园地：SCBG）

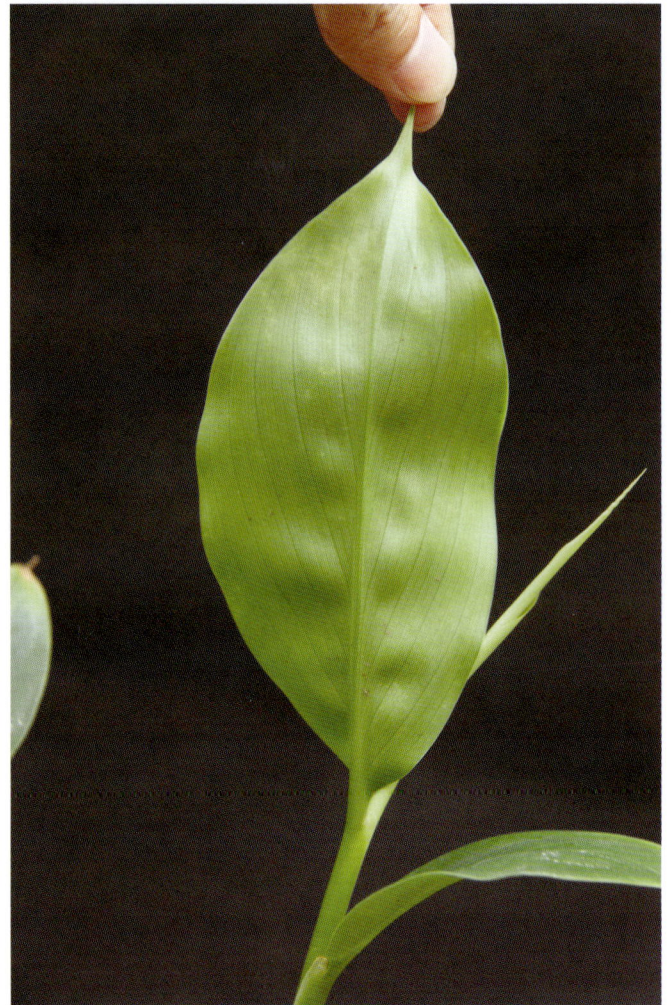

Burbidgea stenantha 狭花短唇姜

Caulokaempferia 大苞姜属

该属共计 1 种，在 1 个园中有种植

Caulokaempferia coenobialis (Hance) K. Larsen 黄花大苞姜

多年生细弱草本，茎高仅 15~30cm。叶片披针形，长 5~14cm，宽 1~2cm。花序顶生，苞片披针形；花

Caulokaempferia coenobialis 黄花大苞姜

黄色。（栽培园地：SCBG）

Cautleya 距药姜属

该属共计 1 种，在 2 个园中有种植

Cautleya gracilis (Smith) Dandy **距药姜**

多年生草本。叶片长圆状披针形或披针形，背面紫色或绿色。穗状花序顶生，有 2~6 朵花；花冠黄色；唇瓣倒卵形，深裂成 2 瓣。蒴果球形，成熟时红色。（栽培园地：SCBG, XTBG）

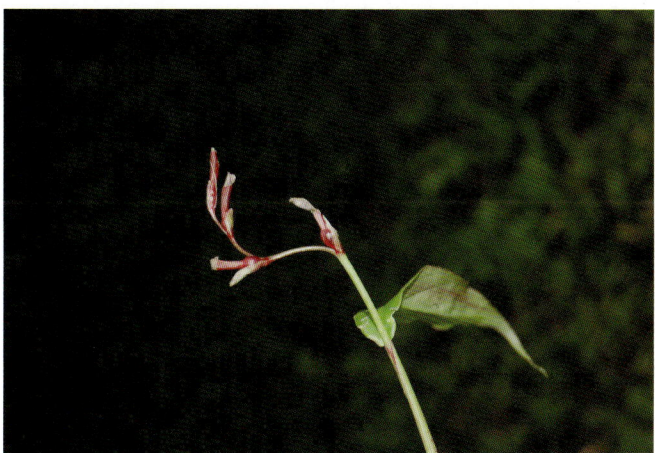

Cautleya gracilis 距药姜

Cornukaempferia 角山柰属

该属共计 1 种，在 1 个园中有种植

Cornukaempferia aurantiflora Mood et K. Larsen **角山柰**

多年生草本，株高 5~10cm。叶鞘淡紫红色；叶片 2 枚，长圆形或卵形，叶面青绿色如绸缎状光滑，具银色彩斑，背面紫红色。穗状花序顶生，有 6~10 朵花；花橙黄色。（栽培园地：SCBG）

Cornukaempferia aurantiflora 角山柰（图 1）

Cornukaempferia aurantiflora 角山柰（图 2）

Curcuma 姜黄属

该属共计 32 种，在 8 个园中有种植

Curcuma aeruginosa Roxb. **铜绿莪术**

多年生草本。根茎内面铜绿色。叶片长圆状披针形，

Curcuma aeruginosa 铜绿莪术

叶面黄绿色，中部和中脉具紫色带。穗状花序基生；能育苞片绿色，顶端粉红色；唇瓣近淡黄色。（栽培园地：SCBG, CNBG）

Curcuma alismatifolia Gagnep. 姜荷花

多年生草本。叶片长圆状披针形，中脉两侧具紫色带。穗状花序顶生，球果状；花梗纤细，长 25~45cm；不育苞片披针形，玫瑰色或紫罗兰色；花紫罗兰色或白色。（栽培园地：SCBG, GXIB, XMBG）

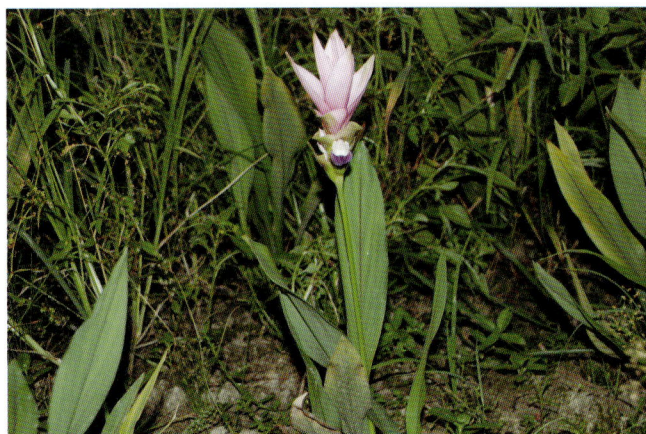

Curcuma alismatifolia 姜荷花

Curcuma amarissima Roscoe 味极苦姜黄

多年生草本。根茎内面浅黄色，外面蓝绿色，味极苦；叶鞘、叶柄及叶背面主脉深紫红褐色。穗状花序基生；不育苞片白色，顶端红色或淡粉红色；花黄色。（栽培园地：SCBG, XTBG）

Curcuma amarissima 味极苦姜黄

Curcuma aromatica Salisb. 郁金

多年生草本。根茎内面黄色，芳香。叶片长圆形，背面被短柔毛。穗状花序基生，常先于叶开放；不育苞片淡粉红色，具白色条斑；花黄色。（栽培园地：SCBG, KIB, XTBG, CNBG, SZBG, GXIB）

Curcuma bicolor Mood et K. Larsen

多年生草本。根茎内面白色。叶片椭圆形，无毛。花序近球形；苞片淡绿色；花顶部黄色，中部深红色。（栽培园地：SCBG）

Curcuma caesia Roxb. 黑心姜

多年生草本。根茎内面蓝黑色。叶片黄绿色，中脉有紫色带。花序基生，不育苞片紫红色，花黄色。（栽培园地：GXIB）

Curcuma elata Roxb. **大莪术**

多年生高大草本。根茎内面淡黄色。叶片黄绿色，中脉及两侧具浅紫色带，背面被短柔毛。花序基生，不育苞片紫红色；唇瓣黄色。（栽培园地：SCBG，XTBG）

Curcuma elata 大莪术（图 1）

Curcuma aromatica 郁金

Curcuma bicolor

Curcuma comosa Roxb.

多年生草本。叶片绿色，中脉具紫红色带。花序基生，不育苞片粉红色，花黄色。（栽培园地：SCBG）

Curcuma ecomata Craib

多年生草本。根茎内面淡棕色。叶片倒卵状披针形，中脉具淡红色斑块。花序基生或顶生；花淡粉红色至深紫色，中脉黄色。（栽培园地：SCBG）

Curcuma elata 大莪术（图 2）

Curcuma exigua N. Liu **细莪术**

多年生草本。叶片披针形，沿中脉有紫红色带。花序顶生，圆柱状；不育苞片白色，顶端紫色；花黄色。

213

（栽培园地：SCBG）

Curcuma flaviflora S. Q. Tong 黄花姜黄

多年生草本。根茎细小，内面白色或淡黄色。叶片正面无毛，背面密被短柔毛。花序基生；能育苞片浅紫红色；无不育苞片；花黄色或淡黄色。（栽培园地：SCBG, XTBG, CNBG）

Curcuma haritha Mangaly et M. Sabu

多年生草本。根茎内里淡黄色或白色。叶片椭圆形，背面被短柔毛。花序基生，先花后叶；花冠紫色。（栽培园地：SCBG）

Curcuma kwangsiensis 广西莪术

Curcuma haritha

Curcuma harmandii Gagnep.

多年生草本。叶片椭圆形。花序顶生，苞片绿色；花白色，中脉两侧有紫色线条。（栽培园地：SCBG）

Curcuma kwangsiensis S. G. Lee et C. F. Liang 广西莪术

多年生草本。根茎内部白色或微带淡奶黄色。叶片椭圆状披针形，两面被柔毛。穗状花序从根茎抽出，不育苞片淡红色；花淡黄色。（栽培园地：SCBG, XTBG, GXIB, CNBG）

Curcuma longa L. 姜黄

多年生草本。根茎内黄色。叶片长圆形或椭圆形，

Curcuma longa 姜黄

两面均无毛。穗状花序圆柱状，顶生；不育苞片白色，边缘有时淡红色；花黄色。（栽培园地：SCBG, KIB, XTBG, CNBG, SZBG, GXIB）

Curcuma nankunshanensis N. Liu, X. B. Ye et Juan Chen 南昆山莪术

多年生草本。根茎内面白色。叶片披针形或阔披针形，背面被短柔毛。穗状花序顶生或基生；不育苞片

Curcuma nankunshanensis 南昆山莪术

无毛；花序顶生，苞片绿色，不育苞片白色。花白色，顶端带蓝色。（栽培园地：SCBG）

Curcuma parvula Gage

多年生草本。叶片绿色，长圆状披针形。穗状花序顶生，苞片淡绿色，不育苞片淡绿白色，顶端带紫红色；花黄色。（栽培园地：SCBG）

Curcuma petiolata Roxb. **女皇郁金**

多年生草本。根状茎内面淡黄白色。叶片长圆形或椭圆形，两面无毛。花序顶生；不育苞片玫瑰色或粉红色；花黄色。（栽培园地：SCBG）

Curcuma petiolata 女皇郁金

Curcuma phaeocaulis Valeton **莪术**

多年生草本。根茎内面浅蓝色、苍绿色、黄绿色。叶片中部和中脉具紫色带，长圆状披针形。穗状花序基生；不育苞片白色，顶端深红色。花淡黄色。（栽培园地：SCBG, WHIOB, KIB, XTBG, CNBG, SZBG, GXIB, XMBG）

Curcuma rhabdota Sirirugsa et M. F. Newman **棒状莪术**

多年生草本。根茎内面淡褐色。叶片椭圆形。花序顶生，具长柄；苞片白色有红褐色长斑纹；花紫罗兰色。（栽培园地：SCBG）

Curcuma roscoeana Wall. **橙苞姜黄**

多年生草本。叶片卵形。花序顶生；苞片橙红色；花淡黄色。（栽培园地：XTBG）

Curcuma rubrobracteata Škornick., M. Sabu et Prasanthk. **红苞姜黄**

多年生草本。根茎细长，内面白色。叶片椭圆形。穗状花序从地面 1~3cm 处的叶鞘穿鞘而出，近球形；苞片深红色，全可育；花橙黄色。（栽培园地：SCBG）

Curcuma sichuanensis X. X. Chen **川郁金**

多年生草本。根茎内面白色或淡黄色，芳香。叶

边缘浅红色；花黄色。（栽培园地：SCBG）

Curcuma oligantha Trimen **少花姜黄**

多年生矮小草本。叶片卵形至长圆形或披针形。花冠白色，唇瓣 2 裂，白色，基部具黄色斑。（栽培园地：SCBG）

Curcuma parviflora Wall. **小花姜黄**

多年生草本。根茎内面白色至淡褐色。叶片披针形，

Curcuma parviflora 小花姜黄

Curcuma sichuanensis 川郁金（图 2）

片椭圆形或长椭圆形，无毛。穗状花序顶生，圆柱状；不育苞片白色，有时顶部浅紫红色；花黄色。（栽培园地：SCBG, XTBG）

Curcuma singularis Gagnep. 白色姜黄

多年生草本。根茎内面白色。叶片椭圆状长圆形。花序基生或顶生；花白色，中脉黄色。（栽培园地：SCBG）

Curcuma rhabdota 棒状莪术

Curcuma sIngularIs 白色姜黄

Curcuma strobilifera Wall. ex Baker 绿苞姜黄

多年生草本。叶片椭圆状长圆形。花序基生；苞片绿色；花黄色。（栽培园地：SCBG）

Curcuma thorelii Gagnep.

多年生草本。叶片披针形或长椭圆形。花序顶生，具长梗；可育苞片绿色，不育苞片白色；花紫色。（栽培园地：SCBG）

Curcuma viridiflora Roxb. 绿花姜黄

多年生草本。根茎内面淡黄色。叶片卵形。花序顶生，可育苞片绿色，不育苞片白色，部分具绿色条纹；花黄色。（栽培园地：SCBG）

Curcuma wenyujin Y. H. Chen et C. Ling 温郁金

多年生草本。根茎内面淡黄色，外面带白色。叶片

Curcuma rubrobracteata 红苞姜黄

Curcuma sichuanensis 川郁金（图 1）

Curcuma strobilifera 绿苞姜黄

Curcuma wenyujin 温郁金

Curcuma thorelii

无毛，长圆形或卵状长圆形。花序基生；能育苞片绿色，不育苞片淡红色；花黄色。（栽培园地：SCBG）

Curcuma yunnanensis N. Liu et S. J. Chen 顶花莪术
多年生草本。根茎内面的绿色或蓝黑色。叶片长

Curcuma yunnanensis 顶花莪术

圆形或宽披针形，在中脉两侧具紫色带。穗状花序顶生；不育苞片顶部紫红色；花冠黄色。（栽培园地：SCBG, XTBG）

Curcuma zanthorrhiza Roxb. 印尼莪术

多年生草本。根茎内面橙黄色或橙红色。叶片绿色，中脉及两侧具紫色带。穗状花序基生；不育苞片紫红色；花黄色。（栽培园地：SCBG, XTBG, SZBG）

Curcuma zanthorrhiza 印尼莪术

Distichochlamys 歧苞姜属

该属共计 1 种，在 2 个园中有种植

Distichochlamys rubrostriata W. J. Kress et Rehse 红纹歧苞姜

多年生矮小草本。根茎内面白色至紫色。叶片宽椭圆形。花序顶生；苞片 2 列排列；花柠檬黄色。（栽培园地：SCBG, XTBG）

Distichochlamys rubrostriata 红纹歧苞姜

Elettariopsis 拟豆蔻属

该属共计 3 种，在 2 个园中有种植

Elettariopsis curtisii Baker

多年生草本。叶 3~5 枚；叶片椭圆形。花葶细长，每个苞片单花，花白色。（栽培园地：SCBG）

Elettariopsis monophylla (Gagnep.) Loes. 单叶拟豆蔻

多年生草本。根状茎匍匐。叶通常 1 枚，稀 2 枚；叶片长圆形或卵形。头状花序；花白色。（栽培园地：SCBG, XTBG）

Elettariopsis monophylla 单叶拟豆蔻

Elettariopsis smithiae Y. K. Kam

多年生草本。叶 3~5 枚；叶片披针形。花白色。（栽培园地：SCBG）

Etlingera 茴香砂仁属

该属共计 8 种，在 6 个园中有种植

Etlingera brevilabrum (Valeton) R. M. Smith 指唇姜

多年生草本。叶片长椭圆形，叶面绿色，具紫褐色

Etlingera brevilabrum 指唇姜

斑点。花红色。（栽培园地：SCBG）

Etlingera corrugata A. D. Poulsen et Mood 皱苞香砂仁
　　多年生草本。叶片长圆形至倒卵形。穗状花序基生，有花 22~25 朵；花红色，中部有黄色斑。（栽培园地：SCBG）

Etlingera elatior (Jack) R. M. Smith 火炬姜
　　多年生草本。叶片披针形或长圆状披针形。穗状花序基生，呈头状；花序梗长，0.6~1.2m；唇瓣匙形，基部和中部深红色，边缘黄色。蒴果淡红色，倒卵形，直径约 2.5cm。（栽培园地：SCBG, KIB, XTBG, CNBG, SZBG, XMBG）

Etlingera littoralis 红苞砂（图 1）

Etlingera elatior 火炬姜（图 1）

Etlingera littoralis 红苞砂（图 2）

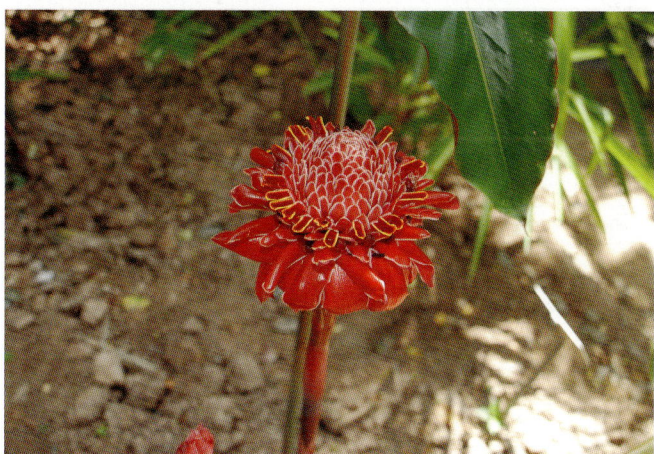

Etlingera elatior 火炬姜（图 2）

Etlingera littoralis (J. König) Giseke 红苞砂
　　多年生草本。叶片长圆状披针形或长圆形，叶面黄绿色。花序基生，黄色至红色。（栽培园地：SCBG）

Etlingera maingayi (Baker) R. M. Smith 白苞茴香砂仁
　　多年生草本。叶片披针形或长圆状披针形。穗状花序基生；具长梗；唇瓣匙形，粉红色，边缘白色。（栽培园地：SCBG）

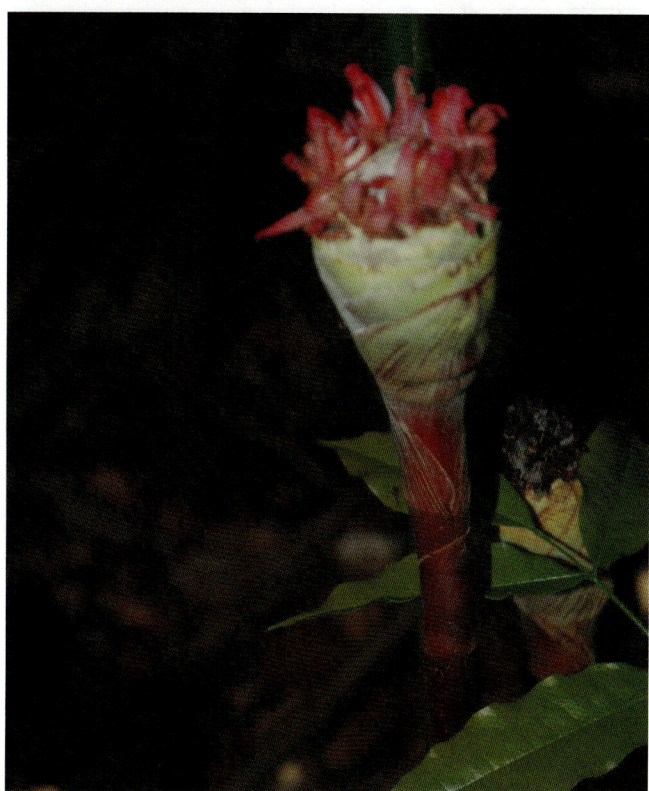

Etlingera maingayi 白苞茴香砂仁

Etlingera pyramidosphaera (K. Schum.) R. M. Smith 婆罗玫瑰姜

多年生草本。叶片长圆状椭圆形，背面常暗红色或淡紫红色，稀绿色。穗状花序杯状；花序梗长20~80cm；花中部红色，边缘金黄色。（栽培园地：SCBG）

Etlingera pyramidosphaera 婆罗玫瑰姜（图1）

Etlingera pyramidosphaera 婆罗玫瑰姜（图2）

Etlingera venusta (Ridl.) R. M. Smith 冰淇淋火炬姜

多年生草本。花序梗长30~90cm；苞片粉红色或白色；花边缘白色，中部粉紫色。果红色。（栽培园地：SCBG）

Etlingera venusta 冰淇淋火炬姜

Etlingera yunnanensis (T. L. Wu et S. J. Chen) R. M. Smith 茴香砂仁

多年生草本。叶片披针形。头状花序基生，揉之有茴香味；花中央紫红色，边缘黄色，常3~6朵1轮齐放。（栽培园地：SCBG, XTBG）

Etlingera yunnanensis 茴香砂仁（图1）

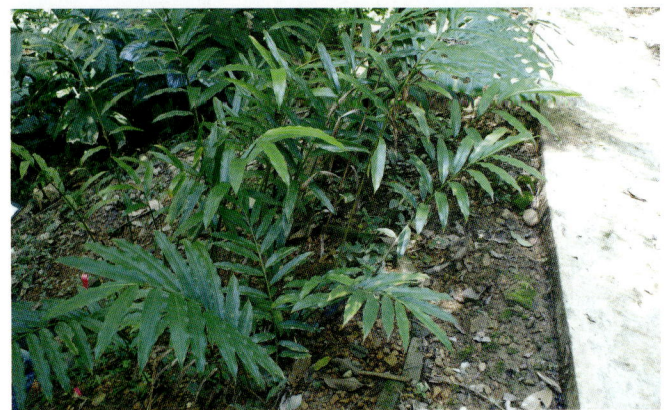

Etlingera yunnanensis 茴香砂仁（图2）

Gagnepainia 玉凤姜属

该属共计2种，在1个园中有种植

Gagnepainia godefroyi (Baill.) K. Schum. 绿花玉凤姜

多年生矮小草本。叶2~3枚，叶片椭圆形或披针形。

Gagnepainia godefroyi 绿花玉凤姜

穗状花序比叶枝先出，绿色；花淡绿色。（栽培园地：SCBG）

Gagnepainia thoreliana (Baill.) K. Schum. 玉凤姜

多年生矮小草本。叶片近匙形。穗状花序比叶枝先

Gagnepainia thoreliana 玉凤姜

出，黄绿色；花黄白色。（栽培园地：SCBG）

Globba 舞花姜属

该属共计 21 种，在 7 个园中有种植

Globba adhaerens Gagnep.

多年生草本，株高 30~50cm。花序顶生；苞片紫红色，萼片绿色，花黄色。（栽培园地：SCBG）

Globba arracanensis Kurz

多年生草本。叶片长圆状披针形。圆锥花序顶生；苞片黄绿色，花紫丁香色。（栽培园地：SCBG）

Globba arracanensis

Globba barthei Gagnep. 毛舞花姜

多年生草本，全株被毛。叶片椭圆形或长圆形。聚伞状圆锥花序，上部多分枝；花橙黄色。（栽培园地：SCBG, KIB, XTBG, SZBG, GXIB）

Globba barthei 毛舞花姜（图 1）

Globba barthei 毛舞花姜（图 2）

Globba kerrii（图 1）

Globba emeiensis Z. Y. Zhu 峨眉舞花姜

多年生草本。叶舌、叶柄被长柔毛；叶片长圆状披针形。聚伞状圆锥花序；珠芽圆筒状；花黄色。（栽培园地：WHIOB）

Globba flagellaris K. Larsen

多年生草本。叶片阔披针形。蝎尾状聚伞花序，无毛；可育苞片狭披针形，多花，有时 8~12 朵花；花橙色。（栽培园地：SCBG）

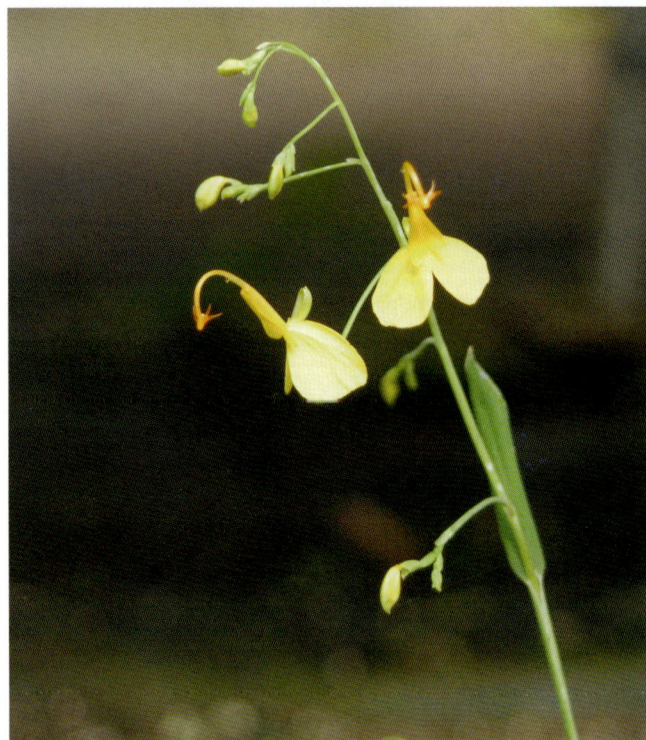

Globba flagellaris

Globba insectifera Ridl.

多年生草本，株高 20~45cm。叶片披针形。花黄色。（栽培园地：SCBG）

Globba kerrii Craib

多年生草本，株高 25~40cm。叶片披针形，绿色。

Globba kerrii（图 2）

蝎尾状聚伞花序，花黄色。（栽培园地：SCBG）

Globba lancangensis Y. Y. Qian 澜沧舞花姜

多年生草本，全株具腺体。叶片长圆状披针形。聚伞圆锥花序，花稀疏；苞片卵形；无珠芽；花黄色。（栽培园地：SCBG, XTBG）

Globba marantina L.

多年生草本。叶片长圆状披针形。圆锥花序；苞片椭圆形，覆瓦状排列；花黄色。（栽培园地：SCBG, XTBG）

Globba orixensis Roxb.

多年生草本。叶片长圆状披针形。圆锥花序长可达 15cm；苞片披针形，膜质；花橙黄色。（栽培园地：SCBG, XTBG）

Globba pendula Roxb.

多年生草本，株高 0.6~1m。叶片长圆状披针形。圆锥花序长达 40cm，下垂；苞片绿色；花橙黄色。（栽培园地：SCBG）

Globba lancangensis 澜沧舞花姜

Globba marantina（图 2）

Globba orixensis（图 1）

Globba marantina（图 1）

Globba orixensis（图 2）

Globba purpurascens Craib

多年生草本。叶鞘紫红色，被毛；叶片长圆状披针形，背面常紫红色。圆锥花序下垂；苞片淡紫绿色；花橙黄色。（栽培园地：SCBG）

Globba racemosa Smith 舞花姜

多年生草本，高 0.5~0.9m。叶片披针形或卵状长圆形。聚伞状圆锥花序顶生，直立；苞片早落；小苞片长约 2mm；花黄色。（栽培园地：SCBG, WHIOB, KIB, XTBG, CNBG）

Globba racemosa 舞花姜

Globba radicalis Roxb.

多年生草本。茎纤细，与花枝分离。叶片线状披针形。聚伞状圆锥花序基生；花序梗与花葶近等长；苞片长圆形或阔椭圆形，紫罗兰色或白色带淡绿色；花萼、花丝，紫罗兰色；唇瓣黄色。（栽培园地：SCBG）

Globba schomburgkii Hook. f. 双翅舞花姜

多年生草本。叶片长圆状披针形，无毛或背面被柔毛。总状花序或聚伞状圆锥花序顶生，下垂；下部无分枝，在苞片内仅具小珠芽，卵球形，具瘤；花黄色。（栽培园地：SCBG, XTBG, SZBG）

Globba schomburgkii Hook. f. var. **angustata** Gagnep. 小珠舞花姜

本变种与原变种的区别为：花序较细小，不分枝，苞片亦较狭小，花儿全部退化，仅有小球形的珠芽。（栽

Globba schomburgkii 双翅舞花姜（图 1）

Globba schomburgkii 双翅舞花姜（图 2）

培园地：SCBG）

Globba sessiliflora Sims 无柄舞花姜

多年生草本，株高约 45cm。叶片长圆状披针形。圆锥花序狭长，花黄色。（栽培园地：SCBG）

Globba siamensis (Hemsl.) Hemsl. 泰国舞花姜

多年生草本。叶片线状披针形。聚伞状圆锥花序顶生，下垂；苞片、花萼、花梗紫红色；花黄色。（栽

Globba schomburgkii var. angustata 小珠舞花姜

Globba sessiliflora 无柄舞花姜

培园地：）

Globba wengeri (C. E. C. Fisch.) K. J. Williams

多年生草本。茎纤细，与花枝分离。叶片披针形。聚伞状圆锥花序基生；苞片淡黄色或淡黄绿色；花黄色。（栽培园地：SCBG）

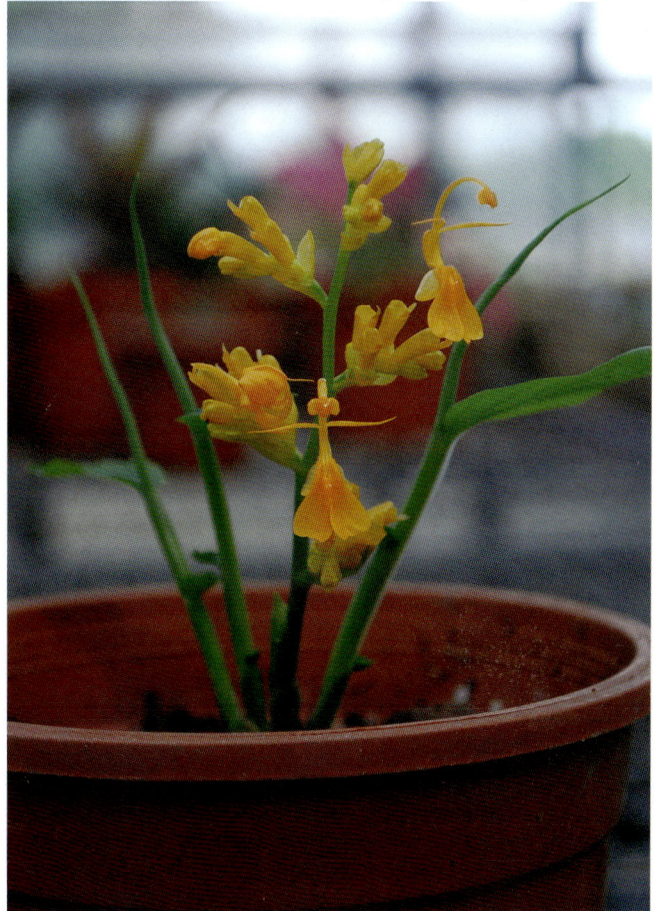

Globba wengeri

Globba winitii C. H. Wright 美苞舞花姜

多年生草本。茎纤细。叶片披针形。聚伞状圆锥花序顶生，下垂；苞片长圆形，紫红色；花黄色。（栽培园地：SZBG）

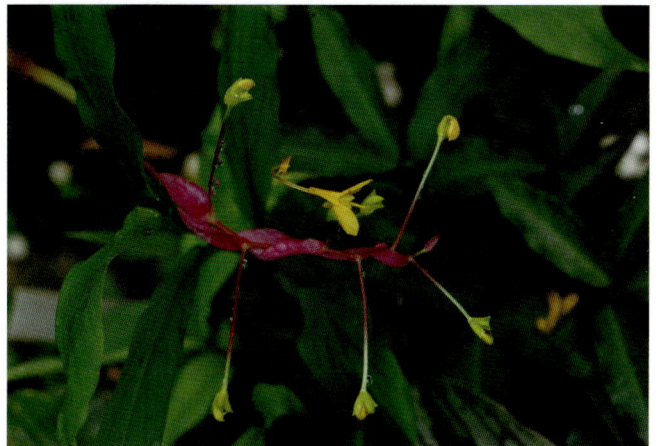

Globba winitii 美苞舞花姜

Globba xantholeuca Craib

　　多年生草本。茎纤细。叶片线状披针形。聚伞状圆锥花序顶生；苞片长圆形，淡绿色；花冠、花丝白色，唇瓣黄色。（栽培园地：SCBG）

Globba xantholeuca

Hedychium 姜花属

该属共计 39 种，在 9 个园中有种植

Hedychium biflorum Sirirugsa et K. Larsen

　　多年生草本，株高 0.7~1m。叶片椭圆状披针形。穗状

Hedychium biflorum

花序顶生直立；花白色至淡黄色。（栽培园地：SCBG）

Hedychium bijiangense T. L. Wu et S. J. Chen 碧江姜花

　　多年生草本，株高 1.2~1.8m。叶片长圆状披针形。穗状花序顶生，长约 30cm；苞片内卷呈管状；花黄色；唇瓣倒卵状楔形，顶端圆形、微凹或具 3 浅齿。（栽培园地：XTBG）

Hedychium bousigonianum Pierre ex Gagnep.

　　多年生草本。叶片线状披针形。穗状花序顶生；苞片内卷呈管状；花淡黄色或金黄色；唇瓣卵形，顶端 2 裂。（栽培园地：SCBG）

Hedychium bousigonianum

Hedychium brevicaule D. Fang 矮姜花

　　多年生草本，株高 30~70m。叶片倒卵形或长圆形，背面中脉被黄褐色贴伏的长柔毛。穗状花序顶生；花白色。（栽培园地：SCBG, WHIOB, XTBG, GXIB）

Hedychium coccineum Buch.-Ham. 红姜花

　　多年生草本，株高 1.5~2m。叶舌长 1~2.5cm，叶片狭线形。穗状花序圆柱形；苞片长圆形，花红色。（栽培园地：SCBG, WHIOB, KIB, XTBG, CNBG, SZBG, GXIB）

Hedychium convexum S. Q. Tong 唇凸姜花

　　多年生草本，株高 50~80cm。叶片狭椭圆形。穗状

Hedychium brevicaule 矮姜花（图 1）

Hedychium coccineum 红姜花（图 1）

Hedychium brevicaule 矮姜花（图 2）

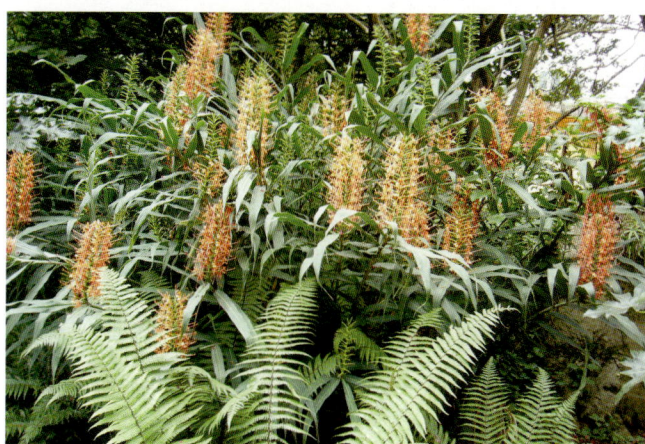

Hedychium coccineum 红姜花（图 2）

花序头状；苞片狭披针形，绿色，内具 1 朵花；花白色。（栽培园地：XTBG）

Hedychium coronarium J. König **姜花**

多年生草本。叶片长圆状披针形或披针形。穗状花序椭圆形；苞片覆瓦状排列，卵形；花白色，芳香。（栽培园地：SCBG, XTBG, WHIOB, KIB, SZBG, GXIB, XMBG, BRIM, CNBG）

Hedychium densiflorum Wall. **密花姜花**

多年生草本。叶片长圆状披针形，两面无毛，无

Hedychium coronarium 姜花

Hedychium densiflorum 密花姜花（图 2）

Hedychium densiflorum 密花姜花（图 1）

柄至有长约 1cm 的柄；叶舌钝。穗状花序密生多花，长 10~18cm；苞片长圆形；花小，淡黄色，花萼较苞片略长，长约 2.5cm；花冠管长 2.5~3cm；侧生退化雄蕊披针形，长约 2cm。（栽培园地：SCBG, KIB）

Hedychium elatum R. Br.

多年生草本，株高 2.5~4m。叶片阔披针形。穗状花序顶生，直立；花白色带红色，花丝紫红色。（栽培园地：SCBG）

Hedychium flavum Roxb. 黄姜花

多年生草本。叶片长圆状披针形或披针形；无柄；

Hedychium flavum 黄姜花

叶舌膜质，披针形。穗状花序长圆形，长约 10cm；苞片覆瓦状排列，苞片内有 3 朵花；花黄色；花冠管较萼管略长，侧生退化雄蕊倒披针形；唇瓣倒心形，具橙色斑。（栽培园地：SCBG, WHIOB, KIB, XTBG, CNBG, SZBG, GXIB）

Hedychium forrestii Diels 圆瓣姜花

多年生草本。叶片长圆形、披针形或长圆状披针形，两面均无毛。穗状花序圆柱形；花白色，有香味；花萼管较苞片为短，唇瓣圆形。（栽培园地：SCBG, KIB, XTBG, GXIB）

Hedychium forrestii 圆瓣姜花

Hedychium forrestii Diels var. latebracteatum K. Larsen 宽苞圆瓣姜花

本变种的苞片宽卵形，宽超过 3cm；花黄色。（栽培园地：SCBG）

Hedychium glabrum S. Q. Tong 无毛姜花

多年生草本。叶片披针形或狭椭圆形，两面无毛。穗状花序密集多花，无毛；苞片淡绿色，内有 1 朵花；花芳香，白色，后变黄色。（栽培园地：SCBG）

Hedychium gracile Roxb.

多年生草本，株高 0.9~1.2m。叶片披针形。穗状花序密集多花；苞片淡绿色；花芳香，白色。（栽培园地：SCBG）

Hedychium hasseltii Bl. 哈氏姜花

附生矮小草本。叶片披针形，两面无毛。穗状花序

Hedychium hasseltii 哈氏姜花（图 1）

Hedychium hasseltii 哈氏姜花（图 2）

顶生，直立，开花前圆柱状；花白色。（栽培园地：SCBG）

Hedychium horsfieldii R. Br. ex Wall. 爪哇姜花

多年生草本。叶片披针形或线状披针形。穗状花序圆柱状，长8~18cm，花疏松；苞片卵形，绿色；唇瓣短，长约3mm，白色，顶端微凹；侧生退化雄蕊花瓣状，白色。蒴果橙黄色；种子及假种皮深红色。（栽培园地：SCBG, XTBG）

Hedychium horsfieldii 爪哇姜花（图1）

Hedychium horsfieldii 爪哇姜花（图2）

Hedychium khaomaenense Picheans. et Mokkamul

多年生草本，株高达1.2m。叶片椭圆形，背面被毛。花序顶生，花白色至黄色。（栽培园地：SCBG）

Hedychium kwangsiense T. L. Wu et S. J. Chen 广西姜花

多年生矮小草本，株高约0.6m。叶片椭圆形至披针形。穗状花序顶生，密生多花；花黄色至橙色。（栽培园地：GXIB）

Hedychium longicornutum Griff. ex Baker

多年生附生草本，株高1~1.2m。叶片披针形，两面均无毛。穗状花序密生多花；花白色；唇瓣2深裂至近基部处。（栽培园地：SCBG）

Hedychium menghaiense X. Hu et N. Liu

多年生草本，株高1.5~1.8m。叶片椭圆状披针形至长圆状披针形。穗状花序；花白色，基部黄色。（栽培园地：SCBG）

Hedychium menghaiense

Hedychium muluense R. M. Smith

多年草本。叶片长圆状披针形。花序顶生，花黄绿色；花丝红色。（栽培园地：SCBG）

Hedychium paludosum M. R. Hend

多年生草本。叶片长圆状披针形。花序顶生，花冠黄色；花白色；花丝橙红色。（栽培园地：SCBG）

Hedychium parvibracteatum T. L. Wu et S. J. Chen 小苞姜花

多年生草本，株高约 50cm。叶片长圆形。穗状花序密生多花，长约 10cm；雄蕊橘红色。（栽培园地：SCBG）

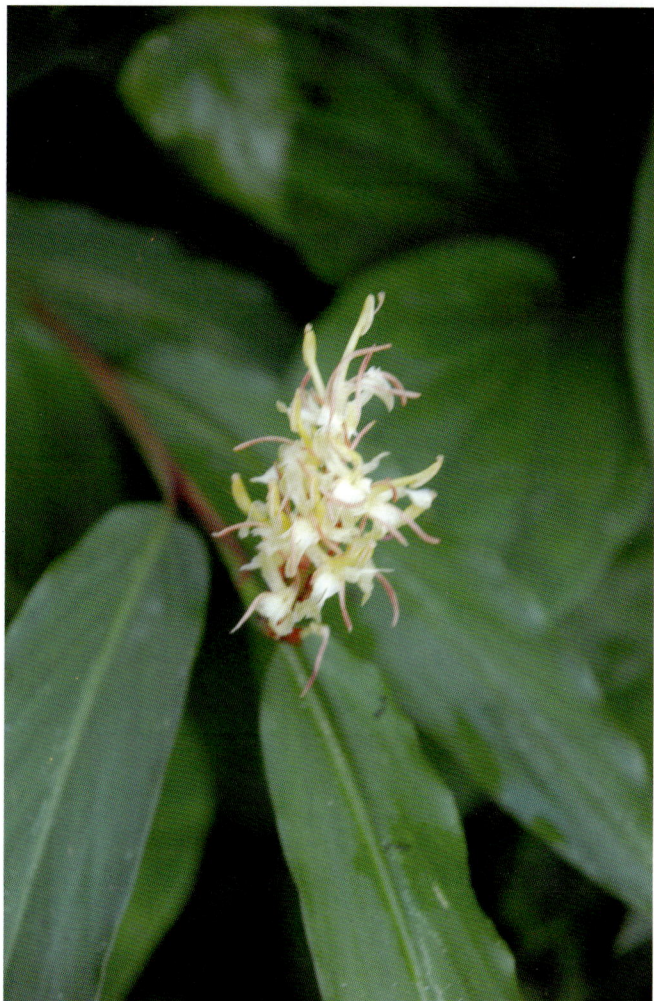

Hedychium parvibracteatum 小苞姜花

Hedychium pauciflorum S. Q. Tong 少花姜花

多年生草本，株高约 70cm。叶片狭椭圆形。穗状花序密生多花，长约 10cm；花白色。（栽培园地：SCBG, XTBG）

Hedychium philippinense K. Schum.

多年生草本。叶片椭圆状披针形至长圆状披针形。花序顶生，花白色，基部黄色；花丝橙红色。（栽培园地：SCBG）

Hedychium roxburghii Bl.

多年生草本，株高约 1.3m。叶片长圆状披针形或椭圆形。花序顶生，花黄色。（栽培园地：SCBG）

Hedychium rubrum A. S. Rao et D. M. Verma 深红姜花

多年生草本，株高约 1.2m。叶片长圆状披针形或椭圆形。花序顶生，苞片紫红色；花深红色。（栽培

Hedychium roxburghii

园地：SCBG）

Hedychium sinoaureum Stapf 小花姜

多年生草本，株高 60~90cm。叶片披针形，两面均无毛。穗状花序密生多花，长 10~20cm；苞片长圆形，内生单花；花小，黄色。（栽培园地：CNBG）

Hedychium spicatum Smith 草果药

多年生草本，株高 0.8~1m。叶片长圆形或长圆

Hedychium spicatum 草果药

状披针形。穗状花序；花白色或变淡黄色。（栽培园地：SCBG, WHIOB, KIB, XTBG）

Hedychium spicatum Smith var. **acuminatu** (Roscoe) Wallich 疏花草果药

　　本变种与原变种的区别为：花序的花稀疏，花冠筒基部淡黄色，唇瓣紫红色。（栽培园地：SCBG, KIB）

Hedychium stenopetalum 狭瓣姜花

Hedychium tenellum (K. Schum.) R. M. Smith

　　多年生草本。叶片长圆状披针形。花序顶生，直立，长达 22cm。（栽培园地：SCBG）

Hedychium tengchongense Y. B. Luo 腾冲姜花

　　多年生草本，株高 60~80cm。叶片长圆形或狭长圆形。穗状花序长 15~25cm，花密集，黄色。（栽培园地：SCBG, XTBG）

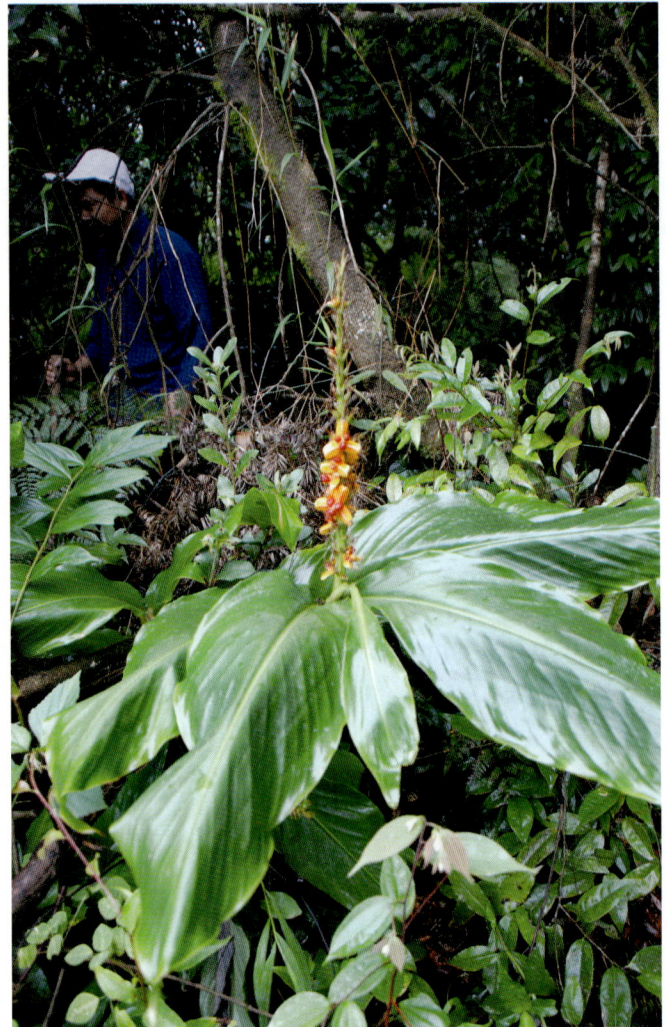

Hedychium spicatum var. acuminatu 疏花草果药（图1）

Hedychium spicatum var. acuminatu 疏花草果药（图2）

Hedychium stenopetalum Lodd. 狭瓣姜花

　　多年生草本，株高 1.2~1.8m。叶片长圆状披针形或线状披针形。穗状花序顶生，花白色。（栽培园地：SCBG）

Hedychium tengchongense 腾冲姜花

Hedychium villosum Wall. 毛姜花

多年生矮小草本。叶片长圆状披针形，背面无毛或沿中脉具短柔毛。穗状花序，长 15~25cm，多花密集；花白色。（栽培园地：SCBG, WHIOB, XTBG, SZBG）

Hedychium villosum 毛姜花

Hedychium villosum Wall. var. tenuiflorum Wall. ex Baker 小毛姜花

本变种的植株及花、叶均较原变种为小；苞片长

Hedychium villosum var. tenuiflorum 小毛姜花（图 1）

Hedychium villosum var. tenuiflorum 小毛姜花（图 2）

约 1.5cm；花冠裂片、侧生退化雄蕊及唇瓣长不超过 1.5cm。（栽培园地：KIB, XTBG）

Hedychium wardii C. E. C. Fisch.

多年生草本，株高 1~1.3m。叶片长圆状或线状椭圆形。穗状花序圆柱形，苞片覆瓦状排列；花黄色；花丝长 1~2mm。（栽培园地：SCBG）

Hedychium wardii

Hedychium ximengense Y. Y. Qian 西盟姜花

多年生草本，株高 0.6~1.5m。叶片椭圆形或披针形。穗状花序顶生，花白色。（栽培园地：SZBG）

Hedychium yungjiangense S. Q. Tong 盈江姜花

多年生草本，高 0.6~0.8m。叶片狭披针形。穗状花序顶生，花白色。（栽培园地：SCBG）

Hedychium yunnanense Gagnep. 滇姜花

多年生草本。叶片卵状长圆形至长圆形。穗状花序长达 20cm；唇瓣倒卵形，2 裂至中部，基部具瓣柄。

Hedychium yunnanense 滇姜花（图 1）

Hedychium yunnanense 滇姜花（图 2）

蒴果具钝 3 棱；种子具红色、撕裂状假种皮。（栽培园地：SCBG, WHIOB, KIB, XTBG）

Hemiorchis 兰花姜属

该属共计 2 种，在 1 个园中有种植

Hemiorchis burmanica Kurz 缅甸兰花姜

多年生草本。叶片长圆形或椭圆形。总状花序基生，具长柄；花冠淡肉色，唇瓣淡黄色。（栽培园地：SCBG）

Hemiorchis rhodorrhachis K. Schum.

多年生草本，株高 10~15cm。叶片长圆状披针形。总状花序基生，具长柄；花冠粉红色，唇瓣黄色或橙色，具红褐色斑点。（栽培园地：SCBG）

Hitchenia 姜黄花属

该属共计 1 种，在 1 个园中有种植

Hitchenia glauca Wall.

多年生草本。叶片长圆形或椭圆形。总状花序顶生，苞片黄绿色；花冠管细长黄绿色；花白色。（栽培园地：SCBG）

Hornstedtia 大豆蔻属

该属共计 5 种，在 1 个园中有种植

Hornstedtia elongata (Teijsm. et Binn.) K. Schum.

多年生粗壮草本。叶片线状披针形，叶面无毛，背面密被柔毛。穗状花序纺锤形，具长柄；花粉红色。（栽培园地：SCBG）

Hornstedtia hainanensis T. L. Wu et S. J. Chen 大豆蔻

多年生草本，株高 1~2.5m。叶片线形或披针形，无毛。穗状花序纺锤形；苞片红色，无毛；花粉红色。（栽培园地：SCBG）

Hornstedtia scottiana (F. Muell) K. Schum.

多年生草本，株高可达 4m。叶片长圆形或披针形。穗状花序纺锤形；苞片革质，被灰白色绢毛，边缘红色；花冠红色。（栽培园地：SCBG）

Hornstedtia tibetica T. L. Wu et S. J. Chen 西藏大豆蔻

多年生粗壮草本，株高 1~2.5m。叶片披针形，叶面无毛，背面密被柔毛。穗状花序纺锤形；苞片紫黑褐色，外面密被长柔毛，花白色。（栽培园地：SCBG）

Hornstedtia elongata

Hornstedtia hainanensis 大豆蔻

Hornstedtia tomentosa (Blume) Bakh. f.

多年生草本，株高 1~2.5m。叶鞘、叶舌、叶柄密被长柔毛；叶片长圆状披针形，背面被长柔毛。穗状花序椭圆形至卵形；苞片红色，被蛛网状绒毛；花黄色。（栽培园地：SCBG）

Kaempferia 山奈属

该属共计 8 种，在 7 个园中有种植

Kaempferia angustifolia Roscoe

多年生草本，株高 10~15cm。叶片线状披针形至

Kaempferia angustifolia

椭圆形。花序顶生；花白色，中部具淡紫色斑。（栽培园地：SCBG）

Kaempferia elegans (Wall.) Baker 紫花山奈

多年生草本，株高 5~20cm。叶片长圆形或椭圆形，叶面绿色，背面苍绿色。头状花序顶生，具数朵花；花浅紫色。（栽培园地：SCBG, WHIOB, XTBG, SZBG, XMBG）

Kaempferia elegans 紫花山奈（图 1）

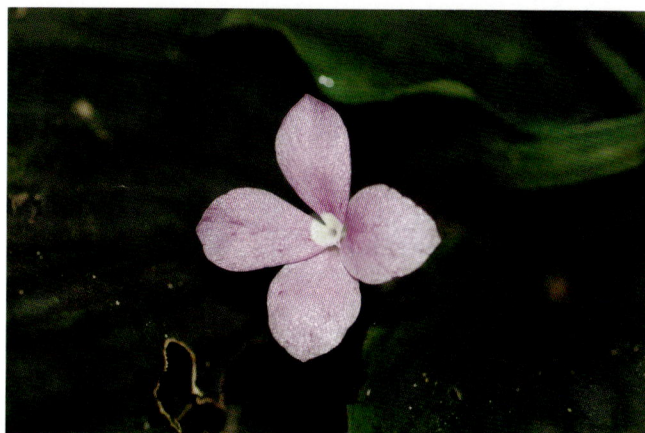

Kaempferia elegans 紫花山奈（图 2）

Kaempferia galanga L. 山奈

多年生草本，株高 5~10cm。根状茎内面苍绿色或绿白色。叶片近圆形或长圆形，长 7~13cm，宽 4~9cm。花序顶生；唇瓣白色，具基部紫色斑点。（栽培园地：SCBG, WHIOB, XTBG, LSBG, SZBG）

Kaempferia galanga 山奈

Kaempferia galanga L. var. **latifolia** (Donn) Gagnep. 大叶山奈

多年生草本，株高 5~10cm。根茎内面苍绿色或

Kaempferia galanga var. **latifolia** 大叶山奈（图 1）

Kaempferia galanga var. **latifolia** 大叶山奈（图 2）

绿白色。叶片近圆形或长圆形，长 13~20cm，宽 13~17cm。唇瓣白色，具基部紫色斑点。（栽培园地：SCBG, XTBG）

Kaempferia larsenii Sirirugsa

多年生草本，高 5~15cm。叶柄长约 1cm；叶片椭圆状披针形至线形。花序顶生；花紫色。（栽培园地：SCBG）

Kaempferia larsenii

Kaempferia marginata Carey ex Roscoe 苦山奈

多年生草本，株高 5~20cm。根茎和块根内面黄色部分有毒，白色部分无毒。叶片正面绿色，边缘紫色，背面紫色或绿色带有紫色斑。花序顶生；花浅紫红色。（栽培园地：SCBG）

Kaempferia marginata 苦山奈

Kaempferia parviflora Wall. ex Baker 小花山奈

多年生草本，株高 20~45cm。根茎内面灰黑色；叶舌极短；叶片椭圆形或长圆形，叶面绿色，边缘紫红色。花序顶生；花小，紫色。（栽培园地：SCBG）

Kaempferia rotunda L. 海南三七

多年生草本，株高 20~45cm。叶面苍绿色，常具彩色斑块，背面浅紫色或浅黄绿色。花序基生，花淡紫红色。（栽培园地：SCBG, KIB, XTBG, SZBG, XMBG）

Kaempferia parviflora 小花山柰

Kaempferia rotunda 海南三七（图 3）

Larsenianthus

该属共计 1 种，在 1 个园中有种植

Larsenianthus careyanus (Benth.) W. J. Kress et Mood
多年生草本，高 0.8~1.6m。根状茎芳香，白色；叶

Kaempferia rotunda 海南三七（图 1）

Kaempferia rotunda 海南三七（图 2）

Larsenianthus careyanus

片卵形至椭圆形，无毛。穗状花序顶生，圆柱状；苞片卵形，绿色；花白色。（栽培园地：SCBG）

Plagiostachys 偏穗姜属

该属共计 1 种，在 1 个园中有种植

Plagiostachys megacarpa Julius et A. Takano

多年生草本，高 2.5~3m。叶舌 2 裂，紫红色，具缘毛；叶片椭圆形至倒披针形。穗状花序自茎侧穿鞘而出，柄长 4~10cm；花粉红色或橙粉红色。（栽培园地：SCBG）

Pleuranthodium 垂序姜属

该属共计 3 种，在 1 个园中有种植

Pleuranthodium hellwigii (K. Schum.) R. M. Smith

多年生草本。叶鞘紫红色，叶舌被绒毛；叶片披针形至长圆形。总状花序；花冠淡肉红色，唇瓣白色。（栽培园地：SCBG）

Pleuranthodium schlechteri (K. Schum.) R. M. Smith

多年生草本。叶鞘淡绿色，叶舌被纤毛；叶片椭圆形。总状花序；花冠白色，唇瓣白色。（栽培园地：SCBG）

Pleuranthodium trichocalyx (Valeton) R. M. Smith

多年生草本。叶鞘淡绿色，叶舌被纤毛；叶片椭圆形。花序呈球状，花冠淡紫红色，唇瓣白色。蒴果橙黄色，长圆柱状。（栽培园地：SCBG）

Pommereschea 直唇姜属

该属共计 2 种，在 2 个园中有种植

Pommereschea lackneri Wittm. 直唇姜

多年生草本，高 50~70cm，茎纤细。叶片卵状披针形或长圆形，基部心形，裂片分离，叶背面被短柔毛。花黄色。（栽培园地：WHIOB, XTBG）

Pommereschea spectabilis (King et Prain) K. Schum. 短柄直唇姜

多年生草本，高 17~25cm。叶两面无毛，叶片基部裂片相互靠叠。（栽培园地：XTBG）

Pyrgophyllum 苞叶姜属

该属共计 1 种，在 1 个园中有种植

Pyrgophyllum yunnanense (Gagnep.) T. L. Wu et Z. Y. Chen 苞叶姜

多年生草本。叶片长圆形、长圆状披针形或卵形，长 8~20cm，宽 4~5cm；叶背被短柔毛。花序顶生，叶

Pyrgophyllum yunnanense 苞叶姜（图 1）

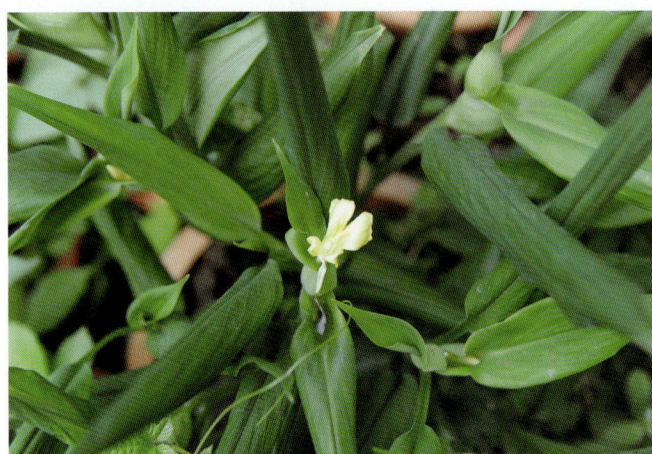

Pyrgophyllum yunnanense 苞叶姜（图 2）

状苞片长 7~13cm，基部边缘与花序轴贴生成囊状；花黄色；唇瓣深 2 裂。（栽培园地：KIB）

Renealmia 艳苞姜属

该属共计 2 种，在 1 个园中有种植

Renealmia cernua (Sw. ex Roem. et Schult.) J. F. Macbr.

多年生草本。叶片卵状披针形至长圆形，近无柄。穗状花序顶生，长 5~10cm；苞片橙黄色，革质。（栽培园地：SCBG）

Renealmia nicolaioides Loes.

多年生草本。叶片长圆状披针形，叶柄长 2~6cm。穗状花序基生，具长柄；苞片紫红色，革质。（栽培园地：SCBG）

Rhynchanthus 喙花姜属

该属共计 2 种，在 3 个园中有种植

Rhynchanthus beesianus W. W. Smith 喙花姜

多年生草本，高 0.5~1.5m。叶片椭圆状长圆形，两面均无毛。穗状花序顶生，长 10~15cm，直立；苞

Rhynchanthus beesianus 喙花姜（图1）

Rhynchanthus beesianus 喙花姜（图2）

Roscoea cautleyoides 早花象牙参（图1）

片线状披针形，红色；花冠片淡黄色。（栽培园地：
SCBG, KIB, XTBG）

Rhynchanthus longiflorus Hook. f.

多年生草本。叶片长圆状披针形，边缘红色。穗状
花序顶生，长 10~15cm，直立；苞片线形，红色；花
冠裂片淡黄色，边缘绿色。（栽培园地：SCBG）

Riedelia 蝎尾姜属

该属共计 1 种，在 1 个园中有种植

Riedelia corallina Valeton

多年生草本，株高 1.5~2m。叶片阔披针形，具长
柄。总状花序顶生，近球形；花橙红色。（栽培园地：
SCBG）

Roscoea 象牙参属

该属共计 4 种，在 2 个园中有种植

Roscoea cautleyoides Gagnep. 早花象牙参

多年生草本。叶片披针形或线形，叶舌三角形。先
花后叶或与叶同出。穗状花序常有 2~8 朵花；花黄色

Roscoea cautleyoides 早花象牙参（图2）

239

或蓝紫色、深紫色、白色；苞片淡绿色，长 4~6cm，顶端锐尖，边缘白色，无毛。（栽培园地：KIB）

Roscoea kunmingensis S. Q. Tong 昆明象牙参

多年生草本。先花后叶。叶片狭披针形，叶舌近半圆形。花期无叶；穗状花序有 1~2 朵花；花紫红色；苞片较短，长 5~7cm，白色，透明。（栽培园地：KIB）

Roscoea kunmingensis 昆明象牙参

Roscoea scillifolia (Gagnep.) Cowley 绵枣象牙参

多年生草本。叶片线形至狭披针形，叶舌近半圆形。先叶后花。花鲜紫红色、淡紫红色或白色；苞片长 2.5~5cm，绿色。（栽培园地：SCBG）

Roscoea tibetica Batalin 藏象牙参

多年生草本。叶片披针形或椭圆状卵状，叶舌近半圆形。先叶后花。穗状花序有 1~2 朵花；花紫红色，淡紫红色，稀白色；苞片较短，长 2~3mm，白色透明，无斑点。（栽培园地：KIB）

Siamanthus 角果姜属

该属共计 1 种，在 2 个园中有种植

Siamanthus siliquosus K. Larsen et J. Mood 角果姜

多年生草本。叶片狭椭圆形，背面被绢毛。疏松花

序有花 8~12 朵；花单生，无苞片；花橙红色。蒴果长 5~11cm，下垂。（栽培园地：SCBG, XTBG）

Siliquamomum 长果姜属

该属共计 1 种，在 2 个园中有种植

Siliquamomum tonkinense Baill. 长果姜

多年生草本。叶片披针形或长圆状披针形。总状花序顶生；花少而稀疏。蒴果细长，纺锤状圆柱形，稍缢缩呈链荚状。（栽培园地：SCBG, XTBG）

Siliquamomum tonkinense 长果姜（图 1）

Siliquamomum tonkinense 长果姜（图 2）

Siphonochilus 管唇姜属

该属共计 2 种，在 1 个园中有种植

Siphonochilus aethiopicus (Schweinf.) B. L. Burtt

多年生草本，高株高 15~40cm。叶片长圆状披针形，叶无柄。总状花序近头状，基生；花淡紫红色。（栽培园地：SCBG）

Siphonochilus brachystemon (K. Schum.) B. L. Burtt

多年生草本，株高 15~30cm。叶片长圆形或长圆状披针形，无柄。总状花序近头状，基生；花深紫罗兰色。（栽培园地：SCBG）

Siphonochilus brachystemon（图 1）

Siphonochilus brachystemon（图 2）

Smithatris 叉唇姜属

该属共计 1 种，在 1 个园中种植

Smithatris supraneanae W. J. K ress et K. Larsen

多年生草本。叶片披针形或长椭圆形。花序顶生；

Smithatris supraneanae

花序梗长可达 15~85cm；苞片白色，有时粉红色；花黄色。（栽培园地：SCBG）

Stahlianthus 土田七属

该属共计 2 种，在 5 个园中有种植

Stahlianthus campanulatus Kuntze 钟花土田七

多年生草本，高 20~40cm。叶片披针形或匙形，

Stahlianthus campanulatus 钟花土田七

长达 25cm。花序顶生，苞片长 2~3cm；花白色。（栽培园地：SCBG）

Stahlianthus involucratus (King ex Baker) Craib ex Loes. 土田七

多年生草本。叶片披针形或倒卵状长圆形，长达 14~18cm。花序顶生，苞片长 4~5cm；花白色。（栽培园地：SCBG, XTBG, CNBG, SZBG, GXIB）

Stahlianthus involucratus 土田七（图1）

Stahlianthus involucratus 土田七（图2）

Zingiber 姜属

该属共计 48 种，在 9 个园中有种植

Zingiber aurantiacum (Holttum) Theilade 橙苞姜

多年生草本，株高 1.5~2m。叶舌长 5mm；叶片狭披针形。穗状花序基生，柄长 15~35cm；苞片鲜橙色，果期变红色；花白色。（栽培园地：SCBG）

Zingiber barbatum Wall. 髯毛姜

多年生草本，高 0.6~1.5m。叶舌 2 裂，长约 2mm；叶片长圆形至披针形，被绒毛。穗状花序基生，花序轴长 5~9cm；苞片红绿色，被粗毛；花黄色。（栽培

Zingiber barbatum 髯毛姜（图1）

Zingiber barbatum 髯毛姜（图2）

园地：SCBG）

Zingiber cochleariforme D. Fang 匙苞姜

多年生草本。叶片椭圆状披针形，稀近长圆形，叶面无毛，密被紫褐色腺点，背面疏被贴伏长柔毛和腺点；叶舌 2 深裂。穗状花序基生；总花梗长 1~6cm；苞片紫色或白色，外被柔毛；花瓣黄白色。（栽培园地：WHIOB）

Zingiber collinsii Mood et Theilade 花叶姜（新拟）

多年生常绿草本。叶舌长约 2cm，全缘，无毛；叶片披针形，叶面暗绿色，沿侧脉与侧脉之间具银色条纹，背面暗酒红色，无毛。穗状花序纺锤形，基生；花序梗长 3~5cm；苞片卵形，橙色；花冠浅黄色；唇瓣具暗紫色方格斑纹。（栽培园地：SCBG）

Zingiber collinsii 花叶姜（新拟）（图 1）

Zingiber collinsii 花叶姜（新拟）（图 2）

Zingiber corallinum Hance 珊瑚姜

多年生草本。叶鞘绿色，疏被毛或无毛；叶片长圆状披针形，背面疏被毛或无毛。穗状花序长圆形，基生；花序梗长 10~20cm；苞片绿色，后变红色；花白色。（栽培园地：XTBG, SZBG）

Zingiber densissimum S. Q. Tong et Y. M. Xia 多毛姜

多年生草本，株高 0.4~0.7m。叶片披针形，背面密被银白色长柔毛；叶舌明显 2 裂，密被银白色长柔毛。穗状花序卵形或狭卵形；花序梗长 3~13cm；苞片顶端具红色短尖头；花白色。（栽培园地：XTBG）

Zingiber ellipticum (S. Q. Tong et Y. M. Xia) Q. G. Wu et T. L. Wu 侧穗姜

多年生草本，株高 0.6~1m。根茎内面淡紫红色。叶片椭圆形或椭圆状披针形，背面密被柔毛。花序从茎侧穿鞘而出；无花序梗；苞片宽倒卵形，微白色，被短柔毛；唇瓣紫红色。（栽培园地：SCBG, XTBG）

Zingiber ellipticum 侧穗姜

Zingiber flavomaculosum S. Q. Tong 黄斑姜

多年生草本，株高 1~1.5m。叶片狭披针形或狭椭圆形，背面被白色短柔毛。穗状花序头状，基生；花序梗长 2~5cm；苞片淡红色，具短柔毛；唇瓣淡紫色，具黄色斑点。（栽培园地：SCBG, XTBG, SZBG）

Zingiber flavomaculosum 黄斑姜（图 1）

Zingiber flavomaculosum 黄斑姜（图2）

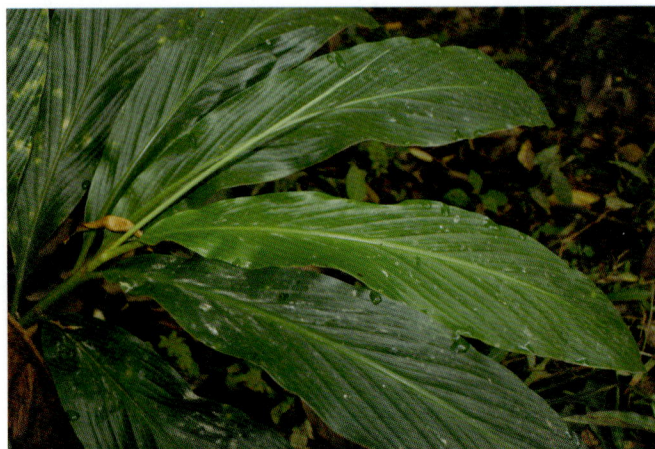

Zingiber fragile 脆舌姜

针形，背面被疏柔毛；叶舌长1mm，脆膜质。穗状花序基生；花序梗长可达15cm；苞片红色，具淡褐色短柔毛；花冠黄白色；唇瓣白色。（栽培园地：SCBG）

Zingiber guangxiense D. Fang 桂姜

多年生草本，株高0.5~1.5m。叶片长圆状披针形，叶面密被紫褐色腺点，背面被贴伏长柔毛和紫褐色腺点。叶舌膜质，长2~6mm。穗状花序基生；总花梗长2.5~20cm；苞片红色或紫色，稀绿色，被柔毛；唇瓣淡黄色。（栽培园地：GXIB）

Zingiber integrum S. Q. Tong 全舌姜

多年生草本，株高1.2~2m。叶片披针形或长圆状披针形，主脉两侧疏被柔毛，背面被柔毛；叶舌全缘，长5~7cm，淡紫红色，无毛。穗状花序基生；花序梗长2~4cm；苞片红色；花冠红色；唇瓣淡褐色，具黑色斑点。（栽培园地：XTBG）

Zingiber laoticum Gagnep. 梭穗姜

多年生草本，株高约0.8m。叶片线形，两面均无毛；叶舌薄膜质，长8~10mm，全缘。花序纺锤形，基生；总花梗长15~30cm；苞片菱形，边缘薄膜质，紫红色；花冠具棕色脉纹；唇瓣棕色脉纹。（栽培园地：

Zingiber flavomaculosum 黄斑姜（图3）

Zingiber fragile S. Q. Tong 脆舌姜

多年生草本。叶片披针形，叶面主脉两侧疏被柔毛，背面被柔毛；叶舌2裂，长3~4cm，淡褐色，脆膜质，无毛。穗状花序基生；花序梗极短；苞片红色，具淡褐色短柔毛；花冠红色，被白色短柔毛；唇瓣淡褐色，具褐色斑点。（栽培园地：XTBG，SZBG）

Zingiber gracile Jack

多年生草本，株高0.5~0.8m。叶片披针形或卵状披

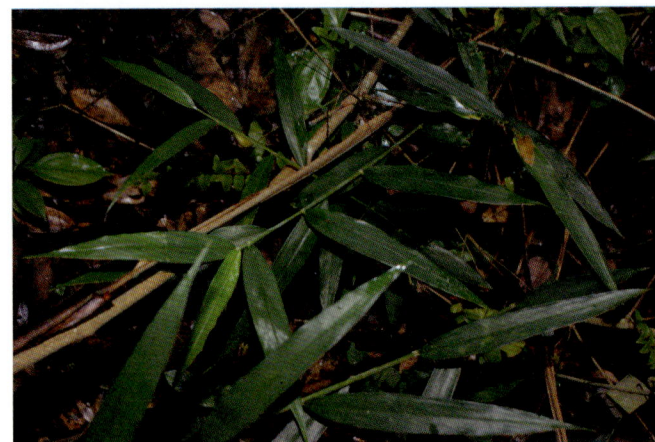

Zingiber laoticum 梭穗姜

XTBG）

Zingiber leptorrhizum D. Fang 细根姜

多年生草本，株高0.3~1.5m。叶片披针形，背面被绒毛。叶舌2裂，长3~13mm，被毛。花序狭卵形，基生；总花梗长5~14cm；苞片紫红色；花白色。（栽培园地：SZBG）

Zingiber ligulatum Roxb.

多年生草本，株高0.5~0.9m。叶片长圆形，无毛。叶舌全缘，棕色，无毛，长17~25mm。花序纺卵形，基生；总花梗长5~14cm；苞片淡红色；花冠淡黄色，顶端具红色小斑点；花淡黄色。（栽培园地：SCBG）

Zingiber ligulatum

Zingiber longiglande D. Fang et D. H. Qin 长腺姜

多年生草本。叶片狭椭圆形，稀披针形，背面疏被贴伏短柔毛。叶舌2裂，膜质，长1~6mm。花序卵形或狭椭圆形，基生；苞片紫红色；花冠黄色，顶端具红色小斑点；唇瓣黄色，带粉红色的斑点。（栽培园地：GXIB）

Zingiber longyanjiang Z. Y. Zhu 龙眼姜

多年生草本。叶片长圆形或长圆状披针形，背面被贴伏长柔毛和腺斑点。叶舌2裂，长4~11mm。花序卵形或狭卵形，基生；苞片绿白色或黄白色；花冠

黄白色，白色长柔毛；唇瓣浅紫色，基部黄白色。（栽培园地：CNBG）

Zingiber macradenium K. Schum.

多年生草本，全株无毛。叶片长圆形或长圆状披针形，叶舌全缘。花序卵球形或长椭圆形，基生，具长柄；苞片黄绿色或紫红色；花冠黄白色；唇瓣黑紫色或紫罗兰色，具黄色斑点。（栽培园地：SCBG）

Zingiber macradenium

Zingiber malaysianum C. K. Lim 午夜姜

多年生草本，株高0.6~1m。叶片长圆形或宽椭圆

Zingiber malaysianum 午夜姜（图1）

Zingiber matutumense

Zingiber malaysianum 午夜姜（图2）

形，叶面紫黑色，背面暗酒红色，被疏柔毛，叶舌2裂。花序长椭圆形，基生，具短柄；苞片亮黄色后变粉红色；花冠黄白色；唇瓣白色。（栽培园地：SCBG）

Zingiber martinii R. M. Smith

多年生草本，株高0.6~1m。叶片披针形，叶舌2浅裂，长1cm。花序纺锤形，基生，柄长15~20cm；苞片黄绿色或紫红色；花冠淡黄色；唇瓣淡黄色。（栽培园地：SCBG）

Zingiber matutumense Mood et Theilade

多年生草本，株高1.5~2m。叶片椭圆形至狭倒卵形，背面被贴伏毛，叶舌半膜质，2裂，长2~3mm。花序纺锤形，基生，柄长可达10cm；苞片粉红色或暗红色，被短柔毛；花冠粉红色；唇瓣淡粉红色。（栽培园地：SCBG）

Zingiber menghaiense S. Q. Tong 勐海姜

多年生草本，株高1.2~1.8m。叶片狭披针形，无毛；叶舌2裂，长约6mm，被短柔毛。穗状花序基生；花序梗长15~20cm；苞片绿色，边缘紫红色，后变红色；花冠橙黄色；唇瓣白色，侧裂片顶端明显2裂。（栽培园地：XTBG, CNBG）

Zingiber mioga (Thunb.) Roscoe 蘘荷

多年生草本，株高0.8~1.3m。根茎内面淡黄色。叶

Zingiber mioga 蘘荷（图1）

Zingiber mioga 蘘荷（图2）

片披针状椭圆形；叶舌 2 裂，长 0.3~1.2cm。穗状花序椭圆形；花序梗长 2~17cm；苞片近椭圆形，紫红色，被脱落性褐色柔毛；花冠黄色；唇瓣黄色，边缘白色。（栽培园地：SCBG, WHIOB, KIB, XTBG, LSBG, GXIB）

Zingiber montanum (J. König) Link ex A. Dietr. 紫色姜

多年生草本，株高 1.2~1.8m。根茎苍白黄色。叶片线形，背面被短柔毛；叶舌长约 2mm，2 裂，被短柔毛。穗状花序长圆形或流线形，基生；花序梗长 8~30cm；苞片宽卵形，紫褐色，被短柔毛；花冠淡黄色；唇瓣白色。（栽培园地：SCBG）

Zingiber montanum 紫色姜（图 1）

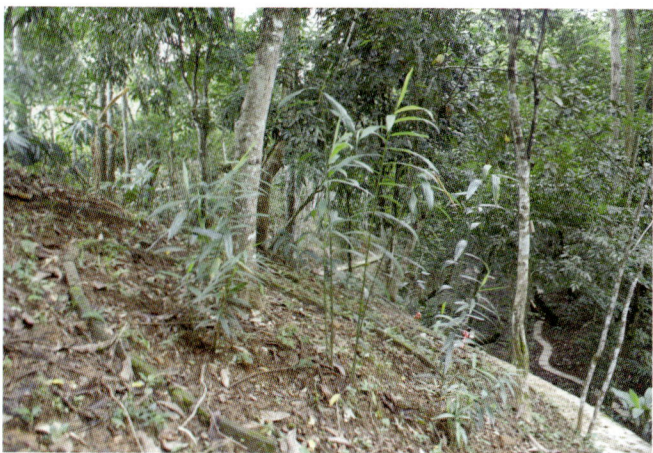

Zingiber montanum 紫色姜（图 2）

Zingiber neglectum Valeton

多年生草本，株高 0.9~1.2m。叶片狭倒披针形或长圆状披针形。穗状花序椭圆形或圆柱状，基生；花序梗长 15~30cm；苞片顶端平截或近圆形，绿色至紫红色；花冠白色；唇瓣白色，具紫色斑点。（栽培园地：SCBG）

Zingiber neotruncatum T. L. Wu, K. Larsen et Turland 截形姜

多年生草本。叶片狭披针形，背面被白色短柔毛；叶舌截形，长 1~1.2cm，膜质，密被白色短柔毛。穗

状花序狭椭圆形或长圆形，基生；花序梗直立，长 6~13cm；苞片宽卵形或卵形，红色，密被白色短柔毛；花白色；唇瓣卵形。（栽培园地：XTBG）

Zingiber nigrimaculatum S. Q. Tong 黑斑姜

多年生草本，株高 0.8~1.2m。叶片椭圆形或狭披针形，背面淡绿色，密被黑色斑点。花序基生；花序轴长 2~6cm。蒴果三棱状卵形，绿黄色。（栽培园地：XTBG）

Zingiber nudicarpum D. Fang 光果姜

多年生草本，株高 0.9~1.5m。根状茎内面白色。

Zingiber nudicarpum 光果姜（图 1）

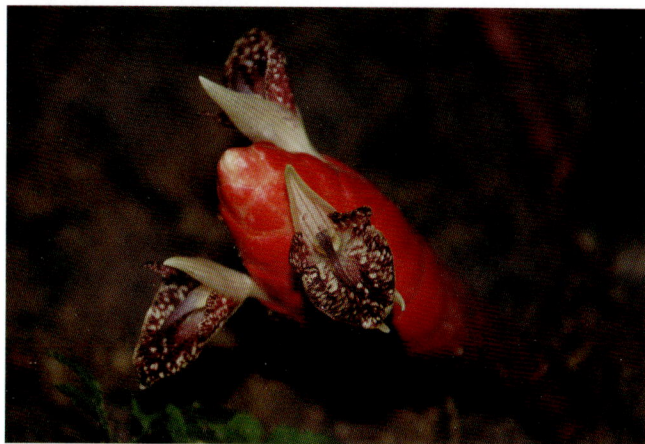

Zingiber nudicarpum 光果姜（图 2）

叶舌长约 2mm，顶端微缺；叶片椭圆状长圆形，两面无毛。穗状花序基生，纺锤形；花序梗长 10~25cm；苞片倒卵形；花冠、唇瓣密被紫色斑点。（栽培园地：SCBG）

Zingiber odoriferum Bl.

多年生草本，株高 1.2~1.8m。叶片椭圆状披针形或线状披针形，背面被短柔毛。穗状花序圆柱状，基生；花序梗长 40~80cm；苞片宽卵形，绿色至红色；花冠淡黄色；唇瓣紫罗兰色。（栽培园地：SCBG）

Zingiber officinale Roscoe 姜

多年生草本，株高 0.6~1.2m。叶舌膜质，顶端稍 2 裂，长 2~4mm；叶片披针形或线状披针形。穗状花序基生，卵球形；花序梗长达 10~25cm；苞片苍绿色；花冠淡黄色；唇瓣中裂片倒卵形，具紫色条纹与黄色斑点。（栽培园地：SCBG, WHIOB, XTBG, LSBG, SZBG, GXIB, XMBG）

Zingiber officinale 姜

Zingiber orbiculatum S. Q. Tong 圆瓣姜

多年生草本，株高 1.2~3m。叶片狭披针形，两面无毛；叶舌长 1.3~1.5cm，顶端近截形。穗状花序卵形或头状；花序梗长 2~5cm；苞片卵形或宽卵形；花冠白色，顶部红色；唇瓣圆形，白色。（栽培园地：SCBG, KIB, XTBG, SZBG）

Zingiber ottensii Valeton 丰花姜

多年生草本。根茎内面暗紫红色。叶片长圆状披针形或椭圆形，背面具脱落性长柔毛；叶舌全缘，被毛。穗状花序基生，圆锥状卵球形或长椭圆形；花序梗长 15~40cm；苞片倒卵形，紫红褐色；花冠奶黄色；唇瓣浅奶黄色，具淡紫红色斑。（栽培园地：SCBG）

Zingiber papuanum Valeton

多年生草本。根茎内面淡黄色。叶片披针形；叶

Zingiber orbiculatum 圆瓣姜

Zingiber ottensii 丰花姜

舌圆形，白色。穗状花序基生，椭圆形；花序梗长约
15cm；苞片圆形至倒卵形，紫红褐色；唇瓣淡柠檬黄
色。（栽培园地：SCBG）

Zingiber phillippsiae Mood et Theilade

多年生草本，株高可达 2.8m。叶片卵形，无毛；
叶舌 2 裂，长约 1mm。穗状花序基生，纺锤形；花序
梗长可达 10cm；苞片倒披针形，红色，被柔毛；花冠
白色；唇瓣黄色。（栽培园地：SCBG）

Zingiber pseudopungens R. M. Smith

多年生草本，株高约 2m。叶片狭披针形，无毛；
叶舌长 1~2cm，无毛。穗状花序基生，纺锤形；花序
梗长 5~8cm；苞片倒披针形，玫瑰红色，被柔毛；花
奶油色。（栽培园地：SCBG）

Zingiber recurvatum S. Q. Tong et Y. M. Xia 弯管姜

多年生草本，株高 2~3m。叶片椭圆状披针形，背
面紫红色，被短柔毛；叶舌 2 裂，长约 8~11mm，被淡
褐色柔毛。穗状花序基生，卵形；花序梗长 3~15cm；
苞片卵形，红色，被柔毛；花冠红色；唇瓣白色，具
红色斑点。（栽培园地：SCBG, XTBG）

Zingiber roseum (Roxb.) Roscoe 红柄姜

多年生草本，株高约 1.5m。叶片长圆形或长圆状
披针形，被长柔毛；叶舌 2 裂，长达 35mm。穗状花序
基生，椭圆形；苞片卵形，红色；花冠淡红色；唇瓣
白色。（栽培园地：SCBG, XTBG）

Zingiber rubens Roxb.

多年生草本，株高 1.8~2.5m。叶片披针形至长圆形，
被短柔毛；叶舌暗红色，长达 1mm。穗状花序基生，
卵形；苞片披针形，鲜红色；花冠鲜红色；唇瓣具鲜
红色和黄色斑。（栽培园地：SCBG）

Zingiber smilesianum Craib 柱根姜

多年生草本，株高 0.6~1m。根茎柱状分枝。叶
片狭披针形，背面除主脉疏被柔毛外，其余无毛；
叶舌 2 裂，长 2~4mm，被短柔毛。穗状花序椭圆形；
花序梗纤细，长 6~12cm；苞片椭圆形，上部红色而
疏被柔毛外，其余白色，无毛；花冠黄色；唇瓣除
分裂部分紫红色外，其余黄色。（栽培园地：KIB,
XTBG）

Zingiber stipitatum S. Q. Tong 唇柄姜

多年生草本，株高 1~1.6m。叶片披针形，无毛；
叶舌微凹，长约 6m。穗状花序长圆形或狭椭圆形；花
序梗直立，长 11~19cm；苞片卵形或宽卵形，绿色，
顶端紫红色，疏被柔毛；花白色，无毛；唇瓣中裂片
近圆形，基部狭缩成柄。（栽培园地：XTBG）

Zingiber smilesianum 柱根姜（图 1）

Zingiber smilesianum 柱根姜（图 2）

Zingiber striolatum Diels 阳荷

多年生草本，株高 0.3~0.8m。叶片披针形或椭圆
状披针形，背面疏被柔毛至无毛；叶舌 2 裂，长 4~
10m，无毛。花序基生，近卵形；花序梗长 1.5~4cm；
苞片椭圆形，红色或淡绿色，被疏柔毛；花冠白色；
唇瓣淡紫色。（栽培园地：SCBG, KIB, GXIB）

Zingiber striolatum 阳荷

Zingiber thorelii Gagnep. 版纳姜

多年生草本，株高 0.8~1m。叶片椭圆形或狭披针形，背面被柔毛；叶舌 2 裂，长 2~4mm，淡褐色，被短柔毛。穗状花序椭圆形或卵状，基生；花序梗长 4~13cm；苞片卵形或椭圆形，红色；花冠红色；唇瓣金黄色。（栽培园地：XTBG）

Zingiber thorelii 版纳姜

Zingiber tuanjuum Z. Y. Zhu 团聚姜

多年生草本，株高 0.8~1.5m。叶片狭披针形，稀椭圆形，背面被贴伏绒毛；叶舌 2 裂，长 1~1.2cm。穗状花序近椭圆形，基生；花序梗直立，长 2~6cm；苞片宽卵形或披针形，紫褐色或紫红色，被绒毛；花冠黄白色，顶端红色；唇瓣宽卵形，黄色。（栽培园地：WHIOB）

Zingiber vinosum Mood et Theilade

多年生草本，株高 1~1.25m。叶片披针形，背面暗酒红色，被疏毛；叶舌全缘，长 2~3mm。穗状花序近椭圆形，基生；花序梗直立，长达 30cm；苞片倒披针形，紫红色，被疏柔毛；花冠雪白色；唇瓣雪白色。（栽培园地：SCBG）

Zingiber vinosum

Zingiber viridiflavum Mood et Theilade

多年生草本，株高 1.5~1.8m。叶片披针形，背面被白毛；叶舌截形，长 8~18mm。穗状花序纺锤形，基生；花序梗直立，长 30~60cm；苞片倒披卵形，绿黄色，后变黄色至粉红色；花冠淡黄色；唇瓣淡黄色。（栽培园地：SCBG）

Zingiber wrayi Prain ex Ridl.

多年生草本，高可达 2m。叶片披针形至椭圆形，无毛；叶舌 2 裂，长约 5mm。穗状花序卵形至圆柱形，基生；花序梗直立，长 7~30cm；苞片倒椭圆形，红色至紫红色，被疏毛；花冠淡黄色；唇瓣淡黄色，具紫红色斑。（栽培园地：SCBG）

Zingiber yunnanense S. Q. Tong et X. Z. Liu 云南姜

多年生草本，株高 1~1.5m。叶片披针形，背面被稀疏柔毛；叶舌 2 裂，长 4~7mm，密被短柔毛。穗状花序椭圆形，基生；花序梗直立，长 4~12cm；苞片近椭圆形，基部淡黄绿色，密被紫红色斑点，被短柔毛；花冠红色；唇瓣白色，具紫红色条纹。（栽培园地：WHIOB, KIB）

Zingiber zerumbet (L.) Roscose ex Smith 红球姜

多年生草本，株高 1~1.5m。叶片披针形至长圆状

Zingiber zerumbet 红球姜（图 1）

Zingiber zerumbet 红球姜（图1）

Zingiber zerumbet 红球姜（图2）

披针形，背面被稀疏柔毛；叶舌全缘，长约15~50mm，基部被短柔毛。穗状花序卵形或椭圆形，基生；花序梗直立，长4~12cm；苞片近椭圆形，花时淡绿色，后

变全红色，被短柔毛；花冠淡黄色；唇瓣淡黄色。（栽培园地：SCBG, WHIOB, XTBG, SZBG, GXIB, XMBG）

Zygophyllaceae 蒺藜科

该科共计13种，在4个园中有种植

多年生草本、半灌木或灌木，稀为一年生草本。托叶分裂或不分裂，常宿存；单叶或羽状复叶，小叶常对生，有时互生，肉质。花单生或2朵并生于叶腋，有时为总状花序，或为聚伞花序；花两性，辐射对称或两侧对称；萼片5，有时4，覆瓦状或镊合状排列；花瓣4~5，覆瓦状或镊合状排列；雄蕊与花瓣同数，或比花瓣多1~3倍，通常长短相间，外轮与花瓣对生，花丝下部常具鳞片，花药"丁"字形着生，纵裂；子房上位，3~5室，稀2~12室，极少各室有横隔膜。果革质或脆壳质，或为2~10分离或连合果瓣的分果，或为室间开裂的蒴果，或为浆果状核果。

Nitraria 白刺属

该属共计4种，在2个园中有种植

Nitraria roborowskii Kom. 大白刺

灌木。枝平卧或直立；叶片较宽，矩圆状匙形或狭倒卵形，全缘，先端圆钝，有时2~3齿裂；果较大，长1.2~1.8cm，成熟时黑红色，果汁紫黑色，果核8~10mm。（栽培园地：XJB）

Nitraria sibirica Pall. 小果白刺

灌木。茎多分枝，枝铺散，少直立；嫩枝上叶4~6片簇生，倒披针形；果近球形或椭圆形，两端钝圆，果直径6~8mm，成熟时暗红色，果汁暗蓝紫色，果核长4~5mm。（栽培园地：SCBG, XJB）

Nitraria sphaerocarpa Maxim. 泡泡刺

灌木，枝平卧，长25~50cm，弯；叶条形或倒披针状条形；果成熟时为干膜质，膨胀成球形，果核窄圆锥形。（栽培园地：XJB）

Nitraria tangutorum Bobr. 白刺

灌木。茎多分枝，弯、平卧或开展；叶片宽倒披针形或倒披针形，先端常圆钝；果长10~13mm，成熟时深红色，果汁紫红色，核长5~6mm。（栽培园地：XJB）

Peganum 骆驼蓬属

该属共计2种，在2个园中有种植

Peganum harmala L. 骆驼蓬

多年生草本，茎直立或开展；全株无毛。叶全裂为3~5条形或披针状条形裂片，裂片宽1.5~3mm；萼片分裂成条状裂片或仅顶部分裂。（栽培园地：XJB）

Peganum multisectum (Maxim.) Bobr. 多裂骆驼蓬

多年生草本，茎平卧；嫩时被毛。叶二至三回深裂，裂片宽1~1.5mm；萼片3~5深裂。（栽培园地：SCBG）

Tetraena 四合木属

该属共计 1 种，在 1 个园中有种植

Tetraena mongolica Maxim. 四合木

灌木。茎基部分枝，幼枝和叶被叉状毛。老枝叶近簇生，当年枝叶对生；叶片倒披针形。花单生于叶腋；萼片 4，卵形；花瓣 4，白色；雄蕊 8，2 轮，花丝近基部具白色膜质附属物。果 4 瓣裂，花柱宿存。（栽培园地：XJB）

Tribulus 蒺藜属

该属共计 1 种，在 3 个园中有种植

Tribulus terrestris L. 蒺藜

一年生草本。茎平卧，偶数羽状复叶，小叶 3~8 对，矩圆形或斜短圆形，基部稍偏科，被柔毛。花腋生，花黄色；萼片 5，宿存；花瓣 5；雄蕊 10，子房 5 棱，柱头 5 裂。（栽培园地：KIB，XTBG，XJB）

Zygophyllum 驼蹄瓣属

该属共计 5 种，在 1 个园中有种植

Zygophyllum fabago L. 骆驼瓣

多年生草本。茎多分枝，枝条开展或铺散。托叶革质，卵形或椭圆形，下部者合生，上部者分离；小叶 1 对，倒卵形或矩圆状倒卵形。花腋生；花瓣与萼片近等长；蒴果矩圆形或圆柱形。（栽培园地：XJB）

Zygophyllum potaninii Maxim. 大花驼蹄瓣

多年生草本。茎粗壮，直立或开展，多分枝。托叶草质，合生；小叶 1~2 对，斜倒卵形、椭圆形或近圆形。花梗短于萼片，花后伸长；花 2~3 朵腋生，下垂；花瓣明显短于萼片；蒴果球形。（栽培园地：XJB）

Zygophyllum pterocarpum Bunge 翼果驼蹄瓣

多年生草本。茎多分枝，细弱，开展。托叶卵形或披针形；小叶 2~3 对，条状矩圆形或披针形。花 1~2 朵生于叶腋；花瓣长于萼片；蒴果矩圆状卵形或卵圆形。（栽培园地：XJB）

Zygophyllum rosovii Bunge 石生驼蹄瓣

多年生草本。茎多分枝，常开展。托叶全部离生，卵形；小叶 1 对，卵形。花 1~2 腋生；花瓣与萼片近等长；蒴果条状披针形，先端渐尖。（栽培园地：XJB）

Zygophyllum xanthoxylon (Bunge) Maxim. 霸王

多年生灌木状。枝弯曲、曲折或开展，具棘刺。当年生枝条上叶为对生，老枝上簇生，叶片长匙形、线形至线状椭圆形。花腋生；花瓣长于萼片；蒴果近球形，具 3 棱宽翅。（栽培园地：XJB）

中文名索引

拉丁名索引

273